자연의 소통기술

윤용진 지음

자유아카데미

책을 펴내며

나는 자연 과학자이다. 더 좁게는 화학자 아니 유기 화학자이다. 그래서인지 늘 자연을 바라보면서 어쩌면 당연한 자연의 질서에 "어떻게 그럴 수가 있는가?" 하는 의문을 가져왔다. "무엇이 자연(自然)을 자연스럽게 하는가?", "자연은 어떻게 그처럼 다양한 상황에 잘 대처할 수 있는가?"

이 책은 나와 같은 질문을 하는 이들에게 도움이 될까 해서 몇 가지 자연 현상들을 유기 화학적 관점에서 살펴 그 속내를 들여다보고자 하는 의도로 기획되었다.

알고 보면 자연은 화합물의 집합체이면서 다양한 화학적인 활동으로 이루어져 있다. 이 때문에 화학적 현상을 통해 자연을 이해하는 것이 필요하다. 그러나 그것은 너무 방대하고 할 수도 없는 일이다. 이 책에서는 자연 과학적 지식이 어느 정도 있는 독자로 하여금 새로운 관점에서 자연을 이해하기를 바라는 마음으로 자연을 이루는 화학적 현상의 일부분만을 다루었다.

첫 장에서는 생명체들의 특별한 화학적 움직임을 통해 무엇이 어떻게 자연을 자연스럽게 하는지를 살펴보았다. 생명체는 태양 에너지의 창조물이며 세포라는 기본 단위로 만들어져 있다. 아울러 자연은 물로 만들어진 완벽한 완충계이며 서로 소통하며 다양성과 항상성을 유지하고 있음을 살폈다.

자연은 인간이 사용하는 것과 같은 자연만의 언어를 가지고 있지는 않다. 그러나 생존하고 번식하기 위해서 자연은 소통해야 한다. 생명의 기본 단위인 세포도 소통한다. 미생물도 집단 행동을 위해 소통하고, 앞산의 암컷 나방은 뒷산의 수컷 나방과도 서로 소통해야 한다. 움직일 수 없는 식물이 감히 동물과 곤충을 조정하기도 한다. 두 번째 장에서는 생명체가 왜 소통해야 하며 어떻게 소통하고 활용하는가를 다루었다.

그러면 자연은 어떻게 소통하는가? 따지고 보면 자연의 언어는 화합물이라는 단어와 화학이라는 문법을 이용해서 소통한다. 자연의 생명체는 탄소를 주축으로 만들어져 있고, 자연은 그런 탄소 화합물(소위 유기물)의 특성을 적극적으로 활용한다. 자연의 특성은 구성된 원소들의 속성과 작용기에 의해 지배된다. 세 번째 장에서는 단백질, DNA, RNA 및 헤모글로빈의 기능은 어디에 기인하며 어떻게 그런 기능을 발현하는가를 다루었다. 따지고 보면 화합물은 자연의 마술 도구인 샘이다.

네 번째 장에서는 세포를 조금 더 화학적으로 들여다보았다. 흔히 생물의 기본 단위는 세포라고 한다. 세포는 잘 설계된 생화학 반응 용기이다. 세포막은 유리 플라스크이며, 세포 소기관들은 에너지를 공급하는 에너지 공급원이며 반응 조절 기능을 한다. 일반적으로 합성 화학자가 새로운 물질을 만들려면 우선 필요한 반응 장치를 설치하고, 필요한 물질을 필요한 양만큼 넣고 적절하게 에너지를 조절해야 한다. 그러나 세포에게는 그런 일을 대신할 수 있는 누군가(실험자)는 없다. 이 모든 화학적 활동을 세포 스스로가 해야 한다. 놀랍게도 세포는 이 모든 화학적 활동을 한치의 오차도 없이 잘 해결한다. 세포는 최고의 합성 화학자이다.

자연의 생명체가 자연스럽게 생존하고 번식하는 것은 완벽한 화학적 활동의 결과인 셈이다. 유전 정보의 전달, 완충계의 보존, 종의 다양성의 확보, 에너지 생산과 보존과 활용 및 자신이나 다른 종과의 소통 등 이 모든 것으로 자연은 지혜로워진다. 마지막 장에서는 자연의 스마트한 화학적 현상을 살펴봤다.

이 작은 지식의 나열과 들춰봄이 자연을 새로운 관점으로 이해하고 자연의 화학적 거동의 위대함을 느낄 수 있는 계기가 되기를 바란다.

마지막으로 이 책을 쓰기까지 용기를 주고 사랑으로 지켜준 가족에게 감사한 마음을 전한다. 아울러 이 책을 출판하기까지 도와주신 자유아카데미에도 감사한다.

2019년 1월

내동면 휴먼빌에서

이 책의 차례

1 자연을 자연스럽게 하는 것은 무엇인가?

2 생물은 무엇으로 소통하고 생존하는가?

5

생물은 화학으로 스마트해진다

1 자연을 자연스럽게 하는 것은 무엇인가?

자연의 특성은 화학 때문이다. 자연은 실험실이고, 세포나 생명체는 반응 용기와 화학 공장이다!

자연의 광대한 영역에 관해 정밀과학이 가르쳐준 모든 사실에 의하면, 인간의 마음과는 전혀 무관하게 독립적인 어떤 확실한 질서가 압도하고 있다. (중략) 이 질서는 합목적적 행동에 맞게 공식화될 수 있다. 드러난 증거로 보아 인간과 자연은 우주의 지성적 질서의 지배에서 벗어날 수 없다.

막스 플랑크(Max Planck)

자연이 자연스럽다는 것은 어떤 의미인가? 자연스럽다는 것은 한자의 언어적 의미로 '스스로 있는 그런 상태'라는 의미이다. 우리가 보고, 살아가는 자연을 과학적으로 정의한다면 '일종의 화합물들의 집합체'인 셈이다. 지구상의 생명체는 원자로부터 만들어지는 분자나 이온들로 만들어지며, 이들 또한 물속에서 원소, 분자 및 이온들이 이루는 평형 계속에서 생존하고 번식한다. 이들의 이런 균형은 물질의 특성과 이들의 운용에 필요한 화학적 거동에 의해서 이루어진다. 이런 면에서 화학적 관점으로 자연을 이해하려는 것은 타당한 것이기도 하다.

이 장에서는 무엇이 자연을 자연스럽게 하는가를 엿볼 수 있는 몇 가지 자연 현상들을 유기 화학적 관점에서 살펴보고자 한다.

1. 무엇이 자연을 자연답게 만드는가?

비 갠 숲 속 호숫가를 거닐어 본 적이 있는가? 숲으로 내리 쬐는 밝은 햇빛, 작은 곤충들의 속삭임, 나무 사이를 날며 먹이를 먹는 새와 꽃 위에서 부지런히 꿀을 따는 벌들, 싱싱한 녹색 풀을 뜯는 초식 동물 모두가 부지런히 생존을 위해 활동한다. 숲 속에서 우아한 자태를 보이는 느티나무에는 수십만 개의 잎이 제각기 다른 방향으로 뻗어 있다. 이런 풍경을 보는 사람이라면, 눈이 부시도록 아름답고 참으로 자연스럽다고 느낀다. '자연스럽다'라는 것은 어떤 의미인가! '자연스럽다'는 것은 스스로 그 자체일 뿐 아니라 보이는 모습 그대로를 뜻한다. 그렇다면 무엇이 자연을 자연스럽게 만드는 것일까? 자연은 어떻게 이처럼 자연스러울 수 있는가? 사실 자연은 모든 것이 제멋대로이다. 이러한 무질서 속의 자연스러운 질서는 어디에서 오며, 이 질서를 유지하기 위해 자연은 어떻게 소통하는가? 도대체 자연은 무엇으로 이루어지고, 어떻게 자연스럽게 되는가? 이런 궁금증은 고대로부터 많은 철학자들의 관심을 끈 분야이다.

우리 주변의 풍경이 아름답고 자연스럽게 보이는 것은 거시적으로는 아마도 빛과 물이 있기 때문일 것이라 생각된다. 생명체는 빛과 물이 없으면 살 수 없다. 인류를 비롯한 지구상의 대다수의 생명체는 빛과 물에 의존하여 살아가고 또 그렇게 이어져 왔다. 햇빛과 물 또한 인류 문명의 토대가 된다. 인류는 양지바르고 물이 풍부한 곳에 모여 살아왔다. 따지고 보면 생명체는 빛과 물의 힘과 역할에 절대적으로 의존하며 삶을 유지하고 번식해왔다. 따라서 앞으로도 그런 조건에 의존해서 살아갈 수밖에 없다.

우리가 무엇인가를 볼 수 있는 것은 빛 때문이며, 빛은 우리가 지니고 있는 가장 중요하고도 빠른 정보 매체이다. 빛은 시각을 통한 정보력을 가능하게 한다. 즉 보는 것으로 믿음을 얻게 하며(신뢰성 확보), 느끼게 하고(감정), 생각하게 하며(사고력), 분별할 수 있게 하며(분별력) 나아가서는 선·악과 같은 종교적 개념과도 관련이 있다.

*슬라임이라는 미생물이 발견되기 전까지, 생물학자들은 지구의 모든 생명체들은 햇빛에 의존하고 있다고 가정해 왔다. 햇빛은 지표상의 모든 생명체의 에너지원일 뿐 아니라, 인류의 삶의 구석구석 여러 분야에 깊은 영향을 미쳐왔고, 지금도 미치고 있다.

아울러, 물은 기체, 고체, 액체 등의 세 가지 물리적 상태로 존재할 수 있다. 자연계에서는 이 모두가 중요하지만 특히 액체 상태의 물은 생명체들에게 가장 중요한 것이다. 모든 생명체의 영양소와 필요한 물질들이 물에 녹은 상태로 전달되고 이동하기 때문이다. 즉 생명의 매질은 물이다. 이것이 지구상의 생명체가 물길을 따라 생존하고 번식하고 살아가는 이유이기도 하다. 지구상의 생명체 가운데 물 없이 존재할 수 있

---

* **슬라임(slim)** 미생물이 군집을 이루어 눈으로 볼 수 있을 정도의 큰 유동적인 유기체를 형성한 것을 말한다. 주로 단세포 원생동물, 이끼 조류 등이 슬라임을 만든다.

는 것은 없다. 생태계의 먹이 사슬 또한 물속의 작은 플랑크톤과 수초로부터 육상 동물로 이어지는 것이 자연스럽다.

과학자들은 사람의 혈관 속이 지구의 원시적인 바다와 같다고 한다. 사람의 혈액의 염도는 30억 년 전의 바다의 염도와 거의 유사하기 때문이다. 지구라는 행성이 생명체의 보금자리로 변모된 것은 햇빛과 물, 이 두 가지 때문이었다.

과연 우주와 자연은 생명체를 위해 잘 고안된 세계인가? 아니면 이미 존재하는 우주와 자연에 순응해서 지구상의 생명체가 존재하고 유전된 것인가? 창조주는 시간과 공간 그리고 물질을 있게 하고, 여기에 빛이라는 에너지를 불어넣어 우주와 자연을 만들었다. 그러나 시간과 공간만으론 우리가 보고 느끼고 살아갈 수 있는 세상을 만들 수는 없다. 이미 말했듯이 자연이 자연스럽게 되는 데는 물질 또한 필요하다. 물질의 근원은 우리가 알고 있는 원소이다. 이러한 물질의 변화와 이들의 상호 작용이 가능하려면 에너지가 필요하다. 이런 에너지는 원자력을 제외하고는 모두 햇빛이 그 근원이다. 원소와 에너지와 물이라는 용매는 신이 자연의 생명체에 준 가장 큰 선물이기도 하다. 물질을 용매에 녹여 적당한 에너지 조건에 놓아두면 다양한 반응을 통해 새로운 물질들을 만들어 낼 수 있기 때문이다.

구약 성서의 창세기에 따르면 빛과 물이 가장 먼저 창조되었다. 그 다음으로 바다와 육지를 이루게 한 후에 식물과 동물과 공중의 새를 창조하고 이들에게 빛을 비추며 물로 하여금 번성케 하였다. 맨 마지막으로 인간을 창조하고 이들을 지배하는 특권을 부여했다. 이처럼 인간에게 주어진 '자연에 대한 지배권'에 대한 기독교적 세계관에 동의하는 어떤

학자들은 오늘날 환경오염의 책임을 기독교에 돌리기도 한다.

그렇다면 지구상의 이런 생명체 창조 순서를 증명할 만한 증거는 있는 걸까? 지금까지의 과학적 증거에 따르면 지구상의 생명체가 등장한 순서는 광합성 세포가 지구상에 등장한 시기(35억 년 전)가 인류의 조상이라고 보는 *호모 사피엔스가 출현한 시기(약 20만 년 전)보다 더 빠르다. 즉 생명체가 지구상에 나타난 순서는 성경에서 나타난 순서와 대략 비슷하다.

지구상에는 대기와 물과 흙 같은 무생물(물질)이 먼저 있었고, 생물은 이를 바탕으로 살아가고 번식할 수 있었다. 즉 화학적 관점으로만 보면 무기 물질이 먼저 있었고, 그 후에 유기 물질이 생긴 것이다.

오늘날 우리가 아는 지식으로 보면, 대기는 생명체가 살아가는 데 필요한 기초 물질을 제공한다. 탄수화물의 광합성에 필요한 이산화 탄소(CO_2), 호흡에 필수적인 산소(O_2), 그리고 아미노산이나 유전자 합성에 필요한 질소(N_2) 등이 모두 지표상의 공기로부터 제공된다. 생물은 무생물 없이 살 수 없다는 사실은 현대 과학 지식으로 보면 당연하기도 하고 아주 자연스러운 것이다. 그렇지만 "생물과 무생물은 무엇으로 어떻게 만들어졌을까?"라는 의문은 여전히 남아 있다.

여기서 우리는 서양과 동양의 물질의 근원에 대한 생각을 살펴볼 필요가 있다. 즉, 고대 동·서양인들의 물질관은 어떠했는가를 살펴보자.

우리나라를 포함한 중국을 중심으로 한 한자 문화권인 동양에서는 자연과 인간을 하나의 유기체로 보는 자연관을 가졌고, 자연의 운행 원

---

* **호모 사피엔스** 인류의 조상이라고 본다.

리를 음양오행설(陰陽五行說)로 설명하고 있다. 음양오행설에서 오행(금-金, 목-木, 수-水, 화-火, 토-土)은 자연을 설명하는 요소이며, 물질의 근본 구성 원소를 나타내는 것은 아니다.

기하학적 우주관을 가지고 있던 고대 그리스 철학자들은 이러한 의문에 대해 각기 다른 두 가지 생각을 하고 있었다. 그 중 하나는 물질의 한계는 없을 것이라고 보았던 '무한론'이고, 다른 하나는 물질에는 한계가 있을 것이라고 인식하던 '유한론'이었다. 유한론을 주장한 사람들은 물질이 '더 이상 나눌 수 없는 알갱이(a-tome)'로 되어 있다고 생각하였다. 이런 이론이 곧 '원자론(atomism)'이며, 오늘날 우리가 원자를 영어로 'atom'으로 부르는 계기가 되었다. 즉, 고대 서구에서는 자연을 인위적인 어떤 단위로 잘라 구분하여 이해하려는 분석적 태도를 보였다. 이러한 분석적 태도와 물질관이 오늘날의 현대 서양 과학을 있게 하였다고 볼 수 있다. 플라톤이나 아리스토텔레스는 대우주(macrocosm)에 대해서는 기하학적 모형을 받아들였지만, 원자론을 받아들이지는 않았다. 그러면서도 아리스토텔레스는 물질의 기본 요소로 물, 불, 공기, 흙을 제시하였다. 이 이론이 '사원소설'이다. 이러한 자연관이 달톤(John Dalton, 1766~1844)의 원자설을 있게 하였다. 즉 "모든 물질은 각기 다른 종류의 기본 입자로 구성되어 있다"라고 하는 이론이다. 이 기본 입자를 원자(atom)라고 하였으며, 이 입자는 더 작게 파괴될 수 없고, 따라서 1배, 2배 등의 정수로만 결합한다"라고 하였다. 이 이론이 근대 원자설의 시작이다. 계속된 연구로 지구상에 존재하거나 만들 수 있는 100여 개의 원소가 밝혀졌고, 그들의 성질도 또한 이해하게 되었다. 근대 원자설은 화학을 비롯한 물질과학의 새로운 장을 열었음은 물론이고, 양자 과학과 나노 과학이 있게 하였다.

따지고 보면 자연을 이루는 물질들은 단지 100여 개 정도의 원소로 구성되어 있음을 알 수 있다. 놀랍지 않은가? 원소는 신이 택한 자연의 문자이거나 단어이고, 자연의 다양한 모양을 만들 수 있는 레고(lego)인 셈이다. 원소가 있어 자연은 자연스럽게 보이고, 각 원소들의 독특한 성질과 반응성이 자연을 자연다워지게 한다. 자연은 원소들이 만드는 잘 설계된 독특한 기능성을 가진 안정하고 균형 잡힌 단 하나뿐인 완전한 예술 작품인 셈이다.

자연에 있는 물질의 특성과 용도는 무엇이 결정하는가? 물질의 특성과 용도는 물질을 구성하는 원자의 종류와 배열 방식이나 형태에 따라 결정된다. 작게는 암 세포와 정상 세포, 더 크게는 사람의 건강이나 질병을 구분하는 데에도 관련 생체 분자의 배열에 따라 구분하기도 한다. 광합성을 하는 녹색 식물들은 물, 흙 및 공기 중의 원자들을 흡수하여 배열이 다른 물질을 만들어 성장하고 열매를 맺고 꽃을 피운다. 사람들은 고대로부터 이런 원자의 배열을 통한 새로운 물질을 창조하는 기술들을 축적해왔고, 이런 기술의 개발과 축적은 현재뿐만 아니라 미래에도 계속될 것이다.

작은 바이러스로부터 포유류까지 지구의 모든 생물들에게는 세 가지 기본 요소가 필요하다. 첫째는 거대 생물 분자를 만들 수 있는 원소라는 기본 단위이고, 두 번째는 이 단위로부터 거대 분자를 만들 수 있는 용매(반응 용매), 그리고 세 번째는 기본 원소로부터 거대 분자를 만들고 이들이 생명계에서 필요로 하는 복잡한 생체 분자로 상호 작용하도록 하는 데 필요한 에너지 등이다. 지구상의 생명체에서 가장 중요한 원소는 탄소(C, carbon)이고, 생명계의 반응 용매는 물이며, 생명체의 에너지원은 햇빛이다.

물질의 관점에서 보면 생명계는 원소로 만들어진 화합물의 바다인 셈이다. 무수한 종류의 물질이 존재하는 혼합물 속에서 생명체가 어떻게 살아가고 종족을 보존할까? 생명체들은 생존하고 번식하는 데 각기 필요한 독특한 기능들을 활용한다. 즉 상대를 알아보는 선택적 인식 능력, 항상성의 유지, 정보 전달 기능을 가지고 있다. 아울러 소통을 위한 화학적 물리적 수단도 활용한다. 과학자들은 이러한 생명체의 기능과 수단을 이해하고 이용하려는 노력을 계속해 왔다. 그 산물이 오늘날의 첨단 자연 과학인 셈이다.

2. 생명체는 태양 에너지의 창조물이다

지구상의 모든 유기체는 살아가기 위해서 에너지를 필요로 한다. 그렇다면 에너지는 어디로부터 어떻게 얻을 수 있었을까? 생각해 보면 생명체는 빛의 창조물이라고 할 수 있다. 오늘날 우리가 살고 있는 지구가 이처럼 자연스러운 것도 또한 태양빛이 주는 에너지가 이룬 지구의 열역학적 안정화 때문이다.

바이러스를 비롯한 동물들은 햇빛 자체를 직접 이용하기보다는 에너지를 낼 수 있는 물질을 이용한다. 그러나 식물, 그 중에서도 녹색 식물의 경우는 생장에 가장 큰 영향을 미치는 것이 햇빛이다. 우리가 알고 있는 식물 줄기의 굴광성(빛을 향해 자라는 성질), 굴지성(뿌리가 아래로 향하게 하는 성질) 및 광합성 등은 모두 햇빛과 화합물이 밀접하게 관련되어 있다. 줄기의 굴광성이나 뿌리의 굴지성을 보다 더 자세히 보면 식물 호르몬의 일종인 옥신(auxin)이라는 화합물이 연관된다. 즉 옥신 호르몬이 어느 부위에서 어떻게 작용하는가에 따라 결과가 다르다. 놀랍게도 화합물이 식물의 이런 성질들을 조정한다.

햇빛은 에너지가 각기 다른 여러 영역의 빛살로 구성된다. 식물은 가시광선 영역의 빛으로 광합성을 하며 빨간색과 파란색 영역에서 광합성 효율이 가장 좋은 것으로 알려져 있다. 녹색 식물은 엽록체 안의 엽록소에 의해 빛을 흡수한다. 엽록소는 a, b, c, d로 구분하며, 이들의 차이는 포함하고 있는 성분 원소가 탄소(C), 수소(H), 산소(O), 마그네슘(Mg)으로 모두 동일하지만 산소(O)의 수가 다르다. 나무는 주로 엽록소-a와 -b를 이용하여 광합성을 하는데 엽록소-a는 적색광을 잘 흡수하고, 엽록소-b는 청색광을 잘 흡수한다.

태양은 10^{-14}~10^{4}미터(m) 범위의 다양한 *파장의 빛을 지구로 보낸다. 감마(γ)-선이나 엑스(X)-선 같이 파장이 짧은 빛은 원자들의 내부 전자들의 전이와 관련이 있으며, 자외선과 가시선은 원자나 분자의 전자의 들뜸(더 높은 에너지 상태로 되는 현상)과 관련된다. 또한 적외선과 저주파는 결합 및 분자 운동과 관련이 있고, 라디오파의 파장은 가장 길며 에너지 또한 가장 적다. 식물이 광합성을 통해 공기 중의 탄소(CO_2 형태로)를 고정하는 데는 650나노미터(nm), 760나노미터(nm) 파장의 빛이 이용된다.

바다의 플랑크톤이나 식물은 태양 에너지를 이용한 광합성을 통해 이산화 탄소(CO_2)를 탄수화물이나 아미노산과 같은 탄소가 포함된 화합물을 만든다. 이 과정에서 태양 에너지는 생성되는 화합물들의 결합에 저장되고, 생성된 탄소 화합물들은 초식 동물의 먹이로 옮겨진다. 또 이런 초식 동물은 사람을 포함한 육식 동물이나 잡식 동물 등에 의해 소비된다. 결국 광합성으로 만들어진 화합물에 저장된 에너지는 대사를 통해 유기체가 필요에 따라 사용한다. 간단히 말하면 태양 에너지는 화학 에너지(결합 에너지)로 저장되고, 이 결합 에너지는 생명체가 필요로

* 빛의 파장이 다르면 에너지도 다르다.

하는 에너지로 사용되는 것이다. 생명의 유지나 번식에 필요한 에너지는 미생물, 식물 및 동물에서 일어나는 호흡 작용 과정을 통해 탄소 화합물로부터 얻어진다. 이런 호흡 과정에서 이산화 탄소가 생성되어 대기 속으로 배출된다. 이산화 탄소는 자연의 탄소 순환의 핵심 분자이다. 뿐만 아니라 이러한 생물 생존에 필수적인 탄소 순환 과정의 운영에도 태양 에너지 또한 필수적으로 수반된다(부록 그림 1.1 참고).

오랫동안 빛과 식물 성장의 영향에 대한 연구가 많이 이루어졌다. 이런 결과로 오늘날 우주선이나 아파트형 식물 공장 및 가정용 야채 재배기에서 원하는 식물이나 과일을 재배할 수 있게 되었다.

자연에 있는 생명계는 고도로 질서가 잡혀 있다. 뿐만 아니라 이들의 주변에도 열역학적으로 균형이 이루어지게 한다. 세포에서 일어나는 화학 반응의 에너지 변화는 두 가지 열역학 법칙을 따른다. 하나는 "에너지는 새로 창조될 수도 완전히 파괴될 수도 없고, 다만 한 형태에서 다른 형태로 전환될 뿐이다"라고 하는 열역학 제1법칙이다. 다른 하나는 열역학 제2법칙으로 "주어진 조건의 온도와 압력에서 에너지는 해당 과정의 계(system)와 주위(surrounding)의 엔트로피(entropy)를 증가시킨다"이다. 열역학 제1법칙에서 설명하는 에너지 전환은 이해하기 쉽다. 그러나 삶을 비롯한 생명계에서 단백질이나 DNA나 필요한 고분자를 합성하는 데 필요한 많은 반응이 *자유 에너지 증가($\Delta G^o > 0$) 반응이다. 즉

* 자유 에너지(free energy)란? 어떤 자발적인 반응에서 발생한 에너지 중에서 유용한 일을 하는 데 자유롭게(free) 사용될 수 있는 에너지이다. 이를 간단히 $\Delta G^\circ = -w_{max}$ 식으로 표현한다. $\Delta G^\circ < 0$이면 자발적인 반응이고, $\Delta G^\circ > 0$이면 비자발적인 반응이라고 한다. ΔG°는 Gibbs 자유 에너지를 뜻한다.

비자발적 반응이다.

그렇다면 어떻게 이런 비자발적인 반응이 생명계에서 일어날 수 있나? 예를 들어 우리 몸에서 일어나는 반응 그 자체로는 비자발적이며, 흡열 반응들이다. 그러나 이 반응들이 음식물 대사와 같이 아주 유리한 반응과 연계되면 전체 엔트로피(계와 주위 엔트로피를 합친 것)는 실질적으로 증가한다. 물론 포도당(glucose)이 대사하여 이산화 탄소(CO_2)와 물(H_2O)로 분해되는 반응은 비자발적 반응이다. 그러나 살아 있는 생명체(사람)들은 주변을 질서 있게 만든다. 주변에 열을 주고 음식을 소모하여 매우 낮은 에너지를 가진 작은 분자들로 나눈다. 이렇듯 생명체(사람)가 주변의 질서를 높임으로써 전체적으로는 우주의 엔트로피가 높아지게 된다. 즉 살아 있는 생명체는 열역학 제2법칙을 충실히 따르는 셈이다.

3. 누가 햇빛으로부터 생명체를 보호할까?

태양에서 발산되는 전자기 복사선 중의 53 %는 적외선, 39 %는 가시광선 그리고 8 %는 자외선이다. 에너지 측면에서 보면 적외선의 에너지가 가장 낮고, 자외선의 에너지는 셋 중에서 가장 높다.

자외선은 200~400나노미터(nm) 범위의 빛이며, 자외선-A(320~400 nm), 자외선-B(280~320 nm) 및 자외선-C(200~280 nm) 등 세 가지 부류로 구분한다. 자외선-A 영역의 빛은 세 영역 중에서 에너지가 가장 낮고 파장은 길다. 자외선-A는 지표상에 가장 많이 도달하지만 생물체에 주는 영향은 그리 크지 않다. 그러나 피부의 빠른 노화나 주름의 원인으로 주목 받으며, 일부 치명적인 피부암을 일으킨다고 알려지기도 하였다. 자외선-B의 대부분은 오존에 의해 흡수되고 지표상에는 일부만 도달하며, 사람이나 식물체와 해양 유기체 등에도 영향을 미친다. 이 영역의 자외선은 사람의 DNA를 손상시키거나 암을 유발하기도 한다. 또 면역 체계를 약화시키며, 시력 장애에 큰 영향을 준다고 알려져 있다. 이들 세 영역 중 에너지가 가장 큰 자외선-C는 몇몇 화학 결합을 끊기도 하며, 상당수의 생물에 재해를 입히기도 한다. 그러나 대기 중의 산소(O_2) 또는 오존(O_3)에 의해서 완전히 흡수된다. 산소 분자는 대략 242나노미터(nm)보다 짧은 고에너지 자외선을 흡수하고, 오존 결합은 산소보다 약해서 상대적으로 더 작은 에너지의 파장(320 nm)을 흡수한다. 이런 이유로 산소보다 오존이 자외선과 더 잘 반응한다. 성층권에 있는 *오존층에서 자외선과 오존은 여러 형태의 화학 반응에 의해 파괴와 생성이 반복된다. 인류가 미치는 영향과 같은 다른 요소가 없다면, 성층권의 오존층 농도는 수백만 년 동안 생성되는 속도와 파괴되는 속도가 같은 상태로 유지되었을 것이다. 이처럼 정교하게 균형 잡힌 화학적인 계가 높은 에너지의 자외선으로부터 지구 표면의 생명체를 보호하는 데 기여했을 것이다. 만일 이러한 오존의 순환 과정이 망가진다면 지표상의 생명체는 어떻게 될까? 아마도 높은 에너지의 자외선에 견디지 못하는 많은 종이 사라지거나 변종이 나타날 것이다. 물론 주어진 새로운 환경에 적응한 새로운 생명체가 나타나기도 할 것이다. 이 모두가 지구 화학적 반응의 결과에 기인하는 것이다.

---

* 오존 생성과 파괴의 순환 과정을 Chapman 순환 과정이라고 한다. http://visibleearth.ansa.gov/에서 볼 수 있다.

$$O_2 \xrightarrow{< 240\ nm} 2\ \cdot\ddot{\underset{\cdot\cdot}{O}}\cdot + O_2 \rightleftharpoons O_3 \quad (\text{생성})$$

$$\cdot\ddot{\underset{\cdot\cdot}{O}}\cdot + O_3 \xrightarrow{< 320\ nm} 2\ O_2 \quad (\text{파괴})$$

4. 자연은 생물과 무생물의 혼합체이다

토양이란 무엇인가? 토양도 숨을 쉬는가? 화학적으로는 토양은 무기물 입자, 유기 물질, 물, 공기로 이루어진 일종의 혼합물이다. 따라서 어떤 면에서 보면 토양은 '작은 지구'로 볼 수도 있다. 토양은 수천 년 동안 암석이 파괴되고 나뭇잎과 작은 가지들 그리고 동·식물들의 분해 물질과 미생물들이 뒤섞여 만들어진 다양한 생명체의 삶의 터전이다. 특히 식물과 동물이 부분적으로 분해되어 만들어지는 부식토는 식물 영양의 근원이다. 토양이 풍부한 부식토를 포함하고 있으면 부서지기 쉬운 다공성 형태가 되어, 수분 흡수가 용이하고 생명체에게는 좋은 서식처가 된다. 이것이 농업 전문가들이 이런 토양을 만드는 데 많은 노력을 기울이는 이유이기도 하다. 토양 속에 들어 있는 공기는 사람이 숨 쉬는 공기와는 조성이 다르다. 해수면 높이에 있는 건조한 보통 공기는 산소 21 %, 이산화 탄소 0.04 % 정도를 함유한다. 반면에 토양에서는 산소가 15 % 정도로 낮아지고, 이산화 탄소의 양은 5 % 이상으로 증가될 수도 있다. 이처럼 토양에서 산소가 줄고 이산화 탄소가 증가하는 것은 폐쇄된 공간에서 유기 물질들이 부분적인 산화를 일으키기 때문이다. 토양이 산화되면 결국에는 토양의 산성화가 진행된다. 토양에서는 작은 구멍을 통해 물과 공기의 교환이 일어난다. 식물 뿌리는 산소와 물을 흡수하고 이산화 탄소를 방출한다. 토양에서 물은 공기로 차 있는 틈새 공간에 머물거나, 흙의 입자 표면에 흡착되어 있다. 또는 어떤 물질의 일부 성분으로 존재하기도 한다. 한편 토양 속의 물은 식물의 대사를 통해 발산되거나, 열매에 저장되거나, 흙의 표면에서 증발되거나 더 깊은 토양 속으로 흘러 내려가는 등 다양한 방식으로 이동한다.

보통 녹색 식물이 성장하려면 최소한 18가지의 기본 영양소가 필요하다. 즉 각각 세 개씩의 주영양소(N, P, K), 비무기질 영양소(C, H, O), 부영양소(Ca, Mg, S) 및 아홉 개의 미량 영양소(B, Cl, Mo, Cu, Na, Fe, V, Mn, Zn) 등이다. 주영양소는 식물에 필요한 중요 영양소이고, 부영양소는 식물의 성장을 위해 적당량이 필요한 영양소들이다. 미량 영양소는 하루에 100밀리그램(mg) 정도를 필요로 하는 원소들이다. 비무기질 영양소는 공기와 물로부터 공급되고, 무기질 영양소는 물에 녹아 있는 금속 이온 형태로 뿌리에서 흡수된다.

지구상의 영양소 순환 과정은 하나의 거대한 화학 반응 계이며, 토양에서 식물과 사람이나 동물을 거처 다시 토양으로 이어져 순환된다. 자연에서 일어나는 이런 화학 반응이 자연이 균형 잡힐 수 있게 한다. 그런 영양소 순환 과정의 한 개체로 우리 사람이 포함되어 있다. 잘 균형 잡힌 자연에서의 영양소 순환 과정은 자연을 보다 자연스럽게 만든다.

생물과 무생물은 몇 가지 점에서 다르다. 첫째, 생물은 복잡한 구조를 이루고, 조직적이다. 반면에 무생물은 간단한 구조를 이루며 비조직적이다. 둘째, 생물은 주위 환경으로부터 에너지를 섭취하지만, 무생물은 그렇지 못하다. 셋째, 생물은 동적이고 자기 복제와 자기 조립을 한다. 그러나 무생물은 그렇지 못하며 정적이다. 그렇다면 생물은 어떻게 에너지를 이용하고 자기 복제와 자기 조립을 통해 유기적인 조직체로 될 수 있는가? 자연에 있는 모든 물질을 들여다보자. 이들 물질은 원소이거나 분자 단위로 구성되어 있다. 분자(molecule)는 물질의 화학적 특성을 갖는 물질의 최소 단위이며, 원자로 이루어져 있다. 만일 분자가 변하거나 분해되면 본래의 화합물 특성을 잃는다. 물질을 상태와 변화의 관점에서 살펴보자. 물질은 기체, 액체 또는 고체 상태로 존재할 수 있다. 이러한 물질의 상태는 물질을 구성하는 분자들의 상호 작용하는 힘이나 분자가 가지는 에너지에 의해 달라진다. 분자의 운동 에너지는 고체, 액체 및 기체 순으로 운동 에너지가 증가한다. 예를 들어서 물(H_2O)은 분자 간에 강한 수소 결합을 한다. 수증기 상태에서는 분자 간의 거리가 멀어 수소 결합을 할 수 없다. 그러나 액체가 되면 분자 사이의 거리가 가까워져 기체 상태에서 보다 더 많은 분자들이 수소 결합을 하게 되므로 액체가 된다. 물컵을 냉장고에 넣어 냉각시키면 물은 세 개의 물 분자들이 서로 수소 결합을 이루어 육각형 고리를 형성한다. 이런 육각형 모양의 얼음은 추운 겨울 유리창에서도 볼 수 있다.

변화의 관점에서 보자. 물질의 변화는 기체가 액체로 되거나 고체가 기체로 되는 등과 같은 상태가 변화된다. 이런 상태 변화를 물리적 변화라고 한다. 다른 변화는 분자가 가지고 있던 원자나 원자단이 변해서 특성이 다르게 나타나는 새로운 분자로 변하는 것이다. 이런 변화를 화학적 변화라고 한다. 어떤 분자가 화학적 변화를 일으키면, 색이 변하거나, 분자 에너지(열 또는 온도)가 변하기도 하며, 빛을 내거나 상태가 변하기도 한다. 이와 같은 물리적 및 화학적 변화로 인해 나무나 과일의 색이 달라지고, 밤에 개똥벌레의 번쩍임도 관찰할 수 있다.

생명체는 화학 반응을 이용하여 필요한 에너지를 저장하기도 하고 세포의 기능을 정상화하기도 한다. 결국 생명체는 생존과 유전에 필요한 모든 것을 화학을 통해 이루는 것이라 볼 수 있다.

화학 반응은 기존의 결합이 분해되어 새로운 결합을 형성하는 과정이다. 따라서 화학 반응을 이해하려면 결합에 대한 이해가 필요하다. 분자들이 가지는 결합의 종류와 수가 분자의 에너지와 삼차원 모양을 결정한다. 탄소 원자가 네 개의 다른 원자와 *sp^3 혼성 결합을 하면 정사면체 모양을 이룬다. 이러한 정사면체 기하구조 때문에 아미노산 같은 많은 생체 분자가 각기 독특한 선택성을 가지며 그에 따라 특별하고도 선택적인 기능을 발휘한다. 자연을 이해하려면 관련된 화학을 알아야 하기 때문에, 화학은 대부분의 자연 과학의 기초로 인식된다.

화학자들은 이러한 화학적 변화를 화학 반응식을 이용하여 표현하고, 다루고 소통한다. 따라서 화학자들은 반응물과 생성물의 원자의 종류와 숫자가 일치하도록 쓰여진 균형 잡힌 화학 반응식으로 해당 반응의 대부분의 정보를 알 수 있게 한다. 화학자들은 화학 반응식 표현에 이용하는 언어들로 원소 기호(수소 = H, 산소 = O 등), 숫자(2, 3, ... 등), 화살표(→), 문자(g = gas, s = solid, 엔탈피 = H 등) 또는 다른 특수 기호(첨가 = +, 변화량 = Δ 등)을 이용한다.

---

* sp^3 혼성 결합(hybrid bond)이란 *s* 오비탈 하나와 *p* 오비탈 3개가 섞여 만들어진 오비탈들의 결합을 말한다. 오비탈(orbital)은 전자가 점유하는 공간을 말한다.

5. 물은 왜 생명체에 필수적인가?

지구 표면의 70 %는 물이며 그 양은 약 1.36×10^{21}리터(L)에 해당한다. 생명체는 물에서 기원하고 다양한 생물학적 구조를 결정하는 데 물이 도움을 준다. 물은 지구의 진화 역사에 대한 많은 열쇠를 가지고 있다. 어떤 면에서 보면 지구와 생명체의 다양성은 수용액 반응의 결과물이다. 최근 들어 과학자들은 심해 열수 분출구에서 철(Fe), 황(S) 및 산소(O)를 함유하는 반응물과 생성물을 발견하기도 하였다.

물은 사람 몸의 65 %를 차지한다. 물이 있어서 체온을 조절할 수 있으며 관절이 부드럽게 움직일 수도 있게 한다. 물은 우리의 생활 주변에서도 세 가지 상태로 존재하며, 이런 물리적 상태에 따라 독특한 성질을 가진다.

왜 액체 상태의 물의 비중이 고체인 얼음의 비중보다 큰가? 왜 대기압 25 ℃에서 어떤 물질은 액체로, 어떤 물질은 기체로 또 어떤 것은 고체로 존재하는가? 이런 차이를 이해하려면 각 물질을 구성하는 원자, 분자 및 이온들의 상호 작용하는 힘의 세기와 종류와 이들의 영향을 알아야 한다.

우리는 목이 마르면 물을 마시고, 물로 몸을 씻고, 빨래하고, 음식을 만들기도 하고 심지어는 물에서 수영도 한다. 이렇듯 생활의 많은 부분을 넘어서 절대적인 부분을 차지하고 있는, 이 무색, 무미, 무취의 놀라운 액체의 가치를 우리는 거의 생각하지 않고 살아간다. 물은 우리 몸에 필요한 물질(미네랄, 단백질, 산소 등)을 녹여서 운반하며, 몸속의 노폐물을 씻어 내어 밖으로 내보내 건강을 유지하게 하는 생명계의 용매이다. 이러한 물의 역할에 이상이 생기면 많은 질병으로 이어지기도 하고, 경우에 따라서는 목숨을 잃기도 한다. 물은 용매로서의 역할 외에도 많은 중요한 특성들을 가지고 있어 생명체가 살아가게 하고 자연이 자연스럽게 한다. 그런 이유로 우주 연구자들은 지구 이외의 행성에 물이 존재하는가를 확인하는 데 초점을 맞추고 있기도 하다.

그렇다면 왜 물인가? 아는 바와 같이 물은 생명체에게는 필수적인 물질이기 때문에, 만일 어떤 행성에 물이 존재한다면 지구상에 있는 생명체와 유사한 미지의 생명체가 존재할 것이라고 볼 수 있기 때문이다. 물(H_2O) 분자는 하나의 산소(O) 원자가 두 개의 수소(H) 원자와 공유 결합된 화합물이다. 물은 지구 표면의 70 % 이상을 차지할 만큼 흔하고 단순한 분자이다. 이런 물이 어떻게 지구상에서 그처럼 중요한 역할을 하는가? 역설적으로 지구 표면에 물이 흔하기 때문에 생명계가 물을 바탕으로 생존하도록 설계되고 유전되어 온 것인가? 아니면 물의 독특한 성질이 생명체가 살아가는 데 중요한 역할을 하기 때문인가? 이들 질문에 대한 답은 모두 "그렇다"이다. 만일 물이 너무 많은 서식지라면 땅 위에서의 정상적인 활동보다는 수상생활이 더 유리할 것이다. 반대로 물이 조금씩만 공급되는 사막 지역이라면, 매우 건조하여 생명체가 살아가기 어려운 환경에 적응하기 위한 별도의 기능이 필요할 것이다. 얼핏 보기에 물의 많고 적음이 생태계에 영향을 주는 것으로 생각할 수 있으나, 이보다는 물 분자가 나타내는 독특한 성질이 자연의 생태계에서는 더 중요하다.

적정량의 물이 있어도, 만일 얼음의 *밀도가 액체인 물의 밀도보다 더 크고, 물이 섭씨 0 ℃에서도 얼지도 않으며, 100 ℃에서 끓지도 않는다면 자연은 어떻게 될까? 얼음의 밀도가 액체인 물의 밀도보다 크다면, 기온이 0 ℃ 이하로 내려가는 겨울철 호수는 밑바닥부터 얼어붙어 물고기가 살 수 없는 환경이 될 것이다. 물이 0 ℃에서 얼지 않는다면 북극이나 남극의 빙하나 만년설이 모두 녹을 것이다. 그렇게 된다면 지구상에는 사람이나 동물이 살 수 있는 땅이 얼마 남지 않을 것이다. 지구 기후는 동물을 비롯한 많은 생물이 살아남지 못할 정도로 급변할 것이다. 이것이 지구 온난화를 막아야 되는 이유이기도 하다.

세 개 원자로 구성된 작은 물 분자는 어떻게 그런 독특한 성질을 나타내는가? 물 분자는 산소 원자와 수소 원자가 두 개의 전자를 공유하는 식으로 공유 결합을 형성한다. 이 공유된 전자쌍의 전자 구름이 전기 음성도가 큰 산소 원자 쪽으로 치우쳐 있어 수소 원자는 부분적인 양전하(δ^+)를 띠며 산소 원자는 부분적인 음전하(δ^-)를 띤다. 이렇게 되면 이 극성 결합의 수소 원자는 전기 음성도가 크고 비공유 전자쌍을 가지는 원자들(질소, 산소 및 할로젠 등)과 수소 결합을 형성한다. 이런 수소 결합은 분자 사이에서도 가능하고 하나의 분자 내부에서도 가능하다. 물 분자 사이의 수소 결합이 분자의 크기, 원자 수, 분자량 등이 비슷한 다른 작은 분자들과는 다른 독특한 물리적 특성을 나타낸다. 물

* **밀도**(density) 단위 부피당 질량이다. 즉 밀도 = 질량/부피이다.

분자 간의 수소 결합은 0 ℃에서 100 ℃ 온도 범위에서 순수한 물이 액체로 존재하게 한다. 또 수소 결합이 물이 액체에서 고체로 되면 액체 상태보다 더 많은 공간을 차지하므로 부피가 증가하게 된다. 그렇게 되면 얼음의 밀도는 액체에서 보다 더 낮아지고 *비중 또한 더 가볍다. 따라서 겨울철 호수 표면은 얼음으로 덮히게 되고, 얼음 층 아래에는 고기와 수초가 살아 있게 된다.

얼음의 *융해열은 80킬로칼로리/그램(kcal/g)이고, 상대적으로 높은 *열용량을 가진다. 호수나 바다가 기후에 미치는 완화 효과는 물의 높은 열용량 때문이다. 즉 거대한 양의 물이 태양으로부터 열을 흡수하고 추운 계절이나 밤이 되면 흡수했던 열을 방출한다. 물은 가해진 열로 온도를 증가시키기 전에 수소 결합을 먼저 끊어야 하기 때문에 많은 양의 열을 흡수한다. 또 추운 계절이나 밤에는 수소 결합을 형성하며 많은 양의 열을 방출한다.

물은 높은 증발열도 가지는데 이 또한 수소 결합이 원인이 된다. 물이 증발되는 것은 액체가 기체화되는 과정이다. 이때 물 분자들은 서로

---

* **비중**(specific gravity) 어떤 물질의 밀도 ρ와, 표준 물질의 밀도 ρs와의 비이다.
* **전기 음성도**(electronegativity) 전자를 당기려는 능력의 척도이며 상대적인 값이어서 단위가 없다. 전기 음성도는 원소 주기율표에서 왼편에서 오른편으로 갈수록 할로젠족까지 증가하고, 아래에서 위로 갈수록 증가한다. 따라서 불소(F)가 가장 전기 음성적인 원소이다.
* 분자간에 이루어지는 수소 결합을 분자간 수소 결합이라고 하고, 하나의 분자에서 이루어지는 수소 결합을 분자내 수소 결합이라고 한다. 분자간 수소 결합은 끓는점, 녹는점 등에 영향을 미치지만 분자내 수소 결합은 그렇지 않다.
* **융해열**(heat of fusion) 0 ℃에서 얼음 1 g을 녹이는 데 필요한 열의 양이다.
* **열용량**(heat capacity) 해당 물질의 온도를 1 ℃ 올리는 데 요구되는 열량이다. 물의 열용량은 1.00 cal/(g. ℃), 4.18 J/(g. ℃)이고 구리(Cu)나 철(Fe)의 약 10배에 해당한다.

잡혀 있는 힘(수소 결합 힘 등)을 극복해야 하며 그러기 위해서 더 많은 열이 필요하다. 따라서 액체의 증발열은 해당 물질의 분자간 작용하는 힘의 척도가 된다. 땀이 난 피부에 바람을 불면 물이 증발하면서 시원하게 느끼게 되는 이유이다.

액체 물질은 기체와 다르게 표면에 독특한 성질을 가지는데, 표면 장력이 그런 성질이다. 표면 장력은 왜 생기는 걸까? 표면 장력은 액체의 표면이 스스로 수축하여 되도록 작은 면적을 취하려는 성질이며, 계면 장력의 일종이다. 예를 들어 바늘, 면도 칼날 및 알루미늄 포일 조각과 같은 조그마한 물체들이 수면 위에 뜬다든가, 소금쟁이 같은 곤충이 물 위를 걸을 수 있는 것도 물의 표면 장력 때문에 가능하다. 물은 수소 결합에 의해 분자 간의 인력이 크기 때문에 다른 액체에 비해 표면 장력이 크다. 물 분자 사이에 작용하는 수소 결합 힘에 의해 물 분자는 서로 접촉하여 응축되고, 그렇게 되면 표면적이 적은 둥근 모양이 된다. 표면 장력은 온도나 불순물에도 영향을 받는다. 온도가 높아지면 분자간 상호 작용이 적어지기 때문에 표면 장력이 낮아지고, 불순물에 의해서도 영향을 받는다. 즉 비누나 합성 세제와 같은 계면 활성제는 물에 녹아서 물의 표면 장력을 감소시킨다. 우리는 어려서 한번쯤 경험했을 실험을 기억할 것이다. 불순물이 물의 표면 장력을 감소시키는 현상을 보여주는 간단한 실험이다. 컵 속의 물에 바늘을 띄우고, 비눗물이 묻은 손가락을 넣으면 곧 떠 있던 바늘이 가라앉게 된다. 즉 비눗물이 물의 표면 장력을 감소시킨 결과이다.

물의 성질 중 중요한 성질은 많은 물질을 녹일 수 있는 큰 용해도이다. 물은 지구상의 수많은 용질을 녹일 수 있어, 매우 유용하고 또한 생명계를 포함한 자연에서는 이러한 성질을 다양하게 이용한다. 그러나 생명체 골격을 이루는 미네랄이나 피부 조직 같은 유기물들은 물에 녹지 않는다. 액체 상태의 물은 생명체에게는 없어서는 안 되는 중요한 물질이다.

자연에 있는 물은 순수하지 않고, 많은 유기물 또는 무기물이 녹아 있는 수용액이다. 이 수용액은 자연의 영양액인 셈이다. 생물이 존재하기 위한 물의 필요성은 생명의 기원이 물로부터 시작되었다는 것을 예상하게 한다. 생물학적인 과정에서 일어나는 화학 반응은 물을 용매로 하는 수용액 반응으로부터 진화되었다. 즉 지구상에 방대한 양의 물이 존재할 뿐 아니라, 생명체들이 살아가는 데 필수적인 수용성 체계와 이온성 환경을 이루기에 적합하다는 점이 생명체가 지구상에 존재할 수 있는 이유라고 볼 수 있다. 물은 유기 생체 분자는 아니지만, 살아 있는 세포에서 가장 많이 발견되는 성분이며 무게로 따져서 세포의 60~95% 정도에 해당한다. 앞서 말한 것처럼 생체 반응은 수용액 반응이며, 효소 촉매 반응뿐만 아니라 다양한 화학 반응이 가능하게 한다. 아울러 물은 세포막을 통한 물질의 운송, 체온의 유지, 소화액의 생성과 노폐물의 배출에 필수적인 물질이다. 따라서 우리 몸속에서 물의 양을 항상 적절히 유지하기 위한, 즉 평형을 이루기 위해, 물의 흡수와 배설이 생명의 유지와 신진 대사의 기본이 된다. 성인이 하루 동안 마시고 배설하는 물의 양은 약 2000밀리리터(mL) 정도이다.

생명체는 물의 높은 비열과 기화열을 이용하여 개체의 온도를 조절한다. 더운 여름에 땀이 나면 체온이 내려간다. 과일이나 채소 농장에서 물이 어는 온도 정도로 기온이 내려갈 때에도 냉해 방지를 위해 물을 이용한다. 과일이나 채소 표피에 묻어 있는 물이 얼면서 얼마간의 열을 방출하면 과일이나 채소의 냉해를 방지하는 데 도움이 되기 때문이다.

6. 생명체는 세포라는 기본 단위로 만들어졌다

자연에 존재하는 생명체의 기본 단위는 무엇인가? 박테리아는 단일 세포(cell)로 이루어진 생명체이고, 사람의 몸은 60조 개 이상의 세포로 구성되어 있다. 60조 개의 세포들이 매우 짧은 시간(대략 1000분의 1초 수준)에 동시에 소통해서 인체의 놀라운 능력을 발현한다. 화학적으로 보면 세포는 조물주가 만든 최고 수준의 생명체의 화학 공장이다. 세포에서는 수많은 화학 반응이 유기적이면서도 계속해서 일어난다. 그러려면 반응에 필요한 반응물과 에너지가 계속해서 공급되어야 한다. 또한 반응 수행자가 필요하며 생성된 생성물과 발생한 에너지도 분비하거나 배출해야 한다. 놀랍게도 세포는 반응과 관련된 물질과 에너지의 공급과 배출을 스스로 해결한다. 이 세포라는 화학 공장은 세포막에 의해 외부와 완전히 단절된 것처럼 보이지만, 세포막에는 다양한 물질들이 드나들 수 있는 엄청난 수의 통로를 가지고 있다. 이 통로를 거쳐 물질이 드나들 때는 물론 엄격한 검문검색을 거친다. 이러한 검문검색 역시 화합물들이 임무를 담당한다. 세포막은 출입 통제 역할을 한다. 세포막은 지질과 단백질로 구성되어 있고 세포 내에서 일어나는 모든 화학 반응을 조절한다. 수없이 많은 물질들 중에서 세포가 필요로 하는 물질들만이 선택적으로 세포내로 들어가고 반응에 이용된다. 어떻게 이런 선택적인 출입이 가능할까? 이는 공연장에 들어가기를 희망하는 많은 사람들이 좁은 공간에 몰려 있고, 그 중에서 입장권을 가진 사람만이 검표원이 들여보내는 것과 같다. 세포막에는 검표원 역할을 하는 수용체(acceptor)라는 단백질이 있다. 단백질은 기본 합성 단위체인 아미노산으로 구성되어 있고, 이들은 구조에 따라 상대를 인식할 수 있는 선별능력을 가지고 있다. 세포막은 신경계와 같아서 복잡한 환경으로부터 들어오는 수많은 자극을 분석하고 선택할 수 있다. 놀랍도록 정교한 화학 공정을 발현시키는 것이다. 물론 세포막에 이런 단백질이 없다면 세포는 아무것도 할 수 없을 것이다.

그렇다면 세포내에서 반응을 통해 합성되는 물질은 어떻게 처리하나? 세포내 생성 물질은 역시 외부로 분비해야 한다. 이때에도 분비물을 내보내는 통로와 적절한 수용체 단백질을 사용한다. 아무 물질이나 분비되지 않도록 검사가 필요하기 때문이다. 이런 분비 과정에 관여하는 것이 *골지체이다.

세포라는 화학 반응 공장의 정보처리센터는 세포핵이다. 핵에는 23쌍의 염색체가 있고 모든 정보는 DNA에 암호화되어 있다. 따라서 DNA의 암호가 손상을 입으면 생명체는 돌연변이 같은 심각한 결과가 초래된다. 이런 암호 또한 화학적 방법으로 만들어지고 해독되어 활용한다. 화학의 어떤 속성이 이 모든 것을 가능하게 하는가? 이 질문의 답을 얻는 것이 이 책을 저술하는 목적이기도 하다.

앞서 언급한 것처럼 세포의 수용체는 단백질이다. 따라서 단백질은 세

---

* **골지체(golgi apparatus)** 이탈리아 Camillo Golgi가 1898년에 처음 발견하였다.

포의 필수 물질이다. 동물 세포에서는 DNA로부터 정보를 얻어 필요한 단백질을 합성한다. 단백질은 세포에서 필요한 대부분의 활동을 수행하며, 두 가지 종류가 있다. 하나는 모든 동물 조직을 구성하는 구조 단백질이고, 다른 하나는 특정한 기능을 담당하는 기능 단백질이다. 이 기능 단백질에는 항체(antibody)와 같은 방어 단백질과 다양한 반응을 촉진하는 효소가 있다. 단백질은 간단히 20개의 아미노산 단위체가 펩타이드 결합(peptide bond)으로 만들어진 고분자이다. 생명체가 정상적으로 생장하는 데는 엄청난 수의 단백질이 필요하다. 또한 단백질이 고유한 기능을 발휘하기 위해서는 기능하기에 적합한 구조(이 구조를 4차 구조라고 한다)를 이루어야 한다. 이처럼 기능에 적합한 구조를 이루려면 휘어지거나 비틀릴 수도 있어야 한다. 다행히 단백질 합성 단위체인 아미노산들은 이런 변화를 가능하게 하는 결합과 작용기를 가지고 있다. 게다가 아미노산들은 특정 물질들을 구별하여 선택적으로 결합할 수 있는 능력도 가지고 있다. 이런 선택성 기능은 각 아미노산의 아미노기가 결합된 2-번 탄소의 배열이 정사면체를 이루고 있고, 네 개의 모든 치환기가 각기 다르기 때문에 가능하다. 화학자들은 이 탄소를 *비대칭 탄소 또는 카이랄 탄소(chiral carbon)이라고 한다. 어떤 화합물이 하나의 카이랄 탄소를 가지면 분자식이 동일한 실체와 거울상체 같은 두 개의 화합물이 존재할 수 있다. 이 둘을 거울상 이성질체(enantiomer)라고 하며, 삼차원 구조가 다르고 *편광을 회전시키는 성질이 다르다. 자

* **비대칭 탄소** 대칭면이나 대칭 중심을 가지지 않는 탄소를 뜻한다.
* **편광**(polarized light) 어느 한쪽 방향으로만 진행하는 빛을 말한다.

연은 물질의 이런 삼차원 배열의 차이를 이용하여 다른 물질을 선별하는 선택성 발현에 이용한다. 아미노산은 이런 정사면체 구조를 이용하여 수없이 많은 화합물을 구분하고 선택하는 마술적 힘을 발휘하는 것이다. 이런 선택성은 놀랍도록 정교하다. 이런 작은 화학이 *아미노산과 단백질을 똑똑하게 만든다.

생명체는 세포내의 필요한 물질을 만들고 분해하는 신진 대사를 수행하는 등의 수많은 화학 반응을 통해 생존한다. 모든 생물체는 생존에 필요한 물질을 만드는 합성 반응, 큰 물질을 분해시켜 새로운 물질을 만드는 분해 반응 및 산화-환원 반응 같은 다양한 반응들을 일으킨다. 물론 생명체 내에서 반응을 일으킨다고 해도 여전히 에너지가 필요하며, 게다가 생체 반응은 신속하게 진행되어야 한다. 그러기 위해 생명체는 열역학적으로 유리한 효소 반응을 이용한다. 효소는 생명계 모든 반응에서 촉매제 역할을 하며 생명 현상을 유지하는 데 매우 중요한 물질인 셈이다.

일반적으로 화학 반응이 빨리 일어나게 하려면, 반응물을 높은 에너지를 가지는 들뜬 상태(이 상태를 전이 상태라고 한다)로 만들어야 한다. 효소는 *일반적인 촉매처럼 생체 내의 온화한 조건에서 반응물을 쉽게 들

---

* **아미노산(amino acid)** RHC(NH_2)COOH의 일반식을 가진다. 번호로 표기할 때는 카보닐기(C=O) 탄소가 1번, 그 다음 탄소가 2-번 탄소이다. 그러나 기호로 표시할 때는 카보닐기(C=O)가 결합된 첫 번째 탄소를 α- 그 다음 탄소는 β-··· 식으로 표기한다. α-위치에 아미노기(NH_2)를 가지고 있는 아미노산을 α-아미노산이라고 한다.

* 일반적으로 화학 반응은 주어진 조건에서 스스로 일어나는 반응(자발적 반응: spontaneous reaction)과 스스로 일어나지 않는 반응(비자발적 반응: nonspontaneous reaction)으로 구분된다.

뜬 상태로 만들어 반응이 쉽게 일어나도록 유도한다. 즉 효소가 자연의 반응을 자발적인 것처럼 보이게 한다.

효소의 촉매 작용을 분자 수준에서 이해하는 데 전이 상태 이론으로 설명할 수 있다. 이 이론은 반응물이 생성물로 전환되는 동안의 에너지적인 상태를 나타낸다. 반응물이 전이 상태로 되는 데 필요한 에너지를 활성화 에너지라고 한다. 반응에서 활성화 에너지가 크면 반응은 느리거나 일어나지 않으며, 이 에너지가 작으면 전이 상태로 되기에 유리하여 반응이 빨리 진행된다. 즉 낮은 산은 오르기 쉽고 높은 산은 오르기 어려운 것과 같다.

효소가 최적의 활성을 나타내려면, 반응에 적절한 온도와 완충 수용액에서 적절한 수소 양이온(H^+) 농도를 유지해야 한다. 생명계에서 일어나는 효소 반응은 기질의 공급과 생성물의 적절한 이동과 반응 자리가 연결된 역동적인 과정으로 일어난다. 그렇다면 어떻게 이런 조절이 가능한가? 놀랍게도 생명계의 많은 경우에서는 이런 조절은 단지 몇 개의 작은 이온(Cu^{2+}, Fe^{2+}, Zn^{2+}, Mg^{2+}, Co^{2+} 등)들과 완충 용액을 구성하는 분자 및 보조 인자(비타민류)들을 이용하여 조절한다. 최소한의 무기 화합물과 유기 화합물만을 이용하고 있는 것이다. 뿐만 아니라 생체 반응에 필요한 수많은 효소 분자는, 각기 그 용도에 따라 다양한 구조와 모양을 가지고 있다. 어떻게 그것이 가능한가? 이는 20개의 아미노산을 다양한 순서로 조합하여 다양한 단백질의 삼차 구조를 형성할 수 있기

---

* **반응 중에는 전이 상태**(transition state) 물질이 가장 높은 에너지를 가진 불안정한 상태이다.

때문이다. 효소 단백질은 반응에 필요한 '활성 자리'라는 특별한 모양을 형성함으로써 선택적으로 독특한 기능을 수행할 수 있게 한다. 효소의 활성 자리는 효소 반응에서 필수적이다. 효소는 자신의 삼차 구조 모양을 일시적으로 반응 물질이 반응하기에 적절한 위치와 모양으로 고정시켜 반응을 돕는다. 이런 효소 반응들은 또한 선택적으로만 일어나기 때문에 더욱 효율적이다. 아울러 일반 유기 반응 촉매와는 다르게 효소 촉매는 그 활성을 조절할 수 있는 특성도 가지고 있다. 이런 조절 기능이 생물체가 외부 환경의 변화와 세포 내부의 필요성에 적절히 대응하여 생명을 유지할 수 있게 한다. 생명체의 적응력에도 효소가 중요한 역할을 한다.

인류가 일상생활 속에서 효소 반응을 이용한 역사는 오래되었다. 고대 이집트인들은 포도의 바깥 표면에 있는 효모의 효소들을 이용하여 포도의 포도당을 에탄올(ethanol, CH_3CH_2OH)로 발효시켜 포도주를 만들었다. 우리가 먹는 전통 음식인 된장, 고추장, 김치 및 젓갈 등도 효모나 공기 중의 박테리아가 가지고 있는 효소들을 이용하여 발효시켜 만든다. 따라서 오랜 기간 보존이 가능하다. 특히 젓갈은 발효 중에 단백질을 분해시켜 분해된 아미노산으로 감칠맛을 나게 한다.

효소는 1835년 스웨덴 화학자 베젤리우스(J. J. Berzelius)가 감자 속의 전분 분해를 촉진하는 물질이 있음을 발견하면서 처음 확인되었다. 'Enzyme(효소: 효모 속에서라는 의미의 그리스어로부터 유래)'이라는 용어는 1878년 독일 유기 화학자 빌헬름 쿤(Wilhelm Kühne)이 처음 사용하였다. 효소 연구의 초기에는 발견자가 적당히 명명하였으나, 효소 발견 수가 급격히 증가 하면서 국제생화학분자생물학회에서 해당 효소가 촉매하는 화학 반응의 종류에 따라 분류하는 명명법을 제정하여 이에 따르고 있다. 즉, 산화-환원 반응 촉매 효소는 산화-환원 효소, 작용기를 전달하는 효소는 전달효소, 가수분해 반응 촉매 효소는 가수분해 효소, 작용기를 제거하여 이중 결합을 만드는 반응의 촉매 효소는 분해 효소, 이성질화 촉매 반응은 이성질화 효소 그리고 두 분자를 결합시키는 반응을 촉매하는 효소는 연결 효소라고 한다.

효소는 세포 내에 존재하는 가장 다양한 기능을 갖고 있는 단백질 촉매여서 분자의 크기가 크다. 또한 효소는 생체에서 일어나는 거의 모든 반응에 관여하므로 그 수도 방대하다. *그동안 인류는 효소에 대한 연구를 통해, 생명 현상의 규명, 질병 원인에 대한 이해와 치료 약품의 개발 등 많은 성과를 가져왔다. 20세기 후반 유전자 재조합 기술과 특정 부분의 유전자 변형 방법이 도입되면서 단백질을 손쉽게 변조할 수 있게 되었다. 이러한 단백질 공학 기술이 인공 효소의 제조를 가능하게 하였다.

---

* 효소를 가공하여 자연에 존재하지 않는 새로운 효소를 만드는 기술을 효소 공학(enzyme engineering)이라고 한다.

7. 자연은 완충계라서 자연스럽다

지구는 행성들 중에서 물과 산소가 다량 존재하는 독특한 시스템(system)이다. 따라서 자연계에는 산성 또는 염기성인 조건의 환경이 많다. 예를 들어 화산으로 만들어진 산성 호수에도 해파리가 살며, 약간 염기성인 환경 조건에서 살아가는 해파리도 있다. 실제로 지구의 많은 자연 체계와 현상들이 산과 염기의 성질로부터 발생한다. 수많은 산–염기 반응에 대한 사례가 식물, 곤충 및 동물의 세계에서 발견되었다. 수용액의 산과 염기 평형에 의한 광물과 암석의 용해와 침식을 통해 호수나 동굴과 같은 우리의 주변 환경의 모습이 변화되기도 하였다. 천연에 존재하는 물은 약한 산성이거나 약한 염기성이지만, 화산 지역이나 지열이 높은 지역에서는 황화 수소(H_2S)나 이산화 황(SO_2)이 배출된다. 이런 호수나 바다에서는 수소 양이온 *농도(pH)가 '0'(영)인 매우 강한 산성 조건의 수용액이 될 수도 있다. 이런 산성 수용액 조건에서 실제로 살아가는 친산성 생명체(acidophile)도 있다. 조류인 시아니디움 칼다리움(Cyanidium caldarium)이 한 예이다. 이 조류가 강산성 수용액에서 살 수 있는 것은 내산성 다당 분자가 세포를 보호하며, 산을 세포 밖으

---

* pH는 산성도 및 염기도의 크기를 나타내는 데 사용된다. pH가 7보다 작으면 산성, 크면 염기성이라고 한다. pH = −log10 [H^+]의 식으로 계산하며 '페하'로 읽는다.

로 내보낼 수 있는 능력이 있기 때문이라고 알려져 있다.

우리는 일상생활에서 식초를 이용하여 야채나 과일을 씻어 먹는다. 야채나 과일에 붙어 있을 세균을 소독하기 위해서이다. 뿐만 아니라 우리는 음식을 맛깔나게 하기 위해서 식초를 자주 이용하기도 하고, 개인의 취향에 따라서는 상당한 양의 식초를 섭취한다. 식초는 산성이 큰 물질이다. 그러나 놀랍게도 어느 정도의 식초를 섭취해도 몸에 큰 이상이 나타나지 않는다. 왜 그럴까?

지구상의 생물체는 수용액 환경에서 살아가고 유전해 왔다. 어떤 유기체가 생명을 유지하기 위해서는 적당한 수소 양이온(H^+)의 농도가 일정하게 유지되어야 한다. 생명체는 외부로부터 공급되는 어느 정도의 산이나 염기에 대해서 잘 대응할 수 있도록 설계되어 있다. 즉, 생명체는 일종의 완충계인 셈이다. 생명계는 수소 이온 농도(pH)가 변하지 않는 완충 용액 체계를 이용하여 항상성을 유지한다. 생명계는 *완충 용액 체계로 되어 있어, 수소 양이온(H^+)의 농도가 일정하게 유지되고 있다. 생명계는 용액 화학의 기술을 이용하여 항상성을 유지하므로 자연스럽게 살아가는 것이다.

사람의 혈액 또한 완충 용액이다. 그래서 사람은 꽤 많은 양의 식초를 음식과 함께 먹을 수 있다. 지구상의 생명체 종(species)들은 주변 환경에서 수소 양이온 농도(H^+)의 변화에 대응하기 위해 오랜 시간을 지나면서 적응하고 진화해 왔다. 따라서 자연의 산-염기 평형은 자연 생태계의 지속 가능성과 많은 생물체의 생존에 중요한 부분을 차지한다.

---

* **완충 용액**(buffer solution) 약간의 산이나 염기가 첨가되어도 용액의 pH가 변하지 않는 용액이다.

생화학적인 반응에서는 수소 양이온(H^+)의 양에 따라 크게 영향을 받으며, 만일 수소 양이온 농도 조절 기능이 없거나, 망가진다면 생체의 모든 대사 과정이 중단되고, 생명을 유지하지 못하게 된다. 사람의 소화액의 수소 양이온 농도(pH)는 1~2 정도이고, 장 내부의 수소 양이온 농도(pH)는 8~9 정도이며 체액에 따라 다르다. 건강한 사람의 혈액의 수소 양이온 농도(pH)는 7.40 정도이다. 혈액의 수소 양이온 농도(pH)가 일정하게 유지되는 것은 매우 중요하다. 만일 사람의 경우 숫자적으로 불과 ±0.2~0.4 정도의 수소 양이온 농도(pH) 차이만 나도 심각한 위험에 처하게 된다. 따라서 빠른 시간 내에 정상으로 회복시키지 않으면 사람이 생명을 잃을 수도 있다.

체액의 산도(acidity)는 모든 세포의 기능에 영향을 미친다. 의학적으로는 수소 양이온 농도(pH)가 7.1 미만이거나 7.6 이상으로 심한 변화는 생명에 필수적인 심장이나 뇌와 같은 장기의 기능 장애를 유발할 수 있다고 알려져 있다. 사람의 혈액은 수소 양이온(H^+) 이온을 받아들일 수도 있고, 내놓을 수도 있는 혈장 단백질과 헤모글로빈에 의해서 *완충 작용이 이루어진다. 그러나 보통 혈액에서는 산성 조건이 만들어지지 않는다. 그 이유는 생성되는 수소 양이온과 헤모글로빈 사이에 평형이 이루어지기 때문이다. 적혈구 세포의 헤모글로빈은 혈장에서 수소 양이온을 제거하는 역할을 한다. 이 평형은 혈액에 녹아 있는 이산화 탄소(CO_2)와 폐에 존재하는 기체 상태의 이산화 탄소 사이에 서로 연결되어

* **완충 작용** 어떤 용액에 산이나 염기를 첨가해도 수소 양이온 농도(pH)의 농도가 변하지 않는 저항 작용이다.

있다. 즉 이 경로는 신체 내부 환경으로부터 신체의 외부 환경과 혈액의 수소 양이온 농도의 지속적인 조절로 이산화 탄소를 제거하는 효과적인 메커니즘이다. 어른은 폐를 통해서 하루에 약 20~40리터(L)에 해당하는 *1노르말(N) 농도의 탄산(H_2CO_3) 용액을 배출하는 것으로 알려져 있다.

$$CO_2(\text{혈액에 용해}) \xrightleftharpoons{\text{평형}} CO_2(\text{폐 속의 기체})$$

혈장의 수소 양이온 농도(pH)가 7.40으로 유지되려면 탄산 수소 이온 $[HCO_3^-]$에 대한 탄산 농도 $[H_2CO_3]$의 비율이 20으로 유지되어야 한다. 만약 수소 양이온의 농도 조절에 실패하여 탄산 농도가 더 진해지게 되면, 소위 산독성(acidosis)에 걸리게 된다. 정상인의 동맥 혈액의 수소 양이온 농도(pH)는 7.4 ± 0.05이며 이를 기준으로 산혈증과 알칼리혈증으로 구분한다. 산혈증은 수소 양이온 농도(pH)가 7.35보다 낮은 상태로 수소 양이온 농도가 높음을 의미하고, 알칼리혈증은 수소 양이온 농도(pH)가 7.45보다 높은 상태로 수소 양이온 농도가 낮은 상태이다.

---

* **노르말 농도**(normal concenturation, N) 수용액 단위 리터당 용질의 당량 수(equivalent number, 當量數)로 나타낸 농도 단위이다.

$$N = \frac{\text{당량 수}}{\text{수용액의 리터}}$$

8. 자연은 색깔 있는 물질로 소통한다

파이토케미컬은 색이 있는 지킴이 물질이다

채소나 과일에는 파이토케미컬(phytochemicals)이 들어 있다. 파이토케미컬은 그리스어로 '식물'을 뜻하는 파이토(Phyto)와 '화학 물질'을 뜻하는 영어 케미컬(Chemical)의 합성어다. 파이토케미컬은 식물이 스스로를 지키기 위해 만들어낸 방어용 화학 물질이다. 탄수화물, 단백질, 지방, 비타민, 미네랄, 식이 섬유에 이어 '제7의 영양소'로 불리기도 하는데, 주로 채소나 과일의 짙은 색소에 많이 포함되어 있다.

식물이 발현하는 이런 색의 마술은 한 가지 예로 안토시아닌(anthocyanin) 계 화합물을 들 수 있다. 안토시아닌 화합물은 존재하는 조건(즉 수소 양이온 농도 등)이 어떤가에 따라 색이 다양하게 발현된다. 화합물의 마술인 셈이다. 예를 들어 산성 토양에서 자란 수국은 푸른색 꽃을 피우고, 염기성 토양에서 자라는 수국은 붉은색 꽃을 피운다. 그 외에도 다양하고 많은 식물들이 색을 띤다. 당근, 블루베리, 크림 베리, 체리와 장미 등도 다양한 색을 띤다. 왜 그럴까?

그림 1.1 산성 토양에서 자란 수국의 파란색 꽃(왼편)과 염기성 토양에서 자란 수국의 빨간색 꽃(오른편)

이처럼 색을 띠는 식물들은 주변 환경의 pH에 따라 색이 변하는 특별한 분자들을 포함하고 있기 때문이다. 화학에서는 이런 물질들을 지시약이라고 한다. 그러나 식물에 이런 화학 물질이 존재하는 것은 지시약의 용도가 아니라 자신을 지키고 소통하기 위해서이다.

식물의 파이토케미컬의 첫 번째 용도는 다른 곤충이나 동물과의 소통을 위해서이다. 두 번째 역할은 가시 광선이나 자외선을 흡수하여 입사광으로부터 식물의 광합성을 보호하는 데 이용한다. 우리가 아는 것처럼 식물은 이동 수단이 없다. 따라서 식물이 필요로 하는 곤충이나 동물을 만나기란 매우 어렵다. 식물은 곤충이나 동물이 좋아하는 색을 발현하여 그들을 유인하는 데 이용한다. 놀랍도록 영리하다. 하나의 예로, 연지벌레는 넓적한 잎처럼 생긴 프리클리페어(prickly pear) 선인장의 줄기 위에서 살아가는데, 가루로 된 밀랍 같은 물질을 분비하여 고치처럼 둘러싸서 포식자로부터 자신을 보호한다. 연지벌레의 암컷만이 카민산(carminic acid)이라고 하는 붉은 색소를 지니고 있으며, 알을 뱄을 때 가장 많이 함유하고 있다. 이 붉은 색소가 15세기부터 멕시코 원주민들이 사용하던 코치닐(cochineal)이라는 염료이며, 립스틱이나 화장품에도 사용된다. 스페인의 정복자들은 연지벌레 염료의 진홍빛에 매료되었고, 진하고 선명한 색조를 좋아하는 유럽인들에게 큰 인기를 얻었다 염료를 만들기 위해서는 먼저 선인장으로부터 채취한 연지벌레를 가루로 만든다. 이 가루에 암모니아나 탄산 소듐 용액을 처리하고 정화된 액체에 석회를 첨가하여 pH를 조절한다. 그렇게 되면 pH에 따라 다양한 빛을 띠는 안토시아닌 계열 염료가 얻어진다(부록 그림 1.2 참고).

✿ 왜? 유기체는 수많은 2차 대사 물질을 가지고 있나?

모든 살아 있는 유기체에는 우리가 잘 알고 있는 단백질, 탄수화물, 지방질 및 핵산 외에도 많은 종류의 화합물(천연물이라고 한다.)들이 존재한다. 천연물이라는 용어는 실제로 자연에서 산출되는 어떠한 화합물을 지칭하지만, 유기체의 성장과 발육에 필수적인 것은 아니며 구조에 의해 분류되지도 않은 작은 분자인 2차 대사 물질로 받아들여지고 있다. 지금까지의 연구로 300,000개 이상의 2차 대사 물질이 존재한다고 알려져 있다. 이 2차 대사 물질의 1차적인 기능은 다른 유기체를 유인하거나 퇴치하기 위해 사용되며 그런 결과로 유기체의 생존 가능성을 더 높이는 것으로 인식되고 있다. 이런 예로 양귀비로부터 분리된 알카로이드 일종인 모르핀은 진통제이며, 곰팡이로부터 얻은 페니실린과 필리핀의 토양을 배양해서 얻은 에리쓰로마이신(erythromycin)은 항생제이다. 그리고 칠레 해양 토양에서 분리된 균으로부터 얻어진 라파마이신(rapamycin)과 같은 면역 억제 약(간 이식 환자에 사용)으로 쓰인다. 이들 모두가 천연 물질이다. 양의 전립선으로부터 분리된 프로스타글란딘 E1(prostaglandin E1, 5.13절 참고)도 천연 물질이다. 이런 천연 물질은 대부분 생물학자나 화학자에 의해 자연의 유기체로부터 발견된 것들이다.

오늘날 우리가 사용하는 새로운 예비 의약품의 과반수 이상이 직간접적으로 천연물로부터 얻어졌다. 따라서 많은 관련 분야 과학자들이 이들을 연구하고 있으나 과학자들은 자연의 생물체의 대략 1 % 정도 밖에 조사되지 않았다고 생각한다.

9. 자연의 정보 매체는 무엇인가?

곤충은 먼 곳에서도 어김없이 집을 찾아간다. 뿐만 아니라 수 킬로미터나 떨어진 곳에 있는 암컷이 수컷을 유인하여 교미를 한다. 먹이를 발견한 개미는 먹이 운반을 위해 동료들의 힘을 빌린다. 지원하는 동료들이 쉽게 찾아오도록 안내하기도 한다.

움직일 수 없는 식물에서도 놀라운 삶의 지혜를 엿볼 수 있다. 야생 담배는 꽃가루받이를 위해서 나방을 불러 모으고, 잎을 보호하기 위해서는 나방의 애벌레를 퇴치해야 한다. 야생 담배는 베르가모틴(bergamottin)이라는 물질을 이용한다. 즉 밤에는 나방을 부르기 위해 야생 담배 꽃에서 베르가모틴을 분비하고, 낮에는 애벌레가 서식하는 야생 담배 잎에서 베르가모틴을 방출하여 천적인 노린재를 불러들여 애벌레를 쫓는다. 꽃에서 내뿜는 베르가모틴은 나방과 노린재를 모이게 하는 데 이용되는 소집용 화합물(일종의 페로몬)인 셈이다. 이처럼 식물이 내놓는 신호물질들은 곤충의 다양한 행동을 유도하거나 유발시킨다. 어떤 곤충들은 기주 식물을 먹고 필요한 특정한 물질을 저장했다가 성 페로몬이나 전구체로 쓰기도 한다. 식물의 휘발 물질은 또한 성 페로몬에 대한 곤충의 반응을 억제하거나 기피시키는 역할을 하며, 천적이나 기생하는 생물체를 유인하기도 한다.[1]

곤충과 식물들의 이런 행동은 자연의 지시에 의한 본능적 행동인가? 아니면 DNA에 숨겨진 어떤 지시 정보 때문인가? 이에 대한 비밀이 생화학자나 화학자들에 의해 곤충에서부터 서서히 밝혀졌다. 이러한 곤충들의 행동을 유도하는 것은 본능이 아니라 특정한 신호를 알아채려 이루어지는 행동이라는 것이다. 즉 이런 소통의 수단으로 어떤 특별한 물질을 이용하며 같은 종에서는 같은 뜻으로 이해한다. 이 일종의 신호 전달용 호르몬인 물질 부류를 *페로몬(pheromone)이라고 한다.

1930년에 암컷 나방이 분비한 극소량의 페로몬 물질에 의해 3~4 킬로미터(km) 떨어져 있던 수컷들이 자극을 받아 날아오르는 것을 발견한 화학자가 있었다. 독일 화학자 부테난트(A. F. J. Butenandt)였다. 후에 누에나방 암컷에서 이 물질을 분리하여 '봄비콜(bombykol, $C_{16}H_{30}O$)'이라고 하였다. 봄비콜은 암컷 나방이 수컷 나방을 유인하는 데 이용하는 성(sex) 페로몬이고, 지금까지 약 250여 종의 성 페로몬이 알려져 있다.

다음은 2017년 우리나라 한 일간지의 기사이다.

「외래종인 '등검은말벌'로부터 양봉 농가의 꿀벌을 보호하기 위해서 퇴치 사업에 나섰다. 지난 4월초부터 35개 양봉 농가에 총 360여 개의 등검은말벌 포획 용기를 설치했다. 포획기에는 등검은말벌이 좋아하는 페로몬을 뿌려 말벌이 포획기 안으로

---

*Pheromon은 그리스어의 pherein(나르다)과 hormon(자극하다)의 합성어이다. 페로몬은 1959년 카숀(Peter Karlson)과 류서(Martin Lüscher)가 처음 소개하였다. 몸에서 밖으로 분비되어 다른 사람의 생리적 행동적 변화를 유발시키는 화학 전달 물질로서 'ecto-hormone'이라고도 한다.

들어오도록 유도한다. 이 포획기로 한 달 만에 등검은말벌의 여왕벌 1000여 마리를 잡았다.』

등검은말벌의 여왕벌 한 마리를 잡으면 5만 마리 정도의 꿀벌이 있는 벌집 하나를 살릴 수 있다고 한다. 곧 등검은말벌의 여왕벌 1000여 마리를 잡아 꿀벌 5000만 마리를 구한 셈이다. 최근 산림청에서도 소나무를 비롯한 산림 해충 방제에 이와 같은 페로몬 방제법을 활용하고 있다.

어떻게 이런 퇴치법이 가능한가? 즉 여기서 이용한 페로몬은 등검은말벌을 모이도록 하는 데 이용된 하나의 의사 전달 수단이다. 이러한 페로몬은 지구상의 식물, 곤충 및 동물 등에서 다양한 목적의 소통 수단으로 이용된다. 페로몬은 일반적으로 성 페로몬, 경고 페로몬 및 방어 페로몬 등으로 구분된다(2-7절 참고). 흔히 볼 수 있는 개미는 동료들을 안내하는 데 길 표지(또는 추적) 페로몬을 이용하고, 바퀴벌레는 집합 페로몬이라는 물질로도 동료와 소통한다.

바퀴벌레는 여러 마리가 모여 어울리는 것을 좋아하는 습성이 있다. 과학자들은 그 이유를 알아냈다. 논문에 의하면[2], 바퀴벌레의 대변에 섞인 장내 미생물들이 향기를 내뿜어 다른 바퀴벌레들을 유혹하며, 대변에 세균이 없으면 바퀴벌레들은 뿔뿔이 흩어진다고 한다. 미생물을 매개로 한 소통이다. 이런 미생물을 매개로 한 화학적 의사소통은 자연계에 널리 퍼져 있는 현상이다. 미생물과 바퀴벌레 사이에 소통하는 대화를 엿들으면, 골칫거리인 바퀴벌레를 퇴치하는 좋은 방법들이 찾아질 것으로 보인다. 즉 한곳에 모이게 한 후에 퇴치하거나 그 반대로 흩어지게 하여 몰아내는 방법도 가능할 것이다.

사회성이 있는 곤충들이 사용하는 의사소통 신호의 90퍼센트 이상은 화학 물질인 페로몬이다. 신호 물질인 페로몬은 외분비 샘에서 분비된다. 군락 구성원이 이 페로몬을 후각 또는 미각을 통해 감지하면, 경보, 이끌림, 집결, 충원 등 특정한 행동 반응을 보인다. 또한 많은 종의 사회성 곤충들은 음파나 매질, 진동, 접촉 등도 의사소통 수단으로 이용하지만 대부분 페로몬의 주된 효과에 대한 보조 수단이다. 어떤 신호는 냄새, 맛, 진동(음파), 접촉이 모두 합쳐져 완벽한 신호가 되기도 한다. 이처럼 한 가지 이상의 감각 체계, 즉 시각과 청각, 혹은 후각과 시각 등을 동시에 사용하여 신호나 자극을 주고받는 소통 방식을 '복합 감각 의사소통'이라고 한다.

먹이를 찾아 줄을 지어 가는 개미 무리 속에는 길잡이를 하는 개미가 있다. 이 개미는 먹이를 찾아다니는 동안 엉덩이 부분에서 2-메톡시카르보닐-4-메틸피롤(2-methoxycarbonyl-4-methylpyrrole)이라는 화학 물질을 분비하여 일정한 간격으로 땅에 묻혀 둔다. 즉, 다른 개미들이 찾아오는 길표지 물질로 이용하는 것이다. 이 페로몬 물질은 휘발성이 있기 때문에 일정 시간이 지나면 증발해버린다. 그렇다면 곤충들은 어느 정도의 페로몬을 분비할까? 그 양은 매우 적지만 종에 따라 다르다. 이처럼 양이 적지만 페로몬은 대부분 휘발성이 커서 주변 온도 조건에서 쉽게 기체로 된다. 기체 물질은 바람에 의해 먼 곳까지 쉽게 확산되므로 소통 범위가 넓고 효율성도 높다.

꿀벌은 동료들에게 꽃이 어디가 많은지를 알려주는 데 게라니올(geraniol)과 시트랄(citral)이라는 분비물을 길표지 페로몬으로 이용하며, 아세트산 아이소아밀(isoamyl acetate)이라는 *에스터 화합물는 경보 페로몬이다. 벌들이 사람을 공격할 때 경보 페로몬인 아세트산 아이소아밀을 함께 분비하여, 다른 벌들에게 사람이 침입했음을 알려서 여러 벌들이 함께 공격하게 한다. 암컷 쥐는 짝짓기할 준비가 돼 있을 때만 수컷 쥐가 내뿜는 페로몬 냄새를 맡는다는 연구 결과도 나왔다. 페로몬은 동물 간 의사소통에 쓰이는 체외 분비성 물질이다.

스스로 이동할 수 없는 식물에서 화합물의 쓰임새는 무엇인가? 식물은 사람, 동물, 곤충 및 균과 같은 유기체의 침입으로부터 달아날 수가 없다. 따라서 식물은 머무른 상태에서 이들을 퇴치해야 한다. 그런 방어 수단으로 화합물을 사용한다. 일종의 화학 무기이다. 지구상의 식물은 이미 이런 화학 무기 체계를 구축하고 있다. 다양한 공격에서 살아남기 위해 다른 식물이나 곤충의 협조를 구하는 알림 페로몬과 같은 화합물 사용법을 터득하고 있다.

초생 식물에서는 송충이 같은 *모충이나 초식 곤충에 의한 외부 공격에 대한 '면역 체계'를 형성하고 있다. 하나의 예로 토마토 식물에서는 18개의 아미노산으로 구성된 작은 폴리펩타이드인 *시스테민이 있다. 이 물질로 외부로부터의 공격에 대한 화학 신호를 보낸다. 이 물질이 적의 공격 신호를 보내면 식물은 화학 무기로 사용할 독소 물질을 만들어 낸다. 더 자세히 보면, 토마토가 공격을 받고 식물을 먹이로 하는 곤충들로부터 피해를 입으면 식물성 호르몬인 시스테민이 그 상처 부위에 방출된다. 어떤 목적 세포에서 이 시스테민은 라디오 안테나와 동등한

---

* **에스터**(ester) RC(=O)-OR형의 작용기를 가지는 화합물 계열의 이름이다. 에스터는 일반적으로 휘발성 물질이다.

* **모충**(caterpillar) 송충이 따위와 같이 털이 있는 벌레의 총칭. 모류.

역할을 하는 수용체와 반응한다. 그러고 나면 이 시스테민 신호가 소위 신호 변환 과정을 거쳐 증폭된다. 이렇게 되면 결국 방어 유전자들이 활성화된다. 이들 방어 유전자들은 그 곤충들의 소화계인 *중장에 있는 소화 효소들을 저해하는 단백질을 생산한다. 이 단백질이 그 공격 중인 곤충들의 생육을 더디게 해서 굶게 만들거나 곤충이 다른 식물로 이동하게 한다.[3]

시스테민[4]은 지속적으로 존재하지 않는 방어 물질 생산 신호를 만들어 자스몬산(jasmonic acid)의 생합성을 개시하기도 한다. 어떤 연구자는 토마토 작물의 세포 방어 시스템의 작동 원리를 라디오에 비유했다. 즉, 라디오는 안테나로 파장을 받아 트랜지스터에 전달해서 그 신호를 증폭시켜 우리에게 소리를 제공한다.

어떤 면에서 보면 언어가 없는 곤충과 식물도 나름대로의 사회성이 있으며, 아울러 소통 수단도 있다는 것을 알 수 있다. 이런 유기체들의 사회성이 자연을 자연답게 만드는 것이라고 생각된다. 특히 개미나 꿀벌들은 수많은 개체가 모여 개미 사회와 꿀벌의 사회를 이룬다. 이런 곤충들은 '사회성 곤충'이라고 하며, 이 사회성 곤충이 이루는 개체군의 모임(군집)은 마치 하나의 완전한 생명체처럼 복잡한 메커니즘으로 작용

---

* **식식성 곤충** 식물을 먹이로 하는 곤충. 대부분의 곤충은 식식성이다.
* **시스테민(systemin)** 1991년 ClarenceA.Ryan 연구팀에 의해 알려졌고 토마토 잎에서 발견된 시스테민은 18개 아미노산으로 구성되어 있다.
* 곤충 소화계는 전장·중장·후장으로 나뉘는데 소화 효소는 침샘뿐만 아니라 중장과 그 기장의 세포에서 분비된다. 침샘에서 분비되는 가장 중요한 효소는 아밀라아제이며, 중장에서는 프로테아제, 라이페이스, 아밀라아제, 인버타아제 등 많은 효소가 분비된다. 소화 산물은 중장에서 간단히 흡수된다.

한다. 사회성 곤충의 군집 전체를 하나의 동물로 파악하려는 시각에 따라, 이러한 형태의 생물체를 초개체(Superorganism, 또는 초유기체)라고 명명하였고 이를 다루는 생태학을 초개체 생태학이라고 한다.[5]

10. 식물은 신호를 어떻게 감지하고 반응하나?

식물과 다른 생물체 주위의 환경에는 많은 종류의 자극(신호)들이 포함된다. 이들 자극을 두 가지로 구분할 수 있다. 하나는 무생물적 자극(신호)이고 다른 하나는 생물적 신호이다. 무생물적 신호는 외적 및 물리적 자극으로 빛, 온도, 압력, 중력 등이 있다. 생물적 신호는 다른 생명체 또는 식물체 자신으로부터 발생한다. 모든 생명체들은 외부 및 내부 환경 신호에 반응하고 인지할 수 있는 세포들을 포함하고 있다. 세포막은 많은 종류의 단백질을 포함하고 있고, 이들 중에는 환경으로부터 발생되는 정보를 인지할 수 있는 기능을 가진 단백질도 있다. 다른 막 단백질 또는 원형질 내의 분자들은 빛을 비롯한 다른 물리적 신호에 반응하여 구조적 변화(활성화)를 유도한다(부록 그림 1.3 참고). 신호를 수용체로부터 반응 부위로 전달하는 과정을 신호 전달이라고 한다.

신호 → 인산화된 전령 분자 생성 → 다른 전령 분자에 전달 → 분자 반응

들어온 신호에 의해 전령 분자들의 인산화(phosphorylation)가 일어나 인산화된 전령 분자가 생성되고, 신호가 다른 전령 분자로 전달되어 그 결과로 수백 개의 특별한 분자 반응이 유도된다. 이런 화학적 신호는 세포핵에 영향을 미쳐 특별한 유전자 발현을 시작하거나 끝낼 수 있다.

그 결과가 식물체 내부의 화학적 변화, 식물 발육, 식물의 생장 특성 등에 영향을 미친다.

식물 세포는 호르몬뿐만 아니라 빛과 같은 외부 신호에 대해서도 반응한다. 전달되는 신호는 세포막 또는 세포질에 있는 수용체 분자에 의해서 인식된다. 신호를 인식한 수용체 분자는 신호 전달 과정을 통해 신호를 전달한다. 전달된 신호는 유전자 발현을 일어나게 하고 그 결과로 식물체는 내부에서 방어 물질을 생성하게 된다. 그렇게 되면 화학적 변화를 일으키거나, 빛을 향하는 굴광성 같은 식물 발육 생태를 조절하거나, 과일이 더 잘 익을 수 있게 하는 등의 생장 특성 등에 영향을 미친다. 놀랍게도 이러한 모든 과정에 화합물이 관여된다.

자엽초의 어느 부분이 빛을 인지할까? 그 유명한 찰스 다윈이 궁금해했던 부분이다. 식물은 빛에 따라 휘어지는 굴광성이 있다. 이런 식물의 굴광성은 일찍이 다윈에 의해 알려 졌다. 다윈은 관찰을 통해 "빛은 식물의 맨 끝부분(정단부라고 함)에서 빛을 감지하며, 끝부분으로부터 얼마간 떨어진 아래쪽에서 굽어지는 것"을 알았다. 빛을 향해서 잘 자라는 성질은 양성 굴광성, 빛이 없는 쪽으로 잘 자라는 성질은 음성 굴광성이라고 한다. 빛은 식물 생장의 중요한 인자이다. 광합성을 해야 하는 녹색 식물은 빛이 있어야 한다. 따라서 잎은 더 많은 빛을 받아야 한다. 한 그루 나무에 있는 수십만 개의 잎이 포개지지 않은 채로 제각기 엇갈려 있어 광합성에 필요한 빛을 받는다. 그래서 식물은 빛이 있는 쪽을 향하여 굽어지는 '굴곡 운동'을 한다.

움직일 수도 없고 겉으로 보기에 매우 순해 보이는 식물도 햇빛을 얻는 데는 매우 경쟁적일 수밖에 없다. 생존을 위해서이다. 그래서 식물은 더 많은 햇빛을 확보하고 경쟁자(이웃한 잎 등)를 그늘지게 하는 기능을 발달시켜 왔을 것이다. 그렇다면 "어떻게 이런 기능이 발현되는가?"라는 것이 많은 생물학자들의 관심거리이기도 했다. 최근에 식물이 다른 경쟁자에 의해 그늘지게 되면 어떻게 벗어나는가를 이해할 수 있는 연구가 솔크 연구소(Salk Institute)를 중심으로 이루어졌다.[6]

식물은 잎에 있는 감광성 분자들(photosensitive molecules)을 사용하여 빛에 대한 자기 주위 환경 상황에 대해 정보를 수집한다. 이 정보는 잎에 쪼여지는 적색광의 파장을 근거로 하여 수집된다. 수집된 정보를 이용하여 빛을 필요로 하는 식물이 있는지, 빛이 충분한지 또는 다른 식물이 자기를 그늘지게 하는지를 결정한다고 한다. 식물의 잎이 빛을 감지하는 방법과 옥신이 식물의 생장을 유도하는 방법은 알려졌었으나, 이들 두 가지 기본적인 시스템이 연결되는 경로는 알려지지 않았었다. 이 연구에 이용된 애기장대와 같이 빛을 좋아하는 식물이 자신이 그늘에 있다는 것을 감지하면, 분자 센서들이 줄기에 있는 세포들을 신장하도록 한다. 즉 식물이 햇빛을 향해 위쪽으로 자라게 함으로서 그늘에서 벗어난다고 주장한다. 그러나 식물이 그늘에 벗어날 수 없게 되면, 종족 보존을 위해 조기에 꽃을 피워 소수의 종자라도 만들어 내려고 한다. 이런 활동을 '그늘 피하기 신드롬'이라고 한다. 따라서 만일 농작물을 촘촘하게 밀식으로 재배하면 그늘 때문에 작물의 수확량이 줄

---

* Genes and Development에 실린 논문[6]에 따르면, 파이토크롬 상호 작용 인자 7 (phytochrome interacting factor 7, PIF7)로 알려진 단백질이 식물 세포의 광 센서와 옥신(auxins: 줄기의 생장을 촉진하는 호르몬) 간에 핵심적인 메신저 역할을 한다.

어드는 결과를 초래한다.

식물의 잎이 빛을 감지하는 방법과 옥신이 식물의 생장을 유도하는 방법은 밝혀졌으나, 이들 두 가지 기본적인 시스템이 연결되는 경로가 밝혀지지 않았다. 논문[6]에서 사용한 애기장대가 그늘에 놓이게 되면, 그 잎에 위치한 세포들에서 광수용체 파이토크롬 B(phytochrome B, PHYB)가 파이토크롬 상호 작용 인자 7(PIF7)에 화학적 변화를 일으키면 그 파이토크롬 상호 작용 인자 7(PIF7)이 옥신을 합성하게 하는 유전자들을 활성화시킨다는 것이다.* 즉 파이토크롬 상호 작용 인자 7(PIF7) 단백질이 이 반응의 중계기 역할을 한다. 매우 간단한 화학적 거동을 통해 그늘진 잎에서 옥신의 생성을 자극하는 것 또한 푸른 자연을 자연답게 한다. 식물의 이런 지혜로운 화학적 소통 기술은 어디부터일까?

우리가 숲이나 과수원에서 보게 되는 풀과 나무는 끊임없이 새싹과 곁가지를 내고, 꽃을 피우며 계절에 따라 열매를 맺고 낙엽이 지게 한다. 뿐만 아니라 잎은 햇빛을 향하여 굽어지고, 뿌리는 땅을 향해 자라며 무르익은 과일이나 낙엽은 때가 되면 스스로 줄기에서 떨어진다. 도대체 이런 식물의 활동을 주관하는 것은 무엇인가? 이런 식물 활동을 주관하는 것 역시 화합물이다. 대표적인 물질은 옥신이며 이 옥신이 식물을 식물답게 만든다. 옥신은 어린 잎, 줄기의 끝눈과 뿌리의 끝부분에서 주로 생성되어 필요한 곳으로 이동된다. 잎과 나무의 끝눈이 왕성하게 자라면 곁눈의 성장은 억제된다. 이를 끝눈 우세성이라고 한다. 식물의 부위에 따라 옥신의 생장 촉진 농도 또한 각기 다르다. 옥신은 평균적으로 식물체 1킬로그램(kg)당 10^{-6}그램(g, 즉 10 μg) 정도로 생성된다.

잎이나 열매가 식물체에서 떨어질 때는, 대부분의 경우 잎 자루나 열매 자루 밑에 지층이라고 하는 조직이 형성된다. 잎이나 열매는 이 지층을 경계로 하여 식물체에서 떨어지게 된다. 옥신은 이러한 지층 형성을 억제한다. 결과적으로 낙엽이나 과일이 떨어지는 것을 방지하게 된다. 따라서 과수원에 옥신을 살포하면 낙과를 방지할 수 있다.

다윈의 관찰이 있고 40여 년이 지나서야 식물의 끝부분에서 생성되는 생장 호르몬인 옥신이 굴광성과 관련 있음을 알게 되었다. 식물의 끝부분에서 합성된 옥신은 식물체 아래쪽으로만 이동하는 특성이 있다. 이런 한 방향으로만 이동하는 수송 과정을 '극성 수송'이라고 한다. 친수성인 옥신이 소수성인 세포벽을 통과하려면 옥신을 방출하는 수송체와 옥신을 유입하는 수송체가 필요하다. 이 효소들은 식물체 어디에나 존재하지는 않으며, 특정 방향으로만 위치하고 있다. 그렇다면 줄기가 어떻게 굽어지는가? 옥신은 뿌리 성장을 돕고, 사이토키닌(cytokinin)은 가지 발달을 돕는다. 옥신은 굴광성과 굴지성에 관여한다. 식물에 빛이 쪼여지면 옥신은 햇빛의 반대편으로 이동하여 반대편 세포의 길이가 늘어나게 하여 줄기가 햇빛 쪽으로 굽어지게 한다. 그러나 뿌리의 경우는 빛에서 먼 뿌리 아래쪽으로 이동하여 반대로 신장을 억제시켜 뿌리가 아래로 휘어지게 한다. 옥신은 빛에 민감하다. 빛의 자극을 받은 옥신은 빛을 받지 않은 반대편으로 이동하여 재배치된다. 이동한 반대편에서 양성자 펌프를 가동시켜 세포를 산성화시키면 세포벽이 산성화되어 익스팬신(expansin)이라는 효소가 세포벽의 구조를 끊어 세포가 느슨해지게 한다. 세포벽 결합이 약해지면 세포는 점차 팽창하게 되고 줄기는 빛을 향해 굽어지게 된다. 이외에도 옥신은 식물 조직의 발달을 촉진하고, 과실의 발달을 촉진하고 에틸렌 합성을 촉진하는 등 다양한 역할과 기능이 알려져 있다.

사이토키닌 또한 햇가지와 뿌리 조직에서 세포 분열을 촉진하고, 잎과 꽃의 노화를 억제하며 질소 고정 박테리아와 콩과 식물의 공생과정에 관여하는 등의 다양한 기능도 발휘한다.

왜 과일이 종이 봉지 속에서 더 빨리 숙성하나?

종이 봉지에 덜 익은 과일을 넣어두면 더 빨리 익는다. 무엇이 과일을 더 잘 익게 할까? 이 의문의 해답도 화합물이다. 그럼 어떤 화합물인가? 대부분의 과일들은 덜 익은 상태로 수확하여 배송하고, 판매하기 전에 에틸렌(ethylene, $CH_2 = CH_2$) 기체에 노출시켜 더 익혀서 판매한다. 기체인 에틸렌은 과일의 숙성 과정을 촉진하는 성장 호르몬이다. 통풍이 잘되는 열린 공간에서는 한 개의 과일이 다른 과일에 큰 영향을 미치지 못한다. 그러나 밀폐된 봉지에 넣으면 에틸렌의 농도가 높아져서 다른 과일을 더 잘 익게 한다. 집에서 푸른 바나나를 더 익히려면 종이 봉지에 일정 기간 넣어두면 된다. 더 빠르게 익히려면 잘 익은 키위나 다른 익은 과일을 함께 넣어 두면 더 빨리 익는다.

식물에서 에틸렌 가스의 효과는 1800년대에 처음 밝혀졌다. 식물체 내에서 에틸렌은 아미노산인 *메티오닌으로부터 생합성된다. 낙엽과 과일의 성숙 및 촉진뿐 아니라, 에틸렌은 식물 발육, 세포의 특수화, 결정, 노화, 병에 대한 저항성, 기계적인 스트레스에 대한 반응 등의 다방면에

* **메티오닌(methionine)** 단백질 생합성에 필요한 α-아미노산 중의 하나이다.

영향을 미친다. 에틸렌은 당분의 생산을 촉진하여 열매의 당도를 높이고 세포벽을 더 부드럽게 한다. 또한 에틸렌은 *카로티노이드 생합성 유전자를 발현시킴으로써 과일색의 변화도 유발한다.

오늘날에는 유전자 조작으로 에틸렌 생합성을 조절할 수 있는데, 이를 통해 과일이 빨리 익는 것을 지연시킬 수도 있다. 그렇게 되면 수확해서 시장으로 운반하는 동안 과일의 손상을 최소화할 수 있다.

❀ 지베렐린은 난쟁이도 만들고 씨 없는 포도도 만든다

GA로 알려진 지베렐린(gibberellin)은 끝 눈, 뿌리, 어린잎과 씨눈에서 만들어진다. 이 화합물은 세포 분열과 세포 신장을 자극하여 줄기와 잎의 성장을 촉진한다. 벼를 쓸모없이 성장시켜 키가 큰 벼로 자라게 하는 곰팡이의 결정성 분비 물질을 분리하여 얻어졌다. 이 물질은 고등 식물의 몸속에 들어 있으며 생장을 촉진하는 역할을 가지고 있음이 밝혀져, 식물 생장 호르몬의 하나로 여겨지게 되었다. 그러나 *왜성 식물들은 지베렐린을 만드는 유전자가 결여되어 크기가 작다.

오늘날에는 지베렐린이 식물 생장 조절제로 널리 쓰이고 있다. 지베렐린의 작용 중 가장 특징적인 것은 줄기의 신장을 촉진시키는 작용이다. 햇가지 생장에 필요한 지베렐린을 만드는 유전자가 결여되면 어린 모종(유묘)의 생장에 필요한 당과 아미노산을 만든다. 그 외에도 세포를 팽창시키거나 세포 성분의 합성을 촉진하기도 하며, 일부 식물에서는 개화 촉진에도 관련이 있음이 알려져 있다.

---

* **카로티노이드(carotenoid)** 광합성을 돕고 자외선의 유해 작용을 막는 일종의 식물 색소이다.
* **왜성 식물** 미니 식물 또는 난쟁이 식물 부류를 말한다.

지베렐린과 옥신은 이들의 작용면에서 차이를 보인다. 지베렐린은 식물 전체에 대해서 뚜렷한 효과를 나타내지만, 옥신은 식물 전체에 주어도 신장을 촉진시키지 않는다. 반대로 귀리의 자엽초나 완두 줄기를 식물체에서 잘라내어 옥신을 주면 신장이 촉진되지만, 지베렐린은 잘라낸 부분에 대해서는 거의 효과를 나타내지 않는다. 앞에서 언급한 것처럼 지베렐린은 개화 현상에 강한 효과를 나타내지만 옥신은 그렇지 않다. 일조 시간이 12시간 이상 되어야만 꽃이 피는 장일 식물에 지베렐린을 주면 단일 조건에서도 꽃이 핀다. 이 밖에 지베렐린은 휴면하고 있는 씨나 눈이 잠에서 깨어나 생장을 시작하게 하는 기능도 있으며, 어떤 식물에 대해서는 열매를 맺게 하는 효과가 옥신보다 더 강하게 나타난다. 예를 들어, 옥신에 대해 효과가 없는 사과·복숭아·살구 등에 지베렐린을 주면 열매의 생장이 촉진된다. 포도가 꽃을 피운 지 2주 뒤에 지베렐린을 처리하면 씨 없는 포도가 생산된다.

֍ 식물은 어떻게 수분을 조절하나?

식물이 햇빛을 피하는 피일성은 태양에 노출되는 식물 표면을 최소화하기 위한 반응이며, 이런 성질을 이용하여 잎의 온도와 수분을 줄여 탈수를 조절하고 가뭄을 이겨내려는 기능성이다. 뿐만 아니라 식물은 다양한 방법으로 건조에 대응한다. 그 중 한 가지는 식물 표면에 있는 미세한 기공(stomata)을 이용하는 것이다. 이 기공은 식물의 숨쉬는 기관이다. 식물은 평방 센티미터(1 cm^2)당 수만 개의 기공을 가지고 있다. 식물은 이 기공으로 광합성에 이용할 이산화 탄소를 받아들이고 광합성 과정에서 생성된 물과 산소를 내보낸다. 따라서 기공의 움직임을 조절하는 식물 세포의 메커니즘은 필수적이다. 식물이 빛 수분, 온도 및 흔들림 같은 물리적 요인과 이산화 탄소와 같은 화학적 요인 등의 다양한 환경 조건에 반응하여 식물의 기공을 열고 닫는다. 기공의 개폐 기능은 *공변세포가 담당하며 조절 인자로 포타슘 이온(K^+)과 아브시스산(abscisic acid)이 관여한다고 알려져 있다. 최근 과학자들은 다른 요인으로 동물 에서처럼 식물의 기공 기능에도 칼슘 이온이 중요한 역할을 하는 인자임을 밝혔다. 특히 공변세포 내부의 칼슘 이온(Ca^{2+}) 농도가 기공을 닫는 데 관여하며, 이런 기능으로 수분 유출을 막는다는 것이다.[7] 칼슘 이온은 동물과 식물에서 흔하게 이용되는 신호 전달 물질이며, 지표상에 풍부한 무기 화학 성분 중 하나이다.

식물도 공격에 대해 스스로를 방어할 줄 안다

식물은 미리 형성된 표피에서 타닌을 만들어 침입자의 감염을 막는다. 또한 병을 예방하기 위해 독소를 이용하거나 병원균을 인식하고 그들의 확산을 막는 방법도 갖추고 있다. 식물의 과민성 반응은 식물체가 우성 저항성 유전자를 가지고 있으며, 또한 상보적으로 병원균이 식물체 반응 부위에 작용하는 가용성 단백질을 암호화하는 우성의 무독성 유전자를 가졌을 때 일어난다. 식물은 병균을 죽이거나 감염 부위를 봉합함으로써 그들의 성장을 방해하는 물질들을 생산하는 등의 과민성 반응을 갖춤으로서 병원체의 공격에 대응한다. 식물도 종종 과산화 수소(H_2O_2)를 생산한다. 이 화합물은 아주 효과적인 살균제이다. 어떤 식

* **공변세포(guard cell)** 한 쌍이 마주 붙어 기공을 이루고 있는 세포를 말하며, 2개의 공변세포가 기공을 형성한다. 공변세포가 접하고 있는 부분은 두껍고 반대편의 외벽은 얇기 때문에 세포내 압력이 증가하면 세포가 팽창되면서 기공이 열린다.

물 세포들은 병균을 둘러싸고 자진해서 죽음으로써 병원균의 전파를 막는 희생을 감행하기도 한다. 감염이나 과민성 반응의 결과(싸움이 일어난 흔적)로 괴저 반점(necrotic spot) 같은 사점(dead spot)을 남긴다. 이 괴저 반점은 식물이 병원균의 침입을 저지한 장소이다. 그러나 앞서 언급한 두 유전자 중 하나(또는 둘)가 열성이면 병이 발현될 것이다. 그래서 농학자들은 저항성 유전자를 작물에 도입하기 위한 노력을 계속하고 있다.

그림 1.2 나무 잎에 남겨진 괴저 반점(또는 사점)

전신 획득 저항성은 과민성 반응이나 이전의 감염의 결과에 대한 반응이다. 감염된 식물 역시 신호 물질들(NO, 살리실산, 에틸렌, 자스몬산 등)을 생산한다. 이들 화합물은 세포가 방어 기능의 셀룰로오스와 리그닌으로 세포벽을 강화하도록 자극해서 병원균이 퍼지는 것을 막는다. 동물의 예방 접종과 같이 전신 획득 저항성은 아주 적은 병 증상을 초래하는 한편 매우 넓은 범위에서 다양한 병균에 대해 방어할 수 있다. 식물은 방어 효소를 생산하여 침입자의 세포벽을 파괴시키거나, 미생물에게 독성을 나타내는 *타닌을 생산한다. 이처럼 화합물을 이용하여 외부 침입을 방어는 수단은 이동할 수 없는 식물로서는 최적의 소통과 통제수단인 셈이다.

---

* **타닌(tannin)** 아주 떫은맛을 내는 폴리페놀의 일종으로써 식물에 의해 합성되며 단백질과 결합하여 침전된다.

11. 식물은 빛과 시간을 화합물로 알아낸다

놀랍게도 식물도 시간과 빛의 주기를 알아차린다. 도대체 어떻게 알까? 식물체와 씨앗은 광반응 색소 단백질 분자를 이용하여 빛과 시간 간격을 측정한다. 식물은 이 단백질들을 이용하여 씨앗의 발아, 개화 시기, 휴면 그리고 잎의 배열 등을 조절한다. 식물 역시 매우 지혜롭고 유능한 생명 과학자인 셈이다. 토양 속에는 수많은 씨앗들이 묻혀 있다. 만일 씨앗이 충분한 빛이 들지 못하는 어두운 곳에 있다면 싹이 난다고 해도 결국 죽게 될 것이다. 또한 꽃이 피는 식물은 수분과 수정 및 종자 생산에 가장 알맞은 시기에 꽃을 피워야 한다. 그래서 이런 식물들은 언제 꽃을 피우는 것이 가장 좋을지를 결정하는 방법도 필요하다. 온대 다년생 식물은 겨울이 오기 전 겨울눈 같은 *쉬는 눈(휴면아)을 만들어야 하기 때문에 추위가 시작되는 것을 미리 알아야 한다. 그리고 나뭇잎들은 빛을 최대한 활용하기 위해 겹쳐지거나 그늘지지 않는 형태로 자라는 방법을 개발할 필요도 있다.

그렇다면 땅속 씨앗은 어떻게 빛이 있는 밖으로 나올까? 식물의 조직 속에는 다양한 종류의 색을 띄는 화합물들이 존재한다. 이 색깔 화합

---

* **쉬는 눈(휴면아)** 겨울눈처럼 활동하지 않지만, 장차 꽃눈이나 잎눈으로 만들어질 눈을 말한다.

물들은 파이토크롬(phytochrome), 크립토크롬(cryptochrome), 제아크산틴(zeaxanthin)과 포토트로핀(phototropin) 등이며 땅속 씨앗이 밖으로 나오는데 이들과 특정 단백질이 관련되어 있음이 밝혀졌다. 파이토크롬은 적색광(650~670 nm)과 근적외선(705~740 nm)의 수용체이고, 크립토크롬은 청색과 자외선의 수용체이며, 제아크산틴과 포토트로핀도 또한 청색과 자외선의 수용체이다.

땅속의 씨앗은 보통 1~5센티미터(cm) 깊이에서 싹이 튼다. 발아된 새싹은 광합성을 위해 빛이 많은 땅 밖으로 빨리 나와야 한다. 만일 지나치게 깊이 묻혀 있으면 씨앗 속의 영양분을 다 소모하고도 땅 밖으로 나오지 못하는 경우도 있다. 씨앗은 자신이 가지고 있는 영양분을 이용해 자라서 빨리 땅 밖으로 나와 광합성을 해야 한다. 그래야만 자생할 수 있는 영양분을 만들 수 있다. 따라서 씨앗을 파종할 때도 얼마나 깊이 묻는가 하는 것이 중요하다. 따라서 작은 씨앗은 얕게 심어야 하고, 큰 씨앗은 다소 깊이 심어도 싹이 땅 위로 올라올 수 있다.

그렇다면 식물의 경우에 땅속에서는 광합성 대신 줄기의 성장을 촉진하고, 땅 밖으로 나오면 광합성을 하게 하는 변환 기능이 필요하다. 이 역할을 하는 물질이 씨앗에 있는 코팅 단백질(coating protein)인 COPI라는 단백질임이 알려졌다. 이 COPI 단백질은 씨앗 속에서 광합성에 필요한 유전자 발현을 못하게 방해한다. 그러나 바깥으로 나와 빛을 만나면 크립토크롬과 COPI가 결합하여 방해 기능을 상실하게 된다. 그렇게 되면 *COPI 단백질의 방해가 없으므로 광합성이 가능해지게 된다. 식

---

* **COPI 단백질** 일종의 단백질 복합체이다.

물의 크로토크롬은 이처럼 탈황화, 기공 열기, 개화 및 그림자를 피하게 하는 등의 다양한 기능과 관련이 있다. 즉 빛 환경을 감지하는 환경 센서인 셈이다. 이처럼 빛 수용체들은 분자에 빛을 받아드리는 발색단(chromophore)을 가지고 있고, 이 발색단의 구조 변화를 통해 기능을 수행할 수 있게 된다. 크립토크롬의 광합성 유전자 발현에 대한 대략적인 작용 메커니즘은 크립토크롬2(CRY2)가 빛에 의해 *이합체화되고 인산화된 후에 광합성 유전자를 발현하는 것으로 알려졌다.[8]

⚘ 무엇이 씨앗 발아, 개화 및 휴면을 조절하나?

식물의 씨앗 발아와 꽃의 개화 및 휴면을 조절하는 물질은 파이토크롬이다. 파이토크롬은 식물이 빛에 반응할 때, 빛의 수용체가 되는 단백질 색소이다. 파이토크롬은 단백질 사슬에 헤테로 고리와 불포화 결합으로 구성된 발색단을 가지고 있다. 이 발색단에서 빛과의 상호 작용이 일어난다. 씨앗 발아와 관련된 파이토크롬에는 적색광(650~670 nm)을 흡수하는 파이토크롬(Pr: 'r'은 적색광 흡수를 뜻함) 형태와 근적외-적색광(near infra-red 또는 far-red, 705~740 nm)을 흡수하는 파이토크롬(Pfr: 'fr'은 원적색광 흡수를 뜻함) 형태 두 가지가 있다. Pr-형 파이토크롬은 적색 빛을 흡수하는 형태이고, Pfr-형 파이토크롬은 원적외선 빛을 흡수하는 형태이다. 이 둘의 관계는 Pr-형이 빛을 흡수해 Pfr-형으로 전환되기도 하고, Pfr-형이 근적외선을 흡수해 Pr-형으로 되돌아가기도 하는 가역적 상호 전환 관계에 있다(부록 그림 1.4 참고). 빛에너지는 화

---

* **이합체화**(dimerization) 두 개의 동일한 분자가 하나의 분자로 결합하는 반응을 말한다.

합물의 시스-이중 결합과 트랜스-이중 결합을 상호 변환하기에 충분한 에너지이며, 해가 있는 날이면 언제나 무상으로 공급받을 수 있다. 일종의 광화학을 이용하여 조절한다.

식물에서 Pr-형 파이토크롬이 적색광을 받게 되면, 활성형 파이토크롬인 Pfr-형으로 전환되게 된다. 적색광에 노출된 씨앗의 경우 활성 파이토크롬은 종자 휴면을 끝내고 종자 발아를 자극하는 데 필요한 유전자를 활성화시킨다. 어두운 상태나 토양 깊은 곳에 묻힌 종자는 적색광에 충분히 노출되지 못하므로 파이토크롬이 활성 상태로 전환되지 못해 발아하지 못한다. 햇볕(태양광)은 적색광보다 근적외선광을 더 많이 포함하고 있다. 즉 파이토크롬은 식물 발달 과정의 많은 단계를 조절하는 분자 스위치 역할을 한다.

오늘날 나노 초분자 과학자들도 이런 분자 스위치 개발에 많은 관심을 가지고 있다는 점에서 보면 식물은 이미 이런 첨단 과학을 보편적으로 이용하고 있다는 점에서 경이롭기까지 하다.

파이토크롬은 특히 고등 식물계에서 주어진 환경 속에서 빛의 조건을 감지하고 꽃눈을 형성하는 등 여러 가지 기능을 하는 것으로 알려져 있지만, 구체적인 신호 전달 체계에 대해서는 아직 충분히 밝혀지지 않은 부분이 많다.

식물체는 내생 시계를 가지고 있다

식물의 꽃이 피는 것은 *광주기성(photoperiodicity)이라고 알려진 빛

---

* **광주기성** 혹은 광주성은 낮과 밤의 길이에 따라 일어나는 반응을 말한다. 동물과 식물에서 발견된다.

에 노출되는 시간에 의존한다. 식물은 광주기성 반응으로 시간을 안다. 즉 식물이 밤의 길이를 측정하는 역할은 잎에 있는 파이토크롬에 의해서 이루어진다. 식물체의 내부에는 시간을 측정하는 내생 시계를 가지고 있다. 매일 아침 해가 뜨면 식물은 아주 많은 적색광을 받게 되어 적색광 흡수형 파이토크롬(Pr-형태)이 활성형 파이토크롬인 적외선광 흡수형 파이토크롬(Pfr-형태)으로 전환하게 된다. 아침에 식물체에 일시적으로 Pfr-형태가 증가하면 내생 시계가 다시 작동하게 한다. 내생 시계는 핵 내의 *콘스탄스(CO) 단백질 양을 조절하는데 낮 시간이 진행됨에 따라 콘스탄스 단백질 양을 증가시키게 된다. 낮 길이가 *한계 일장에 도달하면 충분한 양의 콘스탄스 단백질이 축적되어 장일 식물(long-day plants, LDP)의 개화 조절 유전자가 발현되어 개화한다. 밤이 되면 더 많은 콘스탄스 단백질이 파괴되어 세포 속의 콘스탄스 단백질 수준은 일출 때까지 낮아지게 된다. 태양이 빛 신호는 광수용체 분자가 감지하고, 식물의 내생 시계는 매일 일출시에 다시 세팅된다.

또한 식물은 휴면을 제어하는 경우에도 감광 체계를 이용한다. 예를 들어 자작나무는 낮 길이가 짧은 겨울 동안에는 나무의 맨 꼭대기 부분(정단부)에서 세포 사이를 연결하는 *원형질 연락사를 폐쇄하여 생장을 멈추게 한다. 봄이 되어 낮 길이가 길어지면 이 과정이 반대로 되어

---

* **콘스탄스(CONSTANS; CO)** 광주기성 개화 조절에 있어 핵심 인자로 작용하는 단백질이다.

* **한계 일장** 식물이 자라도록 유도할 수 있는 낮의 길이

* **장일 식물** 개화를 위해 한계 일장보다 긴 낮 시간이 필요한 식물.

* **원형질 연락사(plasmodesmata)** 세포벽을 관통하여 세포질이 인접한 세포로 이동하여 공유 환경 속으로 통합될 수 있도록 세포 사이를 연결해 주는 통로이다.

햇가지의 맨 꼭대기 부분에서 세포 분열 조직이 다시 활성화된다. 식물의 햇가지는 빛이 가려 막히는 것을 감지하며, 빛이 있는 쪽을 향해서 자란다. 화초를 창문가에 놓아두면 빛을 향해 성장하는 것을 볼 수 있다.

12. 화합물이 식물의 방향성을 유도한다

어떤 광합성 식물은 햇빛을 더 많이 받기 위해 해를 향하고, 어떤 식물은 햇빛을 피하는 방향으로 자라기도 한다. 햇빛에 의해 유발되는 식물의 방향성 성장 운동을 *해굽성이라고 한다. 이런 식물의 방향성은 어디서 기인하나? 식물이 방향성을 가지는 것은 생존을 위한 선택된 행위이다. 이런 식물의 방향성은 빛의 자극에 의해 유발되는 일종의 성장 운동이며, 화합물에 의해 유도된다.

식물이 최대한 햇빛을 받기 위해 나뭇잎이 해를 향하게 하는 식물의 운동을 횡일성(diaheliotropism)이라고 하고, 햇빛을 피하기 위해 잎을 움직이는 식물 운동을 피일성(paraheliotropism)이라고 한다. 횡일성 운동을 하는 나뭇잎이나 식물은 다른 기관의 표면을 태양을 향하게 하여 태양을 추적할 수 있게 한다. 그런 움직임으로 잎에 비치는 태양 광선의 양이 최대가 되도록 한다. 이런 횡일성 운동은 방사선을 더 많이 차단하고, 광합성을 향상시켜 식물의 성장률을 높일 수 있게 한다.

캘리포니아대학교 식물 생물학과 스테이시 엘 하머(S. L. Harmer) 교수팀의 태양과 해바라기의 꽃의 움직임과 성장에 대한 연구에 따르면,[9]

---

* **해굽성**(heliotropism) 다르게는 향일성, 굴일성 또는 광도라고 하기도 한다.

해바라기는 횡일성에 의해 24시간의 성장주기를 가지며 꽃이 해를 따라 시계 바늘처럼 움직인다고 한다. 대부분의 식물 종은 빛과 온도 감지 경로와 일주기 시계 사이의 복잡한 상호 작용에 의해 규제되는 장기 확장의 일일 리듬을 표시한다. 이러한 리듬은 부분적으로 빛 신호 성분과 지베렐린이나 옥신과 같은 호르몬에 의해 조절된다.

줄기의 굴성은 잎의 끝부분(선단부) 그늘진 쪽에 옥신이 많이 축적되어 세포 신장이 더욱 활발하기 때문이다. 옥신은 청색광 수용체의 영향으로 그늘진 쪽으로 이동한다. 빽빽한 나무 숲 속에서 그늘진 곳의 잎들은 파이토크롬에 의해서 그늘을 감지할 수 있다. 따라서 그늘진 곳에 있는 파이토크롬은 태양에 노출된 잎보다 훨씬 더 비활성 상태(Pfr)이다. 활성 파이토크롬은 줄기가 자라는 것을 억제하지만, 비활성 상태의 파이토크롬은 그렇지 않다. 따라서 그늘에 가려진 잎에서 나온 햇가지는 마디 사이의 줄기(절간장)가 길어져서 빛이 있는 곳으로 뻗어 나가게 된다. 빛이 풍부한 곳에서 나온 햇가지는 주로 잎의 파이토크롬이 활성화된 상태이고 햇가지의 마디 사이가 자라는 것을 억제하므로 왕성하게 자라지는 않는다.

식물은 빛이 없어도 줄기는 하늘을 향하고 뿌리는 땅을 향하는 굴지성 성장을 한다. 만일 화분에 심겨진 토마토 나무를 옆으로 눕히면 불과 4시간 정도만 지나도 토마토 줄기가 거의 90도로 젖혀져서 하늘을 향하여 굽어진 것을 볼 수 있다. 이러한 *굴지성에 옥신이 관여하는데, 옥신은 줄기를 중력의 반대 방향으로 자라게 한다. 뿌리 또한 굴지성 성

---

* 양의 굴지성을 향지성, 음의 굴지성은 배지성이라고 한다.

장을 보이지만 뿌리의 경우는 아래로 자란다. 식물은 중력과 환경과 스트레스에 대해서도 대응한다.

식물학자들은 줄기를 문지르면 식물체가 덜 자라는 것을 관찰하였다. 일부 식물은 '터치 전문가(touch specialists)'로 불린다. 하나의 예로 접촉 시 잎을 빠르게 접는 미모사가 있다. 식물은 또한 물을 향해 자라거나 물을 피해서 자라기도 하며(굴수성), 몇몇 식물의 꽃과 잎은 태양을 향해 자라거나 피해서 자라기도 한다(해굽성). 화학적인 영향으로부터 가까이 또는 멀리 자라는 굴화성(chemotropism)도 나타낸다. 다른 식물은 지지대 주위를 덩굴손이 감는 것과 같은 접촉에 반응한다. 이러한 성장 반응은 굴촉성(thigmotropism)이라고 한다. 덩굴식물들의 어린 줄기 맨 꼭대기 부분은 나사 모양을 형성하며 꼬인다. 식물은 바람, 비, 동물 등의 접촉에 반응하며 생장한다. 주어진 환경에 적절히 적응하며 생존하는 놀라운 지혜를 가지고 있다.

13. 종의 다양성과 항상성이 자연을 자연스럽게 한다

자연의 생태계에는 수없이 많은 생물종들이 적당한 규모로 균형을 이루며 살아간다. 이런 균형이 무너지면 자연의 항상성도 유지되지 않는다. 따라서 이런 생물종들 간의 균형이 자연을 자연스러워 보이게 한다. 최근 들어 지구 환경의 변화로 인한 가뭄, 홍수 및 폭설 등이 잦을 뿐 아니라 숲의 화재 등으로 자연 생태계가 손상되거나 많은 변화가 있다. 전문가들은 이러한 요인을 자연 생태계에 대한 일종의 압력 요소라고 생각한다. 이러한 압력의 크기 정도에 따라 저항성을 갖기도 하고 파괴되기도 한다는 것이다. 그렇다면 파괴된 후에 어떻게 회복되는지, 또 이런 압력에 대해 저항성은 얼마나 되는지가 생태학자들의 관심사가 되었다. 그 동안 수많은 연구를 통해 얻은 결론은 압력을 받은 생태계에 얼마나 많은 수의 생물종이 존재하는가에 달려 있다고 생각한다. 즉 일부 특정한 생물종만이 서식하는 것보다 다양한 생물종이 서식하는 생태계의 회복이 더 빠르다는 것이다. 협력자가 많을수록 생태계 복원은 그만큼 더 빠르게 회복되는 것이다. 이것이 생물 다양성이 중요하다는 것을 시사하는 대목이다. 예를 들어 미생물로 석유 오염 등과 같은 화학적 오염을 정화할 수 있다. 이런 과정을 생물 정화 과정(bioremediation)이라고 한다. 이러한 *생물 다양성의 중요성이 인식되면서 오늘날에는 환경에 대한 관심과 더불어 생물자원의 자본화에 따라 생물자원이 부족한 선진국과 생물 다양성 부국과의 첨예한 갈등도 생기게 되었다.

이것을 이유로 환경주의자들은 생물종의 다양성이 곧 자연 생태계의 항상성을 유지시키는 데 필수적이라고 주장한다. 한 가지 예로 흙속에는 다양한 미생물들이 살아 있다. 흙속의 일부 미생물은 병원균으로 작용하여 특정 생물의 번식을 조절하여 상호간의 번식과 세력의 균형을 조절해서 토양 미생물의 다양성을 유지하게 한다. 육상과 수중 및 흙속의 생태계는 서로 견제하고 도움을 주어 종의 항상성을 유지하면서 자연을 자연스럽게 한다. 그러기 위해 생명체들은 그들만의 특별한 방법으로 소통하고 대화하며 인식하는 것이 필요하다.

그렇다면 이들은 무엇으로 어떻게 소통하는가?

---

* UN은 생물 다양성(biodiversity) 협약이 발표된 1992년 5월 22일을 기념하여 이날을 생물 다양성의 날로 정하였다.

2 생물은 무엇으로 소통하고 생존하는가?

소통은 서로가 서로의 말을 알아듣는 것이다.

"자연을 깊이 들여다보면 모든 것을 더 잘 이해할 수 있을 것이다.

알버트 아인슈타인 (Albert Einstein)"

사람은 코로 들어오는 공기 냄새로 많은 것을 구별해 낸다. 사람의 후각관 벽에는 냄새를 인식해서 뇌로 신경신호를 보내는 화학 수용체들이 가득 채워져 있다.

식물이 스트레스를 받으면 메틸 자몬산(methyl jasmonate)을 발산하여 자신의 불편함을 나타낸다. 식물들이 발산하는 휘발성 물질은 종에 상관없이 같은 메시지를 전달하기도 한다. 즉 이런 화합물의 발산은 곧 식물들의 경고 신호이며 자기방어 수단의 언어이며, 구난(SOS) 신호이기도 하다. 이런 휘발성 물질들은 생물학적 또는 비생물학적 스트레스에 노출되면 생성되어 방출된다. 이 물질들은 휘발성이 커서 시간과 공간의 제약을 상당히 극복할 수 있어 유용하다.

이 장에서는 이러한 생물체의 소통 방식을 알아보자.

1. 생물은 소통해야 한다

자연의 다양한 생명체는 어떻게 정보를 교환하며 서로 어우러져 살까? 어우러져 살기 위해 무엇으로 어떻게 소통하는가? 생명체 중에서 서식지를 스스로 변경할 수 없는 가장 수동적이며 조용한 식물은 지구상의 다른 생명체와 어떻게 소통할까? 생명체가 적을 방어하고 생존하며 주어진 환경에서 진화하기 위해서는 반드시 서로 소통해야 한다. 생명체에서 소통은 생존 문제의 해결 수단인 동시에 해당 집단을 강력하게 만들기도 하고 지혜로워지게도 한다.

소통은 서로가 서로의 말을 알아듣는 것이다. 소통에는 전달하는 내용을 받을 상대가 있어야 하고, 또한 해당 내용을 바르게 인식하도록 전달할 수 있는 적절한 수단과 방법이 필요하다. 즉 소통의 요소는 소통할 상대와 소통에 필요한 언어이다. 언어가 다른 사람들의 소통은 원활하지 못하다. 정확한 소통이 이루어지려면 정확한 정보 전달은 필수이다. 자연에서 생명체가 소통을 위해 사용하는 방법으로 빛 신호, 전기적 신호 또는 화학적 신호가 이용된다. 더 구체적으로는 생명체는 소통을 위해 언어 요소로 빛의 파장과 색깔, 소리의 진동, 열 그리고 물질(화합물) 등을 활용한다.

빛은 생명체의 한 가지 소통 수단이다. 시각 기능을 가진 생명체는 빛을 이용한다. 빛을 이용하려면 해가 있는 낮 동안이 유리하고 어둠 속에서는 불리하다. 따라서 생물체는 야간의 소통 수단으로 발광 물질을 이용한다. 생명체가 환경의 변화에 발 빠르게 대응하거나 적응하는 데 시각, 촉각 및 후각 같은 감각 기관을 이용하는 것은 중요하다. 촉각과 후각은 어둠 속에서 가능하다는 장점은 있으나, 거리상의 제약을 받는다. 즉 비교적 가까운 거리에서만 가능하다. 그러나 빛을 이용하는 소통 방법은 햇볕이 있는 경우라면 거리상의 한계를 상당히 극복할 수 있어 유리하다. 고등 동물에서는 감각 기관과 신경계가 밀접하게 연결되어 있어 즉각적으로 외부 환경을 인지할 수 있다. 사람의 경우 대뇌 피질의 넓이가 전체 감각을 담당하는 피질의 대부분을 차지한다. 이는 시각이 전체 감각에서 차지하는 비율이 그만큼 더 높고 중요하다는 것을 의미한다. 빛의 속도는 소리의 속도나 화합물의 확산 속도보다 훨씬 더 빠르다.

전기적 신호는 전달 속도는 빠르지만, 적절한 전달 매체가 있어야 한다. 따라서 전기 신호를 이용하는 전달 방식은 생명체 내부 소통에 이용되며, 공간적으로 떨어져 있는 개체 상호간 소통에는 불리하다. 반면에 화학적 신호 전달은 속도 면에서는 전기 신호보다는 느리지만 장소나 공간적 제약이 적다는 장점이 있다. 따라서 화합물은 생명체 사이의 상호간 소통(식물-식물, 동물-동물 및 식물-동물 등)에 유용하다.

어떻게 수많은 세포들이 그 주어진 역할을 한 치의 오차도 없이 정확히 수행하는가? 생명계의 기본 단위는 세포이다. 세포로서의 기능을 정확히 수행되어야 생명체가 살 수 있게 된다. 그러면 세포도 소통하는가? 물론 세포도 그들 상호 간에 살아 있는 동안 끊임없이 소통한다.

세포들의 의사소통은 대부분 화학적인 신호를 이용한다. 화합물을 소통의 언어로 사용하는 것이다. 신호 물질은 세포 밖으로 배출되어 작동하거나, 일부는 세포 표면에 붙어서 인접한 주위의 다른 세포에 작용한다. 신호 물질로 이용되는 화합물은 아미노산, 지질, 핵산, 단백질 같은 생체 분자와 일산화 탄소(CO), 산화 질소(NO) 같은 기체 분자를 이용하기도 한다. 빛을 인지하는 시각 세포의 신호 전달 물질은 빛으로부터 오는 광자(photon)이다.

우리가 알고 있는 것처럼 세포는 세포막에 의해 외부와 격리되어 있다. 세포는 살아가기 위해서 외부로부터 필요한 물질을 받아들이고 내부의 물질을 외부로 분비해야 한다. 이런 과정에서 세포는 진출입 물질을 통제하고 선별한다. 이런 기능을 수행하는 것이 수용체이다. 세포 표면에는 마치 라디오 안테나와 같은 역할을 하는 수용체가 있다. 이 수용체가 신호 물질과 결합하여 신호를 받아들이고 변환하여 세포의 활성을 바꾼다. 신호 물질과 세포 표면의 수용체가 결합하면 다양한 생체 분자가 연쇄적으로 반응하여 세포 내부로 신호를 전달한다. 이를 이차 전달자라고 한다. 이 이차 전달자는 작은 신호를 증폭시켜 해당 신호에 대한 명령이 정확히 수행될 수 있도록 한다.

식물은 햇빛과 화합물을 소통의 언어로 사용한다. 식물의 굴광성은 빛에 영향을 받지만 빛을 향해 굽어지게 하는 것은 옥신이라는 화합물이 관련되어 있다. 물을 찾아가는 굴수성 또한 물이라는 화합물과 관련이 있다. 굴광성이나 굴수성 등은 식물이 생존하기 위한 원초적인 조건을 찾아가기 위한 소통 방식이다. 또한 식물은 적으로부터 보호받고, 생식을 위해 곤충과 같은 다른 생명체를 유인하기 위해서 다양한 휘발성 유기 물질을 이용한다. 놀랍게도 움직일 수 없는 식물의 후각 기관은 식물 전체에 퍼져 있다. 자신의 단점을 보완하려는 방법 중 하나이다. 식물의 후각 기관은 뿌리에서 잎에 이르기까지 수십억 개의 세포로 구성되며, 이 세포들의 표면에는 휘발성 분자를 포획하는 수용체가 장착되어 있다. 이 휘발성 분자는 '생물 발생성 휘발성 유기 화합물(biogenic volatile organic compounds, BVOCs)'이라고 한다. 생물 발생성 휘발성 유기 화합물은 식물이 주변 환경으로부터 정보를 입수하는 데 사용할 뿐 아니라, 다른 식물이나 곤충과의 의사소통에도 이용된다. 즉, 식물들이 내뿜는 이러한 생물 발생성 휘발성 유기 화합물은 정밀하고도 다양한 정보(경고, 유혹이나 배척 등과 같은)와 메시지를 담고 있다. 따라서 이런 물질들은 이 화합물들을 내뿜는 식물들의 '단어이자 어휘'이다.

식물은 왜 다양한 휘발성 유기 물질로 소통하는가? 우리가 아는 것처럼 식물은 스스로 이동할 수 없다는 치명적 단점을 가지고 있다. 이런 단점을 극복하기 위해 식물은 필요한 시간에 적절한 공간에서 자유롭게 소통할 수 있어야 한다. 시간적, 공간적 제약을 받지 않으면서 선택적으로 특정한 의사소통을 할 수 있는 방법은 화합물을 이용하는 것이다. 그래서 식물은 화합물을 소통의 언어로 사용한다. 화합물로부터 생명체가 필요한 에너지를 얻을 수도 있고, 필요한 정보를 보내고 받을 수도 있다. 그 뿐만 아니라 특정 물질에 선택성을 부여할 수도 있고 특정 물질만을 선택적으로 인식할 수도 있다. 휘발성 물질은 바람을 이용해 간단히 이동시킬 수도 있다. 식물이 화합물을 이용하는 것은 얼마나 지혜로운가?

언어를 사용하는 인간을 제외한 동물들은 색, 소리, 형태, 몸짓, 냄새와 맛 등 비언어적인 방법으로 소통한다. 활동이 자유로운 곤충은 더듬이를 주로 이용한다. 더듬이는 촉각, 균형 감각, 후각(냄새) 등을 감지하는 특성을 가지고 있어 이런 감각을 이용하여 소통한다. 곤충 또한 목적에 따라 다양한 페로몬이란 화합물을 만들어 적을 방어하고, 번식하며 생존한다.

동물도 화합물로 소통한다. 특정 물질을 분비하여 영역을 표시하거나 이성을 유인한다. 예를 들어 암컷 개는 메틸 *p*-하이드록시벤조에이트(methyl *p*-hydroxybenzoate)라는 물질을 질에서 분비하여 수컷을 성적으로 자극한다. 햄스터는 성 유인제로 다이메틸 다이설파이드(dimethyl disulfide)를 분비한다.

미생물 또한 소통을 위해 정족수 인식(quorum sensing)이라는 특별한 방법을 이용한다. 정족수 인식이란 세균이 신호 분자의 수준을 감지하여 자기 집단의 밀도를 알아내는 현상이다. 이 방법에서 이용되는 작은 분자는 *N*-아실 호모세린 *락톤(Acyl-HSL, *N*-acylated homoserine lactone) 계열 화합물이며 유도 효소 분자와 관련이 있다고 알려졌다. 방법과 유형은 다르더라도 자연의 생명체가 소통하는 데는 그 목적에 적합한 화합물들이 관련되어 있다. 그렇다면 자연의 생명계에서 화합물을 소통의 언어로 사용하면 어떤 장점이 있을까?

박테리아도 화학적으로 소통한다. 솔방울 어류인 철갑둥어는 아래턱에 생체 발광 부위를 가지고 있고, 낮에는 오렌지색으로 밤에는 청록색으로 발광한다. 이렇게 낮과 밤에 다른 색을 발광하므로 솔방울 어류가

---

* **락톤(lactone)** 고리형 에스터 화합물의 계열 이름이다.

먹이로 하는 동물성 플랑크톤이 모여들게 하는 것이다. 이 생체 발광 부위는 해양 생태계에는 흔한 막대 모양의 박테리아(vibrio fischerie)의 군집으로 구성되어 있다. 이 박테리아의 군집은 최소수에 도달했을 때 발광하게 되고, 군집 내의 박테리아가 충분히 많은 수에 다다르면 감지할 수 있게 된다. 이를 정족수 인식이라고 한다. 정족수 인식은 미생물들이 환경에 순응하기 위해서 스스로 상호 작용 물질을 분비하고, 이 분비된 분자를 다른 미생물들이 인식하는 현상이다. 또 다른 예로 사람이 바이러스에 감염되어도 초기에는 감염 증상이 나타나지 않는다. 시간이 지난 후 감염된 바이러스 수가 어느 수준에 도달한 후에야 감염 증상이 나타난다. 이런 생체적 감식은 아실 호모세린 락톤을 포함하는 물질들의 화학 평형에 의존한다. 이 락톤 화합물은 박테리아에게 근처의 다른 박테리아의 존재를 알려 주는 제보자이다.[10]

2. 생명체는 감각으로도 소통한다

우리는 아침에 일어나 창가에 앉아서 마시는 커피 향과 맛으로 행복감을 느낀다. 사람의 감각 체계는 자기 보호나 생존의 수준을 넘어서 보고, 듣고, 맛을 느끼며, 향기를 즐기는 등의 삶의 질을 높이는 수준에까지 이르게 되었다. 생명체의 이런 감각 기능은 어떻게 그런 독특한 기능을 발휘할 수 있을까?

생명체가 생존하기 위해서는 필요한 생리적인 활동을 내·외부로 서로 연결해야 한다. 즉 생체 감각 체계가 필요하다. 생물체는 외부로부터의 위기 상황을 인식하고, 이 위기 상황을 전달하는 방법으로 시각, 청각, 미각, 후각 및 촉각(감각) 등을 사용한다. 이런 생존에 필요한 정보들은 개체에 따라 다양한 방식으로 진화되어 왔다. 오랜 진화 과정을 지나면서 종에 따라 어떤 기능은 더 발달하고, 어떤 기능은 퇴화되기도 하였다. 이중에서 미각과 후각은 각기 다른 화합물을 구별하는 기능을 바탕으로 한다. 시각은 빛과 어둠, 그리고 색을 구별하는 생체 감각 기능이다. 촉각이나 감각은 진동이나 압력, 온도의 변화와 공기 흐름을 감지하는 기능이다.

모든 생명체는 자신의 주변 환경에서 수많은 화학 물질을 확인하고 감지할 수 있다. 초식 동물들도 먹을 수 있는 풀과 먹지 못하는 풀을 구분할 수 있다. 먹이 속의 화합물 성분으로 구분이 가능하다. 이러한 감식은 생존에 중요한 자기 보호 수단이다. 후각이 발달한 쥐는 100여 개의 후각 수용체(olfactory receptor)를 가지지만 물고기는 훨씬 적은 후각 수용체를 가진다. 후각 수용체가 냄새 나는 물질(화합물)에 의해 활성화되면 해당하는 전기 신호를 만들고, 이 전기 신호가 후각 수용체 세포를 자극시켜 신경의 전달 과정을 거쳐 뇌에 보내지게 된다. 사람은 대략 10,000가지의 다른 냄새를 기억하고 인식할 수 있다고 한다.

소금(NaCl)과 같은 짠맛과 설탕과 포도당 같은 단맛을 내는 물질은 냄새로 확인하지 못한다.

왜 그럴까? 소금이나 설탕과 포도당 같은 물질들은 보통의 실온에서 고체이다. 고체 물질은 휘발되지 않으므로 그 성분이 공기 중에 존재하지 못한다. 따라서 후각으로 인식하지 못한다. 후각으로 감지할 수 있는 물질은 휘발성이 커서 해당 성분이 얼마간이든 공기 중에 기체로 존재해야 한다. 소금이나 포도당 및 설탕은 휘발성은 없지만 물에는 녹는다. 그래서 우리는 설탕물이나 소금물을 감별하려면 맛을 본다.

맛은 혀의 맛봉우리를 통해 감지되고, 여러 가지 맛은 생화학적인 메커니즘이 다르기 때문에 각기 다른 맛으로 감지된다. 맛을 감지하는 맛봉우리는 *미세융모(microvilli)에 의해서 인식된다. 맛은 감각 뉴런을 통해 운송되는 전기적인 펄스로 뇌에 전달하여 감지된다. 물고기인 메

---

* **미세융모(microvilli)** 세포 표면에 돌출되어 있는 원주상 돌기 구조로 직경이 0.1마이크론 이하이며 길이도 1-6마이크론 정도로 섬모에 비해 짧고 가늘며 그 내부에는 미세사(microfilament)의 다발이 있다. 약간은 수축할 수 있지만 운동성은 미약하다. 세포의 표면적을 증가시켜, 흡수 또는 분비 면적을 늘린다.

기(Amur catfish)의 감각은 자연에서 가장 정교하며, 메기는 어떤 생물보다 많은 맛봉우리를 지녔다. 몸 전체가 맛봉우리로 덮여 있다고 한다. 맛봉우리(미각아 또는 미뢰)는 척추 동물에서 맛을 느끼는 꽃봉오리 모양의 기관, 주로 혀 점막의 유두 속에 많이 분포하며 미각 세포와 지지 세포로 이루어졌다. 이를 맛감각의 감각기 미각아(또는 미뢰)라고도 한다. 맛봉우리 속에는 미각수용기인 맛세포가 들어 있다. 맛봉우리는 일반적으로 척추동물에서는 입속의 혀·연구개·인두 및 후두에 있다.

시각은 물체가 반사하는 빛, 광자를 눈에 있는 세포의 광수용체가 감지하는 것으로부터 시작된다. 포유동물의 광수용체는 밝은 빛과 색상을 감지하는 고깔 모양의 세포와 흑백을 구별하는 막대 모양의 세포에 존재한다. 사람은 약 3백만 개의 고깔 세포와 10억 개의 막대 세포를 가지고 있다. 막대 세포의 광수용체는 옵신(opsin)이라는 단백질과 *11-시스-레티날(11-*cis*-retinal)이 결합하여 만든 로돕신(rhodopsin)에 의해서 기능을 발휘한다. 메커니즘은 11-시스-레티날이 광자에 의해 1-트랜스-레티날(1-*trans*-retinal)로 변환되어 사슬이 위쪽으로 5옹스트롬(Å) 정도 이동하는 것으로 밝혀졌다.

소리는 소리 발생 근원의 진동면에서 공기 압력이 높고 낮은 파동이 생겨서 전파되어 귀에 닿아 청각을 자극할 때에 느끼는 듣기 감각이다. 동물들은 각기 들을 수 있는 파장이 다르다. 인간의 귀는 0~120데시벨(dB)까지 상당히 다양한 크기의 소리를 들을 수 있다. 이는 아주 작은 소

---

* **11-시스-레티날과 11-트랜스-레티날의 차이** 탄소 11번과 12번의 이중 결합에 결합된 수소 원자가 같은 편으로 배열되면 시스-형태이고 서로 반대편으로 배열되면 트랜스-형태의 화합물로 구분한다.

리에서부터 통증을 느낄 정도의 소리까지 다양하다. 정상인의 달팽이관은 대략 20헤르츠(Hz)부터 20,000헤르츠까지의 주파수 범위를 들을 수 있다. 인간이 사람의 언어를 듣기 위해서 가장 중요한 파장 영역은 500헤르츠에서 3,000헤르츠 범위이다. 개구리는 10,000헤르츠, 코끼리는 12,000헤르츠, 애완견은 40,000헤르츠, 고양이는 60,000헤르츠, 박쥐는 120,000헤르츠 그리고 돌고래는 150,000헤르츠의 소리를 들을 수 있다.

감촉은 피부가 느끼는 압력이나 온도에 의한 자극으로 인지되며 이 과정에 짠맛 감지에 관여되는 소듐 양이온(Na^+) 통로인 아밀로라이드(amiloride)가 관여한다.

또한 청각, 기계적 충격이나 압력 등의 감각 체계는 이온 통로(ion channel)를 활용하는 것으로 밝혀졌다. 모든 세포의 막에 존재하는 G-단백질 연결 수용체(G-protein coupled receptor) 단백질이 세포 외부로부터 도달되는 다양한 신호를 인식한다. 이때 인식된 신호는 세포 내의 G-단백질을 통해서 전달된다. 도달된 신호가 세포 반응을 자극하고 그로 인하여 생명체가 주위 환경을 인식하게 된다. 이런 경로로 세포 간의 신호 전달도 이루어지게 한다.[11 12] 이러한 G-단백질 연결 수용체 단백질은 포유류에 약 800여 개가 존재하며, 생체 내 가장 큰 그룹을 형성하고 있고, 구조적으로 일곱 개의 7-막관통(7TM) 도메인을 공통적으로 가지고 있다.

근래에 들어 수용체와 단백질 등의 유전자 확인으로 이런 감각 체계의 생화학적인 메커니즘이 빠르게 발전하였다. 후각, 미각, 시각은 세포막에 있는 단백질 수용체 중에서 '7-막관통 수용체(7-transmembrane receptor, 7TMR)'를 이용한다고 알려졌다. 7-막관통 수용체는 세포막에서 세포질 면과 세포 외면에 걸쳐 있고 막을 일곱 번 통과하는 구조로 되어 있다. 생체 내에 800~1000개 정도의 수용체가 존재하며 거의 모든 생리적 반응을 촉매한다. 이 수용체는 다섯 가지(A~F)로 구분되는데, A 형태에는 후각 수용체, 아드레날린 수용체 및 빛을 감지하는 로돕신 수용체 등이 있다. B 형태에는 펩티드 수용체, C 형태에는 맛감각 수용체와 글루타메이트 수용체 등이 존재한다고 알려져 있다.

G-단백질 연결 수용체는 인간의 몸 안팎에 존재하는 다양한 물질의 표적 단백질로, 크게 후각 및 미각 자극에 반응하는 감각 수용체 그룹과 신경 전달 물질, 호르몬 등 각종 신호 전달 물질에 반응하는 수용체 그룹으로 분류할 수 있다. 인간 유전체에서 약 367종의 신호 전달 물질에 반응하는 수용체 그룹이 발견되고 있으며, 이들은 인간의 생식, 대사, 면역, 운동, 소화, 호흡, 순환, 수면, 심리 작용 등 대부분의 생리적 기능 조절에 중요한 역할을 한다.

청각과 촉각의 메커니즘은 완전히 밝혀지지는 않았지만, 기계적인 자극을 감지하여 인지하는 것으로 이해되고 있다.

3. 화합물은 자연에서 소통의 단어이다

화학은 다양한 색을 이용하여 자연을 자연스럽게 보이게도 하고, 생명체 간에 소통도 가능하게 하며, 적을 방어하기도 하며 동료를 부를 수 있게도 한다. 특별히 녹색 식물은 빛을 이용하여 광합성을 함으로서 생존에 필요한 영양분을 얻는다. 생명체는 화합물로 소통하고 화합물에 에너지를 저장하고 공급받으며, 화합물에 정보를 저장하기도 하고 전달하는 수단으로 이용하기도 한다. 나름대로의 독특한 구조와 크기를 통해 인식하고 특정 현상을 유발시키기도 한다. 이러한 화학의 기능적인 속성이 자연을 자연스럽게 한다.

앞 장에서 자연을 자연스럽게 하는 것은 무엇인지와 자연은 무엇 때문에 생존할 수 있는지를 살펴보았다. 자연이 소통이나 생존을 위해 화학을 택한 이유는 무엇일까? 이쯤에서 화학의 본질을 들여다보자. 화학은 지구상에 생명체가 생길 때부터 이용된 자연의 생성과 유지와 소통을 위한 수단이었다. 흔히 좁은 의미로서 화학은 물질의 성분, 질량, 구조 및 반응성을 다루는 학문의 한 분야로 정의한다. 그러나 이것만으로는 자연이 화학을 선택한 이유를 설명하기에는 부족하다. 여기서는 자연이 자연스럽게 하는 기능적인 관점에서 보다 더 넓은 의미로 화학이라는 학문을 살펴보자. 그러면 화학이 어떻게 자연을 자연스럽게 만드는가를 이해하는 데 도움이 될 것이다.

기능적인 관점에서 화학은 색의 과학, 현상 과학, 전달 과학, 소통 과학, 인식 과학이며 크기와 구조의 과학이다. 아울러 화학은 새로운 물질을 만들 수 있는 창조 과학이기도 하다. 우리가 일반적으로 자연 과학이라고 하는 범주의 과학 중에서 창조성을 가진 유일한 학문 분야가 화학이다. 아마도 자연을 창조한 신도 이런 화학의 창조성에 매혹되지 않았을까?

그렇다면 왜 자연은 화합물을 소통의 수단으로 이용하는가? 이 질문에 즉답을 하자면, 생명체가 자연에서 생존하고 번식하는 데 필요한 다양한 조건이나 수단(또는 방법)을 충족시켜야 하기 때문이다. 그렇다면 화합물은 어떻게 생명체의 필요충분조건을 채워줄 수 있는가?

화합물은 종류나 모양(구조) 면에서 다양성이 뛰어나고, 특정 물질이나 조건에 부합되는 탁월한 선택성도 발휘할 수 있다. 아울러 확산과 이동 거리가 자유롭기 때문에 먼 곳이나 가까운 곳이나 넓은 면적에 퍼지게 할 수 있다. 또한 극성을 띄거나 이온이 되면 물에 녹을 수 있어 지구상에서 가장 풍부한 물을 용매로 이용할 수도 있다. 뿐만 아니라 최소량으로 최대의 목적을 성취할 수 있다는 경제적인 장점도 있고 자유롭게 이동할 수도 있다. 자연에서 이용하는 화학을 보다 구체적으로 살펴보면 다음과 같은 장점과 특성이 있다.

첫째, 탄소 한 개, 두 개 또는 다섯 개로 이루어진 탄소 블록으로 생명체가 필요로 하는 다양한 천연물을 쉽게 만들 수 있다.

둘째, 화학 결합으로 생명체가 필요로 하는 에너지를 자유롭게 저장하고 이용할 수 있다.

셋째, 화합물로 자기 방어와 식별에 필요한 다양한 색깔을 만들 수 있다.

넷째, 탄소 화합물의 기하 구조(정사면체, 평면 및 직선)로 선택성을 발현할 수 있다.

다섯째, 작용기(functional group)를 다양한 화학 반응과 구조 형성에 이용할 수 있다.

여섯째, 화합물을 이용하여 유전 정보의 저장과 전달을 쉽게 할 수 있다.

일곱째, 물이란 용매를 이용하여 생명계에 항상성을 유지하거나 영양분을 공급하고 전달할 수 있다.

여덟째, 생명체 간에 자유롭게 소통할 수 있다.

이런 면에서 화학은 신이 택한 자연의 기술이며 언어인 셈이다.

4. 생물은 화학을 이용하여 에너지를 저장하고 온도를 조절한다

생물체가 살아가고 유전하기 위해서는 에너지가 필요하다. 식물은 물과 이산화 탄소(CO_2)로부터 햇빛 에너지를 이용하여 탄수화물을 합성한다. 이때 사용되는 햇빛 에너지는 어떻게 되는가? 광합성 과정에서 소멸되는가? 광합성을 결합의 관점에서 살펴보자. 광합성 과정에서는 물의 O–H 결합과 이산화 탄소의 C=O 결합이 끊어지고 이들이 재결합되어 새로운 탄수화물을 형성한다. 그러나 결과적으로 살펴보면 합성에 사용된 햇빛 에너지는 탄소-수소(C–H), 탄소-탄소(C–C), 탄소-산소(C–O)같은 탄수화물의 결합 에너지 형태로 저장되는 것이다. 분해되지 않으면 탄수화물 분자에 안정적으로 에너지를 보관할 수 있다. 따라서 생명체는 이런 에너지 저장법을 활용하는 것으로 보인다. 자연의 햇빛 에너지를 화학 결합 에너지로 저장했다가 용도에 따라 꺼내서 이용하는 것이다. 자연의 에너지 순환 과정은 놀랍고 정교하다!

녹말과 셀룰로오스의 기본 단위인 포도당은 자연의 녹색 식물이 햇빛 속에서 CO_2와 물을 이용하여 합성한다. 이렇게 합성된 작은 포도당 분자들은 녹말이나 셀룰로오스 같은 큰 분자로 저장되기 위해 화학적으로 서로 결합한다. 포도당은 생명계가 햇빛 에너지를 저장하는 일종의 에너지 저장고이다. 놀랍게도 생명계에서는 동일한 포도당 단위체로부터 자유롭게 녹말과 셀룰로오스를 만들어 낸다. 그러나 유능한 합성 화학자라도 실험실에서 이들 두 화합물을 자유롭게 만들지 못한다. 지구상의 모든 생명체의 건조된 무게의 50 % 이상이 포도당 중합체인 것으로 예상한다. *사람은 적당한 기능을 위해 여덟 가지의 필수 단당류를 섭취해야 한다. 이들은 모두 포도당으로부터 만들어지며, 필요하면 더 간단한 전구체로부터 생체 내에서 합성될 수 있지만 음식물로부터 섭취하는 것이 에너지 면에서 더 효율적이다.

사람이 식품으로부터 얻는 과량의 에너지는 대부분 지방의 형태로 저장된다. 왜 지방 형태로 저장하는가? 지방은 물에 녹지 않고, 단백질이나 탄수화물보다 단위 질량당 에너지 효율이 더 높기 때문이다. 탄수화물 및 단백질 평균 연료 값은 17킬로줄/그램[kJ/g(4 kcal/g)]이고, 지방의 평균 연료 값은 38킬로줄/그램[kJ/g(9 kcal/g)]이다. 효율적이고 현명한 자연의 선택이다.

사람은 식품에서 얻어지는 화학 에너지로 체온을 유지하고 운동을 하기도 한다. 나아가서 에너지가 있어야 체내 조직을 생성하고 재생할 수도 있다. 체내에서 생산되는 에너지의 40 % 정도는 체내에서 일하는 데 사용하고 나머지는 제외로 방출한다. 이 방출되는 열의 일부가 체온을 조절한다. 몸이 더우면 땀을 흘려 체온을 조절한다. 땀의 주성분은 물이다. 땀 속의 물이 증발되면서 시원하게 된다. 액체인 물이 기체인 증기

---

* **사람이 섭취해야 하는 필수 단당류 8가지** *L*-fructose, *D*-galactose, *D*-glucose, *D*-mannose, *N*-acetyl-*D*-glucosamine, *N*-acetyl-*D*-galactosamine, *D*-xylose 그리고 *N*-acetyl-*D*-neuraminic acid이다.

로 변하는데 44.0킬로줄(kJ)의 에너지가 필요하다. 체온이 높다고 느껴지면 몸의 열을 잃게 하기 위해 두 가지 방법이 동원된다. 한 가지는 피부 표면 근처 혈류양을 늘려 복사와 대류 현상을 증가시키는 것이다. 다른 하나는 땀을 증발시켜 열 손실을 유도하는 것이다. 사람이 최대로 흘릴 수 있는 땀의 양은 시간당 2~4리터 정도이다. 땀을 많이 흘리면 물을 먹어 수분과 필요한 전해질을 공급해야 한다. 과다한 땀 분비로 인한 수분과 전해질이 부족하면 더 이상 땀이 나오지 않고, 혈액 양도 감소하여 열사병 증상이 나타나게 된다.

5. 세포도 서로 소통한다

세포는 생명체의 기본 단위이다. 따라서 생명체가 생존하고 번식하기 위해서는 이들 간의 소통이 필요하다. 세포가 실제로 소통을 하기는 하는 건가? 한다면 언어와 통신 수단이 없는 세포들은 어떻게 소통할까? 세포는 물질로 소통하고 물질이 있어야 산다. 그렇다면 세포 내에서 물질 교환은 어떻게 이루어질까?

생명체가 흡수하는 다양한 물질은 세포로 보내진다. 세포가 생명체의 화학 반응 공장이기 때문이다. 물질들은 필요에 따라 세포에서 세포로 이동하거나 다양한 세포내의 소기관으로 보내져 그런 기관들이 제 역할을 할 수 있도록 한다. 즉, 이러한 물질 이동이 원활하게 이루어 져야 생명이 살아가게 된다. 그러나 모든 물질이 세포의 안과 밖으로 자유롭게 드나들 수는 없도록 통제한다. 따라서 이러한 세포 내 물질 이동은 생명계의 세포 간의 소통에 대한 이해뿐만 아니라 질병의 이해와 치료에도 중요하다. 세포와 세포가 어떻게 소통하고 필요한 분자들을 조절하고 공급받는가를 이해하기 위한 연구가 지속되어 왔고, 20세기말이 되어서야 세포 안과 밖에서 중요한 분자 물질의 수송 시스템인 막소포(vesicle)의 작동과 조절 과정을 알게 되었다. 2013년 노벨 생리의학상 수상자들인 셰크먼(R. W. Schekman), 로스먼(J. E. Rothman), 쥐트호

프(T. C. Südhof) 등이 세포 안과 밖에서 주요한 분자 물질의 수송 시스템인 막소포(vesicle)의 작동과 조절 과정을 밝혔다. 막소포는 세포막처럼 이중의 지질층으로 이뤄진 세포내 구조물로서, 단백질 같은 분자 물질을 한데 모아 효율적으로 수송하는 역할을 한다. 세포내 또는 세포간 분자 물질이 막소포에 담겨 전달되는 여러 가지 복잡한 과정에서 문제가 생기면 실제로 다양한 질환이 생기기 때문에, 이들의 기능과 과정을 아는 것은 곧 질병의 원인 규명과 치료와도 연관되어 있어 중요하다. 이런 분자 물질 덩어리가 어떻게 특정 세포막을 찾아가 정확히 달라붙고, 뒤이어 특정 조건이 만들어지면 그 순간에 덩어리에 담긴 분자 물질을 세포막 안쪽에 쏟아부어 전달하는지를 이해할 수 있게 되었다. 2013년 노벨 위원회는 이들 세 과학자의 업적을 다음과 같이 정리하였다.

> "세 과학자의 발견은 진핵세포에서 가장 기초가 되는 과정의 일부인, 분자 물질이 정확하게 목적지에 도달할 수 있도록 하는 과정을 밝혀주는 것이었다. 이들의 발견은 세포간 커뮤니케이션이 어떻게 일어나 세포 안과 밖의 정확한 지점에 분자들을 전달하는지를 이해하는 데 주요한 영향을 끼쳤다. 막소포 수송과 융합은 효모와 사람처럼 아주 다른 생명체 안에서도 동일한 일반 원리로 작동한다. 이는 호르몬이나 신경 전달 물질부터 면역 체계의 기능에 이르기까지 막소포 융합이 통제되어야 하는 다양한 생리 과정에서 중요한 기능을 한다. 이런 절묘하고도 정밀한 세포내 기관이 없다면, 세포는 혼돈에 빠질 것이다."

인슐린을 예로 들어보자. 만일 인슐린 같은 중요한 물질이 아무 때나 세포막 안쪽으로 전달된다면 사람의 생명 현상에 큰 혼란이 야기될 것이다. 그러나 세포들은 이런 혼란을 방지할 수 있는 기능을 가지고 있다. 즉 막소포에 결합한 단백질이 표적 세포막에 있는 특정한 단백질과 상보적으로 결합하여 물질을 필요로 하는 목적지로 정확하게 전달한다. 이처럼 특정 단백질 복합체 덕분에 막소포가 표적 세포막과 융합할 수 있다. 그렇다면 이 과정은 어떻게 제어될까? 막소포와 세포막이 융합하기 위해서는 또 다른 특정한 자극이 필요하다. 인슐린의 경우는 세포막에 붙어 있는 막소포에 칼슘 이온(Ca^{2+})의 신호 자극이 전해지면 문이 열리고, 막소포는 비로소 세포막과 융합해 꾸러미로 담아 가져온 분자 물질을 세포막 안쪽으로 쏟아붓는다. 만일 이런 과정에 조절이 되지 않는다면 사람은 심각한 위험에 빠지게 될 것이다.

자연의 생명체에서 탄수화물의 역할은 무엇인가? 탄수화물은 살아 있는 모든 생명체에 존재한다. 화학적으로 햇빛 에너지를 저장하는 중요한 탄수화물은 세포에서는 구조적 성분(식물 세포의 막)으로서의 기능을 하는 중요한 생체 분자이다. 뿐만 아니라 세포와 단백질 간의 인식에도 당단백질(glycoprotein)이 관여한다고 알려져 있다. 식품에 들어 있는 녹말 그리고 목화의 셀룰로오스는 거의 순수한 탄수화물이다. 탄수화물이라는 계열 이름은 포도당($C_6H_{12}O_6$)이 $C_6(H_2O)_6$의 형태, 즉 탄소의 수화물로 인식한 결과로부터 유래되었다. 탄수화물은 포함된 작용기에 따라 알데하이드(RC(=O)H)기를 가지고 있는 알도스(aldose)와 케톤($R_2C(=O)$)기를 가지고 있는 케토스(ketose)로 구분하며 이들은 모두 두 개 이상의 −OH기를 공통적으로 가지고 있다. 이 작용기 중 알데하이드기나 케톤기가 오(5)-고리 및 육(6)-고리 탄수화물을 만드는 데 기여한다. 탄수화물 고리는 서로 다른 *탄수화물 고리와 에터 결합(ROR)으로 연결되어 거대한 탄수화물 분자를 형성한다. 게다가 여러 개의 *카이랄 탄소가 포함되어 있어 생물체에서 선택적인 생화학 기능을 발휘할 수 있게 한다.

세포에서 생성된 단백질에 락토스아 푸코스 같은 당이 결합하는 것을 당화(glycosylation)라고 한다. 당화 반응은 아미노산의 결합하는 원자 종류에 따라 질소 원자 결합하는 *N*-당화 그리고 산소에 결합하는 *O*-당화로 구분한다. 이렇게 당화된 단백질을 당단백질이라고 한다. 단백질에 당 사슬이 결합되면 단백질의 폴딩(folding) 과정을 거쳐 필요한 입체구조를 형성한다. 그렇게 되면 단백질이 풀어지지 않고 안정하게 된다. 단백질에 결합된 단백질은 세포막 단백질로 되어 항원과 같은 효과를 나타낸다. 아울러 이러한 당 사슬은 세포 간의 소통과 정보 교환 및 단백질의 운반자로서의 역할을 담당한다. 단백질은 세포막 내부 공간이 세포질에서 만들어진다. 여기서 만들어진 단백질은 필요한 장소로 전달되어야 한다. 합성된 단백질이 골지체로 이동하면 당과 결합하여 당단백질을 만든다. 합성된 어떤 단백질이 마노스(mannose)와 결합하면 리소좀으로 배달된다. 이처럼 당 분자는 필요한 아미노산을 요구되는 장소로 배달하는 배달자이다.

---

* 오늘날에는 '탄수화물'은 당이라고 불리는 polyhydroxy aldehyde와 polyhydroxy ketone의 광범위한 부류를 지칭하는 용어로 쓰인다.

* **카이랄 탄소**(chiral carbon) 어떤 분자에 있는 탄소가 대칭면이 없는 정사면체 탄소를 말한다. 비대칭 탄소라고도 한다.

6. 미생물은 집단 행동을 위해 소통한다

미생물도 생존을 위해 서로 소통해야 한다. 미생물은 수십억 마리가 함께 살아간다. 그렇다면 이 큰 미생물 집단은 어떻게 소통하여 집단적인 행동을 보일까? 놀랍게도 미생물도 소통하기 위해 언어를 사용한다. 우리와 다른 것은 화학 언어를 사용한다는 점이다. 이들의 화학 언어는 곧 화합물이다. 어떤 병원성 미생물이 체내로 감염되면 방어용 독소 물질을 분비한다. 독소 물질은 사용하려는 독소 물질로 상대방에게 심각한 해를 끼칠 수 있다고 판단될 때 공격한다. 그러면 미생물은 어떻게 그 때를 선택하며 동료들에게 어떻게 전달하는가? 미생물은 자신이 덩치 면에서 매우 연약한 존재라는 것을 아는 것 같다. 따라서 동료 숫자가 많아져 전쟁에서 승리할 자신이 있을 때 화학 물질을 이용하여 동시에 수십억 마리가 공격하도록 명령을 전달한다. 즉 화학 물질을 소통의 언어로 사용한다. 미생물은 화학 물질을 언어로 사용하여 끊임없이 대화하고 소통한다. 미생물들이 공격용 병원성 독소를 분비하거나 방어용 생체막을 형성하는 등의 일종의 전쟁 행위를 해야 할 때는 보다 더 긴밀한 소통을 통해 공동으로 대항한다. 특히 미생물들은 신호 물질의 농도를 인식하여 자기편이 얼마나 되는지를 알아차린다. 이러한 과정에 정족수 인식 기능을 활용한다. 사람 몸에 감염된 세균들 역시 공격을 시작하기 전에 정족수 감지를 통해 공격 가능한 수가 되었을 때야 공격한다. 만일 정족수에 이르지 않은 상태에서 공격하다 면역체계 같은 방어무기의 공격을 받아 자멸할 수 있기 때문이다. 사람이 세균에 감염되어도 감염 즉시 증상이 나타나지 않는 이유이다. 미생물도 병법의 진수를 알고 있는 걸까? 전달된 화학 언어를 인식하면 잠자고 있던 유전자 공장을 깨워 독소를 대량으로 생산한다. 전달된 언어 인식의 오류를 확인하기 위해 전달 내용을 정확히 확인하기도 한다. 확인은 자물쇠와 열쇠와 같은 수용체 체계를 사용해 확인한다. 모든 미생물은 단 한 가지 언어만 사용할까? 아니다 만일 한 가지 물질만을 사용한다면 무슨 비밀병기가 되겠는가? 모든 정보가 노출되므로 각기 다른 화학 언어, 즉 각기 다른 화합물을 사용하여 목적을 이룬다. 최근 들어 관련 분야 연구자들은 이런 미생물들의 소통 언어, 즉 소통에 관련된 화합물의 연구에 관심이 많다. 모든 미생물은 각기 자기들만의 다양한 목적을 위해 소통에 사용하는 물질들이 있을 뿐 아니라, 동시에 하나 이상의 물질들을 소통에 이용한다는 사실도 알려졌다. 그러나 미생물은 우리가 생각하는 것보다 훨씬 더 지능적이다. 감염된 박테리아를 섬멸하려고 항생제를 투여하지만, 놀랍게도 박테리아는 항생제에 대항하는 법까지 배워서 거꾸로 의약품을 무력화시키는 저항성을 갖기도 한다. 어떻게 이런 공동 대응을 하는가? 또한 학자들의 관심사이다. 이 박테리아의 알려지지 않은 비밀 중 하나로 박테리아가 전자 신호를 주고받으며 서로 소통한다는 보고가 있다.[13] 박테리아는 '박테리아 공동체'가 건전하게 유지되도록 주변 박테리아와 원활한 의사소통을 하는데 이때 전자 신호를 주고받으면서 소통한다는 것이다. 신경 세포(neuron)가 전자 신호로 소통하는 것처럼 말이다. 미생물들은 정족수 감지처럼 화학 신호와 전기 신호로 서로 소통하면서 공동의 문제를 해결하고, 친구를 끌어들이는 사회적인 생명체이다. 이처럼 미생물들이 건강성, 항상성 및 사회성을 유지하기 위해서는 개체 사이의 소통을 통해 집단의 조직화 또한 필수적이다. 미생물이 조직화 능력을 가진다면 무서운 잠재력이 된다. 미국 캘리포니아 대학교(UC San Diego) 시스템 생물학 센터의 분자 생물학 교수인 구롤 수엘(Gürol Süel)은 *"생물막 안에 사는 박테리아 공동체가 전자 신호를 통해 다양한 박테리아와 교신하는 것을 발견했다"고 말했다. 또 보도 자료에서 수엘 교수는 "박테리아는 자신이 속하지 않은 먼 공동체에 있는 세포들에게도 장거리 신호를 보내 교류한다"고 밝혔다. 오늘날 인류가 먼 거리에 있는 사람과 통화를 하거나 문자를 보내는 것처럼 말이다. 참 놀라운 소통 능력이다.

즉 생물막 안에 거주하는 어떤 미생물이 친구들에게 문자 메시지를 보내는 것과 비슷하다. 한 종에 속한 박테리아가 다른 종에 속한 새로운 멤버를 모집하기 위해서 먼 거리까지 전자 신호를 보내 소통할 수 있다는 것이다. 연구자들은 고초균의 생물막에서 나온 전자 신호가 먼 거리에 있는 녹농균을 유인할 수 있다고 밝혔다. 결과적으로 종 사이의 신호 전달이라는 놀라운 메커니즘을 확인한 것이다. 이런 현상은 마치 언어가 다른 나라 사람들 사이의 소통인 셈이다. 자연은 동일한 화합물을 단어로 사용하여 서로 소통하기 때문에 다른 종 사이의 소통이 가능하다. 그렇다면 인위적인 전자 신호를 이용하여 병원균의 조절이 가능할

---

* **생물막(biofilm)** 박테리아와 다른 미생물들이 살고 있는 공동체 사회이다.

까? 대답은 "가능할 것이다"이고 이유는 이들이 화합물을 이용하기 때문이다. 언젠가는 전자 신호를 이용한 병원균의 퇴치나 조절이 가능할 수도 있다. 박테리아가 전자 신호로 소통할 때 '이온 채널'이라고 불리는 작은 구멍으로 전하를 띈 분자가 세포 안팎으로 드나든다. 이런 방식으로 포타슘 이온(K^+)이 전체 생물막에 영향을 미친다. 즉 포타슘 이온이 모든 세포들 사이에 유통되는 기본 화폐로 이용된다는 것이다. 이러한 소통이나 조직화가 하나의 생물막 내에 존재하는 세포들의 먹이(영양분) 분쟁 같은 문제들을 자체적으로 해결하는 등의 능력을 발휘하여 항상성을 유지한다. 미생물은 이처럼 다양한 소통 언어를 사용하는 대단히 영리하고 다기능적인 생명체이다.

고대인들은 미생물의 존재를 인식했을까? 고대 그리스 사람들은 눈에 보이지 않는 미생물이 병의 원인이 된다는 것을 의심했지만, 확인하지는 못했다. 네델란드 상인인 안톤 판 레이우엔훅(Antonie van Leeuwenhoek)이 현미경을 발명한 1600년대 후반에 와서야 미생물의 존재가 확인되었다. 또한 세균이 질병의 원인이라는 사실은 1700년대에 와서 실험으로 증명되었고, 파스퇴르(Pasteur), 고흐(Koch) 등과 같은 미생물학의 선구자들에 의해 1800년대 후반에 와서 이런 이론이 확립되었다. 미생물은 주로 단세포 또는 균사로 되어 있는 생물의 최소 단위이다. 이들을 눈으로는 볼 수 없었으므로 현미경이 개발되고 나서야 이런 미생물을 구체적으로 들여다볼 수 있었다.

미생물은 사람의 눈에는 보이지 않는 생명체의 세계이며, 크기가 대략 1밀리미터(mm) 이하의 생물체여서 육안으로 관찰할 수 없고 현미경을 통해서만 관찰이 가능하다. 미생물은 크기 기준으로 분류하면 매우 다양한 생물군(세균, 원핵 생물인 acharyaea, 균류, 원생 동물, 조류, 기생 동물, 바이러스 등)으로 구성되어 있다. 미생물은 핵이 핵막에 둘러싸인 진핵 생물(eukaryotes)과 핵물질이 세포 전체에 펼쳐진 상태인 원핵 생물(prokaryotes)로 구성되어 있다. 다만 바이러스는 세포를 가지지 않으며 유전물질인 DNA나 RNA 중 하나가 단백질 외피에 쌓여 있다.[14]

미생물은 생물계의 일원으로 자연계 내에서 분해자로서의 중요한 역할을 하고 있을 뿐 아니라 사람, 동물 및 식물에 질병을 일으키는 원인 생명체이다. 유익하게는 식품의 생산(발효)과 항생 물질(백신)의 생산 등에 이용된다. 미생물은 농업과 수계 환경에서도 중요하며, 오늘날의 분자 생물학과 같은 학문적 연구 기본 자료로서도 매우 중요하다. 미생물은 구조적으로 단순하면서도, 대사, 증식, 운동, 항상성 같은 생명체의 기본 현상을 고루 갖추고 있기 때문이다. 미생물도 이런 기본 생명 현상을 유지하고 유전하는 데 여전히 화합물을 이용한다. 그런 특성 때문에 DNA 재조합 같은 유전 공학의 기초 연구에 세균과 바이러스가 이용된다. 많은 호르몬이나 백신 등이 유전공학적으로 조작된 미생물을 이용하여 생산한다.

미생물은 다른 생명체에 비해 서식지 면에서 다양성의 특성도 있다. 일반적으로 대부분의 고등생물은 서식지가 제한되어 있으나, 미생물은 물이 있는 곳(수권: 담수, 지하수, 해수), 바위로 된 암석권, 수분과 영양이 풍부한 토양, 산소, 질소 기체 등으로 된 대기권이나 식물의 세포 표면, 세포내 또는 동물의 내장 기관 등 지구상의 모든 곳에 서식한다. 이처럼 서식지가 다양하므로 인류의 주변 생활환경 속에 존재하면서 인간의 생활과 역사에 많은 영향을 주어 왔다. 토양은 암석의 작은 입자(2 mm 이하의 크기), 물, 유기물 그리고 공기가 모두 포함된 미생물의 서식지이다. 이런 흙은 미생물이 영양분을 섭취하고, 물과 공기를 먹고 배설하며 숨쉬며 살아가기에 충분한 서식지이다.

고대 그리스 사람들이 지구상의 물질을 이루는 기본 원소 중의 하나로 흙을 인식했듯이(사원소설), 옛날부터 인류는 식량을 비롯한 생산성 기능과 온갖 폐기 물질의 분해와 정화 기능을 높이 사왔다. 아울러 인간과 동·식물의 질병이 흙으로부터 기인한다고 생각해 왔다. 실제로 이런 자연적인 현상은 흙 속의 미생물과 무관하지 않다는 것은 분명하다. 물론 지구상의 생명체에는 수십만 종의 미생물이 살고 있어 흙 속의 미생물의 기능을 완전하게 이해하기는 어렵다. 일반적으로 흙 속의 미생물을 세균, 곰팡이, 조류, 원생 생물과 바이러스로 구분한다. 이들은 세포 구조와 크기가 다르며 생활양식 또한 다양하다. 놀라운 것은 각기 다른 이들이 흙에 사는 동·식물이나 각종 미생물들과 상호간에 밀접한 생태적 연관성을 가지고 살아간다는 것이다. 즉 흙 속에서 조화로운 그들만의 삶의 체계를 구축하고 있는 것이다. 과학의 발달로 이들의 관련성과 기능이 점차 밝혀지기는 하지만 많은 부분이 아직도 이해되지 않고 있다.

우리는 일반적으로는 밭의 흙보다 폐수가 흐르는 하천 바닥이나 공동묘지의 흙 속에 더 위험한 미생물들이 많이 존재한다고 생각할 것이다. 이런 의문을 해결할 수 있는 실험이 노벨 생리의학상 수상자인 왁스만(S. K. Waksman)에 의해 이루어졌다. 왁스만은 사람의 시체가 많이 묻히는 공동묘지의 흙과 비교용으로 사람이 접근하지 않았던 지역의 흙 속의 미생물을 비교 분석했다. 놀랍게도 결과는 병원성 미생물은 거의 없고 비병원성 미생물의 수도 유사한 결과를 얻었다. 왜 그럴까? 의문을 가진 왁스만은 추적 연구를 통해 흙 속의 토착성 미생물들이 스트렙토마이신이라는 항생 물질을 분비하여 유입된 병원성 미생물들을 죽게 한다는 것을 밝혔다. 이 왁스만의 스트렙토마이신의 발견은 인류의 복지에 크게 기여하였다. 이러한 정화 작업이 두 흙 속의 미생물이 종류나 숫자적으로 유사하게 되는 항상성을 가지게 한다고 생각된다.

인류는 미생물이 병을 유발한다는 것을 알게 되면서 이들의 퇴치를 위해 고심해 왔다. 그 결과 중 하나가 백신의 개발이다. 1796년 영국인 의사 에드워드 제너(Edward Jenner)가 천연두에 저항하는 우두(cowpox)를 백신으로 사용한 것이 최초이다. 제너는 낙농가 여인들이 자연적으로 자주 우두에 걸린다는 것을 알고 우두 수포에서 액을 채취하여 8살 소년에게 접종하여 우두를 발생시켰다. 제너는 이 소년에게 다시 천연두 수포액을 접종하고 관찰하였으나 천연두가 관찰되지 않았다. 이 기술이 백신 주사(종두라고도 함, vaccination, vacca는 그리스어로 소를 뜻한다)로 알려졌다. 그러나 당시에는 이들의 원리를 알지 못했으므로 다른 전염병에는 적용하지 못했다.

백신의 화학적 반응 메커니즘은 어떤가? 질병을 일으키는 바이러스나 세균 등을 항원(antigen)이라고 한다. 이 항원이 생체 안으로 침입하면 생체의 면역체계에서 이 항원과 싸울 수 있는 항원에 대한 수용체가 있는 B 임파구가 항원과 결합하여 형질 세포(plasma cell)를 만든다. 형질 세포는 감마 글로불린을 만들어 면역 글로불린으로 작용하며 체액성 면역의 주물질이 된다. B 임파구는 기억 세포로 임파절에 남아 있다가 기억해 두었던 항원과 다시 접촉하면 즉시 형질 세포로 변하여 항체를 분비한다. 예방 접종은 이러한 기억 세포를 활용하는 방법이며, 항원을 화학적으로 *생독화 또는 사독화시켜서 생체에 접종하면 질병을 일으키지는 않고 항체(antibody)만을 생산할 수 있도록 하는 것이다. 백신 작용이 가능한 것은 B 임파구가 항원만을 선택적으로 인식하는 수용체라는 단백질 안테나를 가졌기 때문에 가능하다.

오늘날 인류는 미생물학의 발달과 백신과 항생제의 개발로 미생물에 의해 발병되는 악성 질병에 나름대로 잘 대처해 나가고 있다. 그러나 여러 나라에서 말라리아, 디프테리아, 결핵과 같은 악성 질병과 보편적인 전염성 설사나 어린 아이들의 호흡계 질환 등은 여전히 유행하고 있다. 이러한 미생물에 의해 발병되는 질병에 의한 사망자 수준이 매우 높다. 우리나라도 세계보건기구(WHO)의 통계에 의하면 2015년 기준 인구 10만 명당 80명이 결핵에 걸렸고 사망자는 5.2명에 이른다고 한다. 이런 높은 사망 원인은 AIDS 환자와 같이 면역 체계가 손상된 사람이 증가하거나 새로운 질병의 출현과 이들의 재발, 항생제 내성의 증가 등으로 보고 있다.

그렇다면 새로운 전염병이 생기는 이유는 무엇일까? 새로운 전염병이 생기는 원인은 부분적으로만 알려져 있다. 예를 들어 식품 공장에서 대량 생산하는 식품이 늘어나고 이들의 생산 과정에서의 오염을 통한 감염, 인간과 야생 동물의 접촉에 의한 *라임(lyme)병의 유발, 항생제 과

---

* 질병을 일으키는 바이러스나 세균을 가지고 이를 살아있는 상태로 증식하여 약독화시켜 백신을 만드는 방법을 생독화(live vaccine)라고 하고, 반대로 이들을 화학적 용액으로 사멸시킨 후 그 세포를 이용하여 백신을 생산하는 것을 사독화(killed vaccine)라고 한다.

다 사용으로 인한 내성균의 출현, 국제간 교류의 증가로 인한 질병의 전파 등이 그 원인이라고 보고 있다. 2015년 메르스 바이러스로 우리나라도 큰 혼란을 겪었다. 전 세계적으로 항생제 내성균에 대한 연구나 대책 수립이 중요한 과제로 떠오르고 있다.

---

* **라임(lyme)병**: 진드기에 의해 전파되는 보렐리아속균(B. burgdorferi, B. afzelii, B. garinii)에 의해 발생되는 세균성 질환이다. 1975년 미국 코네티컷 주 라임 지역 숲 근처 어린이들에게서 단체로 관절염이 발생하였으므로 라임병이라 부르게 되었다. 우리나라에서도 법정 감염병으로 지정되었다.

7. 곤충은 페르몬으로 소통한다

사람은 글이나, 말, 음악, 전화, 라디오, 휴대폰 및 컴퓨터 등으로 소통한다. 그러나 이런 소통 수단이 없는 개미나 파리 같은 곤충들은 외부 침입으로부터 자신을 방어하고 이성을 찾기 위해 어떻게 소통할까? 또 벌들은 어떻게 여왕벌을 알아내고 쫓아갈까? 인간을 제외한 동물들은 색, 소리, 형태, 몸짓, 냄새와 맛 등 비언어적인 방법으로 소통한다. 활동이 자유로운 곤충은 더듬이를 주로 이용하며, 더듬이가 가지는 촉각, 균형 감각, 후각 등의 특성을 이용하여 소통한다.

곤충 또한 목적에 따라 다양한 화합물을 만들어 적을 방어하고, 번식하며 생존한다. 이런 목적을 위한 소통 수단의 하나로 페로몬이라는 물질을 이용한다. 페로몬은 작용에 따라 크게 두 가지로 구분하는데, 하나는 방출자 페로몬으로 상대의 행동 변화를 유발하는 페로몬이고, 다른 하나는 프라이머 페로몬으로 상대의 내분비계를 변화시키는 페로몬이다. 페로몬은 동일한 종간에 또는 다른 종간의 어떤 정보를 전달하는 일종의 전령 역할을 하는 물질이다. 곤충의 페로몬은 역할에 따라 다양하며, 대표적인 것이 성 호르몬, 경고 페로몬, *모집 페로몬 및 프라이

---

* 모집 페르몬은 집합 페로몬(recruiting pheromone), 응집 페르몬(aggregating pheromone) 또는 트레일 페르몬(trail pheromone이라고도 한다.

머 페로몬(primer pheromone) 등이 있다.

경고 페로몬은 동족에게 위험을 알리는 데 이용하는 물질이다. 꿀벌은 바나나향이 나는 물질을 경고 페로몬으로 내뿜고, 여러 종의 개미들은 간단한 알데하이드나 케톤 화합물을 발산한다. 진딧물은 탄소-탄소 이중 결합(C=C)을 4개나 포함하고 있는 알켄류를 경고 페로몬으로 이용한다(부록 그림 2.1 참고).

성 유인제라고도 하는 성 페로몬은 상대 개체를 유인하거나 성적 행동을 증대시키는 역할을 한다. 이들 성 페로몬은 매우 적은 양으로도 목적을 달성할 수 있다. 예를 들어 페리파논 B는 미국 바퀴벌레의 성 페로몬이다. 이 물질 0.01그램(g)이면 무게로 대략 10,000톤 정도(약 천억 마리)의 바퀴벌레를 흥분시킬 수 있다고 한다.

과학자들은 일찍부터 성 페로몬을 이용한 곤충 방제에 관심을 가졌다. 예를 들어 수컷 성 페로몬을 바람에 날려 상대 암컷을 유인해서 박멸하거나, 다르게는 공기 중에 성 유인제를 살포하여 수컷을 혼란시켜 암컷의 위치를 찾지 못하게 하는 방식으로 방제할 수도 있다(부록 그림 2.2 참고).

꿀벌과 같이 집단 생활을 하는 사회성이 있는 곤충들은 프라이머 페로몬을 이용하여 직능별로 나뉘어져 살아간다. 즉 꿀벌들은 내분비계에 변화를 주는 프라이머 페로몬으로 자신들의 직능군별 제도(caste system)을 유지한다. 여왕벌은 자신의 존재를 알리는 페로몬을 분비하고, 일벌들은 이 페로몬 냄새로 여왕벌이 있음을 알아챈다. 그러다 여왕벌이 죽거나 떠나서 이 페로몬이 없어지면 일벌들은 다른 여왕벌을 찾아 나선다.

8. 식물도 곤충을 조종할 수 있다

놀랍게도 이동할 수 없는 식물이 화합물을 이용하여 곤충을 오게 하거나 쫓아내기도 한다. 야생 담배라는 식물은 곤충계의 벌새라고 하는 박가시 나방을 베르가모틴이라는 화합물을 이용하여 유인하거나 퇴출한다. 야생 담배 식물은 휘발성인 베르가모틴을 내뿜어 박각시 나방을 유인하고 유인된 나방은 꽃의 꿀을 딸 때 꽃가루를 묻혀 가서 수정되게 한다. 그런 과정에 박각시 나방은 담배 잎에 알을 낳는다. 나중에 부화된 박각시 나방 애벌레는 담배 잎을 먹고 자란다. 이런 피해를 막기 위해서 담배는 밤에는 꽃에서 *베르가모틴을 발산하여 성충 나방을 불러 모으고, 낮에는 잎에서 베르가모틴을 발산하여 애벌레를 공격하는 노린재를 불러 모아 자신의 문제를 해결한다. 동일한 화합물을 시간과 장소를 다르게 분비하여 자신이 목적을 달성하는 놀라운 지혜를 발휘한다. 과학자들에 의하면 특정 유전자(NaTPS38)가 장소와 시간에 따라 베르가모틴을 다르게 분비하게 한다고 한다.[15]

알로 케미칼은 두 가지 다른 종의 생물체가 소통을 위해 분비하는 물질이다. 알로 케미칼은 알로몬, 카이로몬, 시나몬으로 분류된다. 알로

---

* 베르가모틴의 정식 이름은 (*E*)-*α*-bergamotene이고 분자식은 $C_{15}H_{24}$이다.

몬은 한 생물체에서 분비되어 종류가 다른 생물체에 작용하여 분비한 생물체에 유리한 영향을 주게 하는 물질이다. 이런 물질을 타감 작용물질이라고 한다. 떨어진 호두나무 잎에서는 유글로네(juglone)라는 물질이 생성된다. 나무 밑에 있는 이 독극물이 나무 영양분과 물 공급을 막는다.

식물은 또한 곤충으로부터 자신을 보호하기 위해 알로몬을 분비하기도 한다. 유사한 두 가지 예로 니코틴과 피네트린(pyrethrins)이다. 이들은 상업적으로 살충제로도 사용된다. 어떤 식물과 해충은 포식자가 먹지 못하도록 *알로몬을 분비하기도 한다. 아프리카 흰 개미가 벤조퀴논(*p*-benzoquinone)을 분비하는 것이 그 예이다. 일반적인 화합물이 곧 해충들의 전쟁 무기로 이용되는 것이다(부록 그림 2.3 참고).

운동을 하기 전보다 운동 후에 모기가 더 많이 문다. 사람이 땀으로 분비하는 젖산이 황열병을 유발하는 모기를 유인하기 때문이다. 어떤 생물체가 분비하는 화학 물질이 다른 생물체의 활동을 더 유리하게 도와주는 화학 물질을 카이로몬(kairomone)이라고 한다. 그래서 사과 표피에서 만들어지는 α-파르네센(α-farnensene)은 코들링 나방을 유인한다. 어떤 물질이 알로몬일 수도 있고 카이로몬일 수도 있는 것이다. 꽃이 내뿜는 향기 있는 물질은 곤충을 유인하여 꽃가루를 운반하도록 유도하기도 한다. 움직일 수 없는 식물들이 자신의 종족을 번식하는 수단으로 카이로몬을 이용한다.[16]

---

* 알로몬(allomone)의 원어는 그리스어의 'others'를 나타내는 allos와 hormone의 합성어이다.

카이로몬은 "어떤 생물에 의해 생성된 물질이 다른 종류의 생물에 접촉되면 접촉한 생물에 유익한 효과를 나타내는 물질"로 정의한다. 카이로몬과 페로몬은 생물체 간의 의사소통에 이용되는 물질이라는 점에서는 같다. 그러나 카이로몬은 하나의 생물체에 의해서 생성되어 먹이사슬 내의 다른 종의 생물체에 영향을 미치는 물질이다. 반면에 페로몬은 같은 종에 속하는 다른 개체의 행동에 변화를 주는 물질로 기능면에서 차이가 있다. 곤충과 그 곤충의 포식자의 관계에 있어서 카이로몬은 일종의 조기경보시스템으로 작용한다. 만일 어떤 포식자가 분비한 카이로몬을 감지한 곤충들은 방어 체계나 몸의 크기 등을 변화시켜 포식자의 공격으로부터 자신을 방어하거나, 짝짓기, 알낳기, 먹이 찾기 등의 행동에도 변화를 일으킬 수 있다. 그러나 곤충 세계에서 카이로몬이 광범위하게 분포되어 있음에도 불구하고, 아직까지는 카이로몬의 실체는 알려진 것이 상당히 적다.

식물은 생존을 위해 사기를 치기도 한다

꿀벌 난초는 특정한 종의 수컷 벌(예: *Andrena nigroaenea*)을 이용하여 수정한다. 즉 암컷의 페로몬을 발산하여 수컷을 유인하여 수정하는 것이다. 놀랍게도 이 난초 잎의 왁스 성분이 안드레나 꿀벌의 페로몬 혼합물과 구성 성분이 거의 동일하다. 안드레나 꿀벌의 암컷은 적어도 21개에서부터 29개의 탄소 원자로 된 14개의 알켄인과 알켄의 복잡한 혼합물-즉 페로몬-을 생성한다. 이 꿀벌 페로몬과 난초의 왁스에 존재하는 세 가지 주성분은 곧은 사슬 알케인인 트라이코세인($C_{23}H_{48}$), 펜타코세인($C_{25}H_{52}$)과 헵타코세인($C_{27}H_{56}$)이 3:3:1의 비율로 존재한다고 한다.[17] 이처럼 전혀 다른 식물인 난초의 왁스와 꿀벌의 페로몬의 성분이 같은 이유는 무엇일까? 꿀벌은 자유롭게 날 수 있지만, 난초는 그럴 수가 없다. 자유 이동이 어려운 난초는 번식을 위한 수정을 위해서는 꿀벌의 도움이 절대적으로 필요하다. 그렇다면 이 꿀벌의 수컷을 유인하는 방법은 무엇일까? 이 수컷 꿀벌이 찾아오게 하는 방법으로 암컷의 페로몬을 이용하는 것이다. 난초는 자신의 수정을 위해 유사 페로몬을 생성하여 유인하는 것이다. 참으로 경이로울 만큼 지혜롭지 않은가! 이는 '화학적 모방(chemical mimicry)'의 한 예이며, 이 현상을 발견한 사람들은 이 화학적 모방을 특별히 '성적 사기'라고 하였다.

이러한 화학적인 흉내나 모방은 한 생물종이 특정 화합 물질을 이용하여 다른 종으로부터 자기의 필요를 충족시키려는 목표를 가진 적극적인 화학적 활동이다.

생물의 방어 무기는 화합물이다

개미는 적을 공격할 때 폼산(formic acid)을 주로 사용한다. 개미가 이빨로 물 때 나오는 폼산의 산도는 pH 2~3 정도이다. 채찍 전갈은 자연에서 가장 높은 농도(약 15 M)의 아세트산을 사용한다. 일반적인 가정용 식초는 *약 1몰(M) 농도임을 감안하면 얼마나 강력한 산인지 가늠할 수 있다. 한편 노래기는 방해를 받으면, 약산인 사이안화 수소(HCN)을 방출하여 포식자를 제지한다. 놀랍게도 이 산은 산도가 약하지만, 이 화합물의 독성 때문에 강력한 퇴치용 물질로 이용된다. 실제로 노래

---

* 몰(M) 농도는 용매 1리터(L)에 용질 1몰(mole)이 녹아 있음을 나타내는 농도 단위이다.

기가 방출하는 양으로 작은 쥐가 죽을 정도의 독성을 가진다.

한편 말벌은 염기성 독을 방출하고, 독성이 큰 불개미는 침을 통해 염기성인 알카로이드 피페리딘(piperidine)을 분출한다.

해양 연체동물인 갯민숭 달팽이는 포식자의 위협에 노출되면 산을 배출하여 방어한다. 이 달팽이는 피부의 산 분비 세포 내의 소포 안에 pH 1~2 정도의 강한 염산 및 황산을 함유하고 있다. 일반적으로 산은 신맛을 띄기 때문에 육식 동물이 갯민숭 달팽이를 먹는 것을 막을 수 있다.

개미에 물렸거나 벌에 쏘였을 때 전통적인 가정 치료법은 염기성 약(예, sodium bicarbonate)을 처치하고, 말벌 침은 염기성 독성 물질이므로 식초 같은 산으로 처치하는 것이 이런 이유이다. 그러나 바다 해파리 독은 효소와 단백질의 복잡한 혼합물이므로 치료약도 다르게 사용해야 한다. 해면 동물은 생존 전략으로 *할로젠을 포함하고 있는 화합물을 이용한다. 해면 동물, 산호, 조류 등 몇몇 해양 생물들은 포식자들을 막기 위한 방어 물질로 할로젠 화합물(halide) (부록 그림 2.4A 참고)을 만들어 낸다.

그러나 군소(sea hare)라고 하는 연체 동물은 홍조류가 분비한 할로젠 화합물을 먹고 이들을 변형시켜 자신들의 방어 물질을 분비한다(부록 그림 2.4 참고). 오늘날 유기 합성 기술이 많은 발전을 이루었다고 하지만, 화합물 (A)를 화합물 (B)로 전환하려면 매우 복잡한 여러 단계를 거쳐야 할 뿐 아니라 특별한 시약들이 요구될 수도 있다. 그러나 군소는 이

---

* 알킬 할라이드는 할로젠(halogen)을 포함하고 있는 탄소 화합물이다. 할로젠은 불소(F), 염소(Cl), 브롬(Br) 및 요오드(I) 등을 말한다.

런 합성 반응을 손쉽게 해낸다. 군소는 매우 유능한 합성 화학자이다. 군소는 다른 연체 동물과는 다르게 껍질이 없어, 자신을 보호하기 위해 이 할로젠 물질을 포함하는 막을 형성하여 육식 물고기로부터 자신을 보호한다. 이처럼 해양 생물로부터 얻어지는 할로젠 화합물은 다양한 생물활성을 가지고 있어 이를 새로운 농약 및 의약품 개발에 이용하려는 연구가 지속적으로 이루어지고 있다.

3 자연은 왜 화학을 소통의 언어로 선택했을까?

다양한 자연은 어떻게 정보를 교환하며 어우러져 살까? 가장 수동적이며 침묵하고 있는 식물은 지구상의 다른 생명체와 어떻게 소통하나?

나는 신이 세상을 어떻게 만들었는지 알고 싶다. 이런 저런 현상이나 원소의 스펙트럼에는 관심이 없다. 다만 그의 생각을 알고 싶다.

알버트 아인슈타인(Albert Einstein)

자연은 화학으로 소통하고, 화학이 자연을 자연답게 만든다! 자연은 왜 화학을 소통의 수단으로 택했을까? 이 책의 도입부에서, “자연은 왜 자연스러운가?”, “무엇이 자연을 자연다워 보이게 하는가?”라는 질문을 던졌다. 이 장에서도 이 질문은 여전하다. 이제는 이 질문의 답을 알 수 있다. 자연이 아니 조금 구체적으로 자연의 생명체가 자연스럽게 보이고, 건강한 모양으로 항상성을 유지하며 사회성 있게 유기적으로 더불어 살아가는 것, 즉 공생은 “화학 때문이다”라는 것을 말이다. 각기 다른 생명체의 외형을 하드웨어(기계장치)라고 하면 화학은 생명체의 소프트웨어(운영프로그램)이고 화합물은 생명체들의 소통과 인식의 언어인 셈이다.

세포 고형 물질의 주요 원소가 탄소(C)이고, 이 탄소는 정사면체 마술로 선택성을 발휘한다. 자연의 생명체는 단지 몇 가지만의 합성 블록과 작용기로 필요로 하는 다양한 물질을 합성해 낸다. 뿐만 아니라 이들의 다양한 물리적 현상과 성질, 그리고 화학 반응을 이용하여 생명체가 살아가게 하고 종을 보존해 간다.

1. 자연은 물질로 가득 채워져 있다

우리 주변을 돌아보자. 느껴지는 질감과 특성이 각양각색인 다양한 물질들로 둘러싸여 있다. 정원에 있는 나무와 꽃들의 화려한 색깔, 사람들이 입고 있는 옷감의 재질, 물에 잘 녹는 커피와 설탕, 반짝이는 다이아몬드 등의 주변 물질들의 특성과 기능은 매우 다양하다. 연필심은 탄소로 된 흑연이고 잘 부러진다. 그러나 다이아몬드도 탄소 물질이지만 다이아몬드는 돌이나 강철을 자를 수 있을 정도로 매우 단단하다. 왜 그럴까? 또 종이는 불에 타지만 테플론 냄비는 잘 타지 않다. 물질들의 이러한 특성은 어떻게 이해해야 하는가? 우리 주변의 이런 물질들의 다양한 특성은 100여 개의 원자와 이들로 구성된 이온과 분자들로부터 비롯된다. 화학은 물질을 연구하는 학문 분야이다. 자연은 물질로 가득 채워져 있다. 즉 자연계는 물질의 세계인 셈이며, 자연을 이해하려면 결국 화학을 알아야 한다. 그렇다면 물질이란 무엇인가?

자연에 존재하는 물질은 원자라는 기본 알갱이로 이루어지고, 원자들의 상호 작용으로 인해 자연이 존재하고 자연을 자연스럽게 만든다. 질량과 부피를 가진 물질의 특성은 질량, 부피 및 색깔 등과 같은 물리적 특성으로 구분하거나 원자 수준에서 보는 화학 결합이나 분자간 작용하는 힘과 같은 화학적 특성으로 구분해 관찰할 수도 있다. 오늘날에는 여러 자연 과학 분야에 화학이 기본 바탕이 되어 있고, 다양한 학문 분야가 화학과 융합되어 있다. 이와 같은 현상은 2000년 이후 수여된 노벨 화학상의 대부분이 물리학, 생명 과학, 의학 분야 연구자들에게 공동 수여되는 것만으로도 미루어 알 수 있다. 이들이 받은 수상 연구 분야도 리보솜의 구조와 기능에 대한 연구, 세포내 단백질 분해 과정 연구, 작은 분자들의 세포벽을 통과하는 메커니즘 연구, 거대 분자의 구조 규명 방법의 개발 연구, 빛을 내는 해파리 단백질의 발견 등과 같이 다양하다. 우리가 일상에서 접하는 자연 현상이나 생명 현상을 이해하려면 자연에 있는 원소로부터 시작하여 DNA, RNA 및 단백질 같은 거대한 분자들을 이해해야 한다. 뿐만 아니라, 지구상의 온난화가 생명계에 미치는 영향 등을 이해하는 데에도 역시 화학이 필요하다.

원자로 구성된 물질을 화학종(chemical species)이라고 한다. 화학종은 하나의 종류로만 이루어진 원소와 화합물로 구분한다. 원자는 중성이지만, 양전하(예, Na^+, Ca^{2+} 등) 또는 음전하(예, F^-, Cl^- 등) 형태로 존재하기도 한다. 화합물은 두 종류 이상의 원소들이 변하지 않는 일정한 비율로 구성된 물질이다. 따라서 화합물은 그 자체의 특성을 나타내는 물질이다. 화합물 부류에는 전하를 가지지 않는 분자와 전하를 띠는 이온이 있다. 그림 3.1에 화학종의 구분 방식을 나타냈다.

예를 들어 물(H_2O), 암모니아(NH_3) 등은 중성 분자이며, H_3O^+, NH_4^+ 등의 이온은 양전하를 띠고, HO^-, CH_3COO^- 등은 음전하를 띠고 있는 음이온이다. 그렇다면 화학종의 각기 다른 성질을 나타내는 원인은 무엇일까?

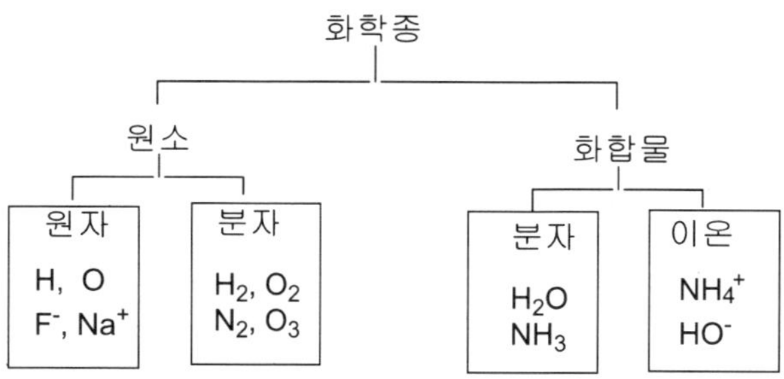

그림 3.1 화학종의 구분

이런 화학종들의 성질, 결합 및 모양은 구성 원자들이 가지고 있는 전자들의 화학적인 결과로 나타난다. 원자는 핵(nucleus)과 전자(electron)로 구성되어 있지만 자연에서 발견되는 방사성을 제외하고는 모든 화학은 전자 과학의 결과이다. 놀랍게도 헬륨(He), 네온(Ne), 아르곤(Ar), 크립톤(Kr), 제논(Xe), 라돈(Rn) 원소를 제외하고는 개별 원자 자체에 대한 화학이 별로 중요하지 않다. 대신 훨씬 더 큰 관심은 원자들이 만드는 분자나 분자 이온에 있다. 원자들의 결합으로 만들어지는 분자는 결합의 종류, 세기 및 수에 따라 분자의 삼차원 모양이 다르고 또한 물리적, 화학적 성질과 그 역할이 다르기 때문이다.

자연에서 흔히 볼 수 있는 물의 상태는 액체, 기체, 고체 등 세 가지가 있다. 동일한 원자들로 구성된 물질들이라도 이처럼 상태에 따라 부피, 모양, 온도 및 압력 등이 다르다. 이런 변화는 물리적 변화에 해당한다. 때로 이러한 상태를 상(phase)이라고 하며, 얼음이 녹는 것처럼 이들의 변화를 상변화(phase change)라고 한다. 물질의 상변화가 일어나면 앞서 말한 것처럼, 부피, 온도, 압력, 모양 등이 변한다. 이러한 변화가 자연에서 일어날 때 우리는 아름다움을 느끼기도 한다. 예를 들어

물의 고체 상태인 얼음이 열을 흡수하여 녹으면 액체로 되어 흐름이 자유롭다. 액체인 물을 더 가열하면 수증기라고 하는 기체로 된다. 화학식 H_2O로 표시되는 물이지만 고체, 액체 및 기체인가에 따라 부피, 무게 및 온도뿐만 아니라 성질 또한 다르다.

그러나 어떤 물질이 화학적 변화를 일으키면 처음과는 다른 새로운 화합물이 생성되며, 이런 변화 이후에는 간단한 가역 반응을 통해 본래대로 되돌리는 것은 어렵다. 때로는 불가능하기도 하다. 자연에서의 반응은 보다 안정한 물질을 만드는 방향으로 이루어지기 때문이다.

2. 왜 탄소인가?

탄소는 세포 고형 물질의 주요 원소이다. 왜 그럴까? 지금까지 알려진 원소는 118종이다. 지구상의 생물은 알려진 모든 원소를 이용하는가? 그렇지 않다. 생물의 생존에 필요한 원소는 일부에 불과하다. 지구상에 있는 대부분의 유기체 질량의 97 % 정도는 산소(O), 탄소(C), 수소(H), 질소(N), 인(P), 황(S) 등 6가지 원소가 차지한다. 생명체에서 가장 주요한 화합물인 물(H_2O)은 대부분 세포 질량의 70 % 이상을 차지한다. 이 외에도 23가지 원소들이 다양한 유기체에서 발견된다. 모든 유기체는 칼슘(II) 양이온(Ca^{2+}), 염소 음이온(Cl^-), 마그네슘(II) 양이온(Mg^{2+}), 포타슘 양이온(K^+), 소듐 양이온(Na^+) 등의 5가지 이온을 필요로 한다. 예컨대 칼슘 이온은 뼈를 만들며 신경 조직의 신호 전달에도 관여한다. 18개 미량 원소들은 매우 적은 양만 필요로 하며, 세포 고형 물질을 이루는 가장 주요한 원소는 탄소(C)이다.

																	18
H	2											13	14	15	16	17	
												B	C	N	O	F	
Na	Mg	3	4	5	6	7	81	9	10	11	12	Al	Si	P	S	Cl	
K	Ca			V	Cr	Mn	Fe	Co	Ni	Cu	Zn			As	Se		
					Mo						Cd		Sn			I	

■ 필수 주요 원소(6개) ■ 주요 원소 다음으로 많은 필수 원소(5개) ■ 미량 원소(18개)

그림 3.2 주기율표로 보는 생명체 필수 원소들

살아 있는 생명체가 주로 탄소(C), 산소(O), 수소(H), 질소(N)로 이루어진 데에는 어떤 이유가 있을까? 아마도 두 가지 이유를 들 수 있다. 하나는 생명을 이어가기 위한 특정 역할에 대해 이들 원소들이 적합하다는 것이고, 다른 한 가지는 주어진 환경에서 얼마나 쉽게 얻을 수 있는가이다. 이 두 가지 이유 중 두 번째 이유라면 지표상에 실리콘(Si)이 탄소보다 약 148배 정도나 더 많다. 또한 실리콘이 주기율표에서 탄소의 바로 아래에 위치하고 있다. 즉 같은 족(group)이라는 점을 생각하면 두 번째 이유는 덜 중요해 보인다. *주기율표의 같은 족은 최외각 전자 배치가 동일하여 같은 수의 결합을 이룰 수 있다. 탄소와 실리콘은 최대로 네 개의 다른 원소와 결합할 수 있다.

그렇다면 왜 주기율표에서 같은 족에 속해 있는 실리콘(Si)이 아니고 탄소(C)가 생명체의 주종 원소인가? 즉 생명을 유지하기 위해서는 탄소가 실리콘보다 더 적합한 원소라는 것이다. 왜 수소, 탄소, 산소, 질소가 살아 있는 생명체들의 생명 유지에 그렇게 적합한가?

첫째, 이들은 공유 결합을 형성할 수 있는 가장 작은 원소들이다.

둘째, 탄소, 산소, 질소는 이중 결합(예 C=C, C=O, O=O, C=N, N=N), 삼중 결합(예 C≡C, C≡N, N≡N) 같은 다중 결합을 할 수 있다는 장점이 있다.

셋째, 생명체가 살아남기 위해서는 구성하는 화합물이 안정해야 하

---

* 원소 주기율표에서 가로 줄에 있는 원소들은 같은 주기(period)에 있다고 하며, 세로 줄에 있는 원소들은 같은 족(group)이라고 한다. 같은 주기 원소들은 왼편에서 오른편으로 갈수록 전자수가 증가하고 같은 족의 원소들은 원자가 전자의 수가 동일하다.

기 때문이다. 즉, 작은 원자들이 다중 결합을 형성할 수 있어, 강하고 안정한 분자를 형성할 수 있다는 점이다. 안정한 분자들의 반응은 느리고 자발적으로 반응이 일어나지 않는다. 실리콘(Si)의 지름은 탄소의 거의 두 배여서 결합 길이가 길고 약하다. 결국 실리콘 결합의 반응 속도가 탄소 결합의 반응보다 훨씬 빠르다. 자연에 있는 물질은 주어진 자연의 조건에서 안정해야 한다.

넷째, 대사의 최종 산물이 탄소에서는 CO_2이고, 실리콘이 동일한 대사를 한다면 최종 대사 물질이 SiO_2이다. SiO_2는 고분자화되어 모래(석영)가 된다. 동물들이 기체인 CO_2 대신 고체인 SiO_2로 호흡하고 생존할 수 있겠는가? 게다가 SiO_2는 물에 녹지 않는다. 그래서 생명체로서는 실리콘을 선택할 수 없었을 것이다.

다섯째, 정사면체 탄소 화합물로 선택성과 특이성 같은 독특한 인식 기능을 발현할 수 있다.

탄소 화합물은 결합 종류와 수가 다양하고 다른 원소나 자신과의 다양한 작용기를 만들 수 있어 반응성면에서 유연하다. 또한 많은 에너지를 포함하고 있어 에너지 전달과 저장의 수단으로 이용하는 데 효율적이다. 아울러 탄소 화합물은 거울상 이성질체 화합물로 선택성을 발현할 수 있어 선택적인 화합물 인식 기능(즉 선택성과 특이성 같은 기능)을 발휘할 수도 있다. 이러한 인식 기능은 유전 정보의 전달과 해석, 그리고 효소들의 반응에서 필수적인 요소이다. 결국 탄소는 화려하고 섬세한 자연 현상을 발현하고 유지하며 유전하는 데 있어 신이 택한 최고의 원소이다.

3. 원소의 특성이 자연의 속성을 지배한다

지금까지 알려진 백여 개의 원소들은 우리 건강과는 직접적인 관련은 없지만, 그 중 25개 정도의 원소는 사람에게는 절대적으로 필요한 원소들이다. 즉 수소(H), 탄소(C), 질소(N), 산소(O) 같은 주요 원소는 우리 몸의 원자 백만 개 중 993,000개가 이들 원소들이다. 나머지 7,000개 중 대부분은 소듐(Na), 마그네슘(Mg), 인(P), 황(S), 염소(Cl), 포타슘(K) 및 칼슘(Ca) 같은 무기물이며, 그 외의 미량 원소들이 포함되어 있다. 가장 많이 존재하는 네 가지 원소는 수소, 산소, 탄소, 질소의 순이다. 이 네 가지 원소들은 지구상의 모든 동·식물을 구성하는 생화학적 화합물에 가장 많이 들어 있다. 이들 중 비금속 원소들이 생성하는 생화학적 물질은 물을 포함한 몇 가지를 제외하고는 모두 유기 화합물이다. 비금속은 체액의 음이온에도 존재한다. 산소와 수소는 인산 이온(PO_4^{3-}), 탄산 수소 이온(HCO_3^-)처럼 산소를 포함하는 음이온에서 흔하게 발견된다. 염소(Cl)는 Cl^-상태로, 인(P)은 PO_4^{3-}, HPO_4^{2-}, $H_2PO_4^-$ 등의 세 가지 형태로, 탄소(C)는 탄산 이온(CO_3^-) 또는 탄산 수소 이온(HCO_3^-) 같은 이온으로도 존재한다. 소듐(Na), 포타슘(K) 및 칼슘(Ca) 등은 소듐 양이온(Na^+), 포타슘 양이온(K^+) 및 칼슘(II) 양이온(Ca^{2+}) 등의 이온으로 존재하며, 철(Fe)은 헤모글로빈에 존재하고, 코발트(Co)는 비타민 B-12에

이온으로 존재한다. 결론적으로 말하면 생명체를 다루고, 알고, 이해하려면 원자를 이해해야 한다. 따지고 보면 모든 생명체는 원자들의 결집체인 셈이다.

표 3.1 인체의 주요 원소[18]

원소	기호	인체의 원자 백만 개에 대한 상대적인 원자 수
수소(Hydrogen)	H	630,000
산소(Oxygen)	O	255,000
탄소(Carbon)	C	94,500
질소(Nitrogen)	N	13,500
칼슘(Calcium)	Ca	3,100
인(phosphorus)	P	2,200
염소(Chlorine)	Cl	570
황(Sulfur)	S	490
소듐(Sodium)	Na	410
포타슘(Potassium)	K	260
마그네슘(Magnesium)	Mg	130

지각, 대기 및 인체를 구성하는 원소는 각각 어떻게 다른가?

지각에는 산소(49.5 %), 규소(25.7 %), 알루미늄(7.5 %), 철(4.7 %), 칼슘(3.4 %), 기타 원소(9.2 %) 등이 포함되어 있다. 한편 대기에는 비교적 분자량이 적고 기체인 화합물 성분들이 존재한다. 해수면 근처의 건조한 공기 중에는 질소(N_2)와 산소(O_2)가 99 %를 차지하고, 아르곤(Ar), 네온(Ne), 헬륨(He), 크립톤(Kr), 및 제논(Xe) 같은 비활성 기체와 이산화 탄소가 나머지 부분의 대부분을 차지한다. 대기의 물질은 지구의 중력 때문에 무거운 기체 분자는 아래로 가라앉게 되며, 가벼운 기체 분자는 대기권의 꼭대기에 머물게 된다. 따라서 대류권의 공기 질량이 대기권 질량의 75 %를 차지하게 되는 이유이다. 지구 대기권에는 태양으로부터 엄청난 양의 복사선과 에너지 입자가 쏟아지고 있다. 따라서 특히 약 80 킬로미터(km) 이상의 대기권 상층부에는 막대한 물리적 화학적 영향을 받게 된다.

ꕥ 오존이 지구 생명체를 살 수 있게 한다

태양으로부터 많은 양의 복사선과 에너지 입자가 지구 표면에 직접 쏟아진다면 어떻게 될까? 만일 이렇게 된다면 지구상에 생명체는 존재할 수 없다. 다행스럽게도 지구는 태양으로부터 끊임없이 쏟아지는 복사선과 고에너지 입자를 막아내는 방어 기법을 가지고 있다. 즉 *광해리와 광이온화라는 화학 반응을 이용하는 것이다. 이 반응을 수행하는 당사자는 오존(O_3)과 산소(O_2)이다. 이 두 과정을 통해 고에너지 복사선이 지표면 가까이 오기 전에 흡수하여 화학 반응을 통해 이들을 소모한다. 대표적인 광해리는 산소 분자가 원자 상태로 분해되는 것이고, 질소 분자의 광해리는 잘 일어나지 않는다. 약 130킬로미터(km) 대기권에서는 분자 상태의 산소(O_2)와 원자 상태의 산소(O)가 대략 같은 양으로 존재하고, 130킬로미터(km) 이하에서는 분자 상태 산소가 훨씬 많이 존재한다. 대기권의 30킬로미터(km)에서 90킬로미터(km)까지는 O_2 농도

---

* **광해리**(photodissociation) 분자에 광자가 흡수되어 화학 결합이 끊어지는 반응이다.
* **광이온화**(photoionization) 분자가 태양의 복사선을 흡수하여 전자를 방출하여 일어나는 반응이다.

가 원자 상태의 산소 농도보다 더 높다. 이 영역에서 O_2의 광해리로부터 생기는 산소 원자와 O_2 분자가 충돌하여 오존(O_3)을 생성한다. 이 반응은 발열 반응(105 kJ/mol)이고, 이 반응 에너지는 아주 빠른 시간 내에 제거되어야 한다. 그렇지 않으면 역반응을 일으켜 다시 산소(O_2)와 산소 원자로 분해된다. 낮은 고도에서는 이런 정도의 높은 에너지가 대부분 흡수되므로 산소 원자는 보다 더 높은 고도에서 풍부하다. 고도가 낮으면 분자 산소 원자의 농도가 더 높아진다. 따라서 오존은 성층권 계면 근처(약 90 km)의 높이에서 띠(지구 오존의 90 %가 여기에 존재)를 이룬다. 질소(N_2), 산소(O_2) 및 산소 원자는 240나노미터(nm)의 짧은 파장을 흡수하지만, 오존은 자외선 영역인 240~310나노미터(nm) 범위의 파장을 흡수한다. 즉 상층부 대기에 있는 오존은 이러한 유해한 파장들이 지구로 내리쬐는 것을 방지해 준다. 오존 생성과 제거 반응이 대기의 난류 및 다른 요인들과 맞물려서 얻어지는 종합적인 결과로 고도 약 25 킬로미터(km)에서 상대적으로 높은 오존 농도를 나타낸다. 이를 '오존층(ozone layer)' 또는 '오존방패(ozone shield)'라고 한다. 오존층은 자외선(UV)으로부터 지구 표면을 보호해 준다. 만일 오존 농도가 감소하면, 더 많은 자외선이 지구 표면에 쪼이게 되고 그렇게 되면 피부암과 같은 원치 않는 광화학 반응이 일어나 생태계를 위협하게 된다. 이런 이유로 전 세계적으로 오존층을 보호하려는 노력이 집중되고 있다.

화학을 크게 보면 전자의 과학이자 핵의 과학이다. 자연에서 쉽게 볼 수 있는 대부분의 화학은 핵이 아니라 전자에 의해서 결정된다. 왜 그런가? 원자들이 결합되어 분자를 만든다는 점을 생각해 보라. 분자 형성을 위해 결합에 이용할 수 있는 전자의 수와 그들이 점유하고 있는 오비탈 때문임을 알 수 있다. 전자는 다음과 같은 몇 가지 특성을 가진다.

i) 전자는 하나의 음(−) 전하를 가진다.

ii) 전자는 허용된 특정 에너지를 가지며 더 높은 에너지 준위로 들뜰 수 있다.

iii) 전자는 스핀(spin)이라는 고유한 성질을 가진다.

iv) 전자는 핵 주위에 오비탈(orbital)이라는 공간을 점유하고 있다.

v) 하나의 전자 껍질(electron cell)에는 전자가 두 개씩 쌍을 이루어 포함될 수 있다.

vi) 핵으로부터 가장 멀리 있는 원자가 전자들이 결합에 참여한다.

전자는 하나의 음전하를 가지므로, 양전하를 띠는 양성자의 상대적인 수에 따라 해당 화학종의 전하(charge)가 결정된다. 예를 들어 리튬 양이온(Li^+)은 세 개의 양성자와 두 개의 전자를 가지므로 +1의 전하를 띤다. 모든 전자는 핵으로부터 얼마간 떨어져 있는 허용된 에너지 준위에 존재한다. 뿐만 아니라 전자들은 *양자화(quantization)되어 있고, 외부 에너지를 흡수하여 더 높은 에너지 준위로 들뜰 수 있다. 들뜬 전자는 열이나 빛을 내면서 들뜨기 전의 초기 에너지 준위로 되돌아 올 수 있다. 이러한 단순한 전자 거동이 자연을 아름답게 하기도 하고 형광과 인광을 만들어내기도 한다. 또한 모든 *전자는 스핀이라는 고유한 성질을 가지는데 이 스핀은 위로 향하는 '스핀 업(spin up, ↑)'과 아래로 향

---

* **양자화** 전자와 같은 작은 입자는 허용된 특정 에너지의 정수배의 에너지를 가진다는 것을 말한다. 흔히 '에너지의 불연속성'이라고도 한다. 즉 $E = h\nu$로 표현되는 에너지의 $2h\nu$, $3h\nu$, $4h\nu$… 씩으로만 증가하거나 감소한다는 의미이다.

하는 '스핀 다운(spin down, ↓)'이라고 나타내는 두 값 중 하나를 가질 수 있다. 이러한 전자 스핀은 물질의 자기적 성질과 관련이 있다. 전자는 핵 주위의 공간을 점유하고 있다. 이 전자가 점유한 공간을 오비탈이라고 한다. 이 각 *오비탈에는 전자가 최대 두 개씩 점유될 수 있다. 오비탈이 비어 있으면 다른 원자로부터 전자를 하나 또는 둘씩 받아서 서로 공유함으로써 두 원자가 결합하게 된다. 따라서 핵으로부터 얼마나 멀리 있는 오비탈 전자들이 결합하고 있는가에 따라서 결합 길이와 세기가 달라진다. 하나의 전자 껍질(electron cell)에는 오로지 두 개의 전자만이 점유할 수 있고, 이 같은 하나의 전자 껍질에 있는 전자들은 서로 반대 스핀을 갖는다. 이를 '파울리(W. Pauli)의 배타 원리(exclusion principle)'라고 한다.

분자의 삼차원 구조는 어떻게 결정될까? 분자의 삼차원 구조는 분자들을 구성하는 원자들이 결합을 위해 어떤 오비탈 전자를 이용하는지, 그 오비탈은 어떻게 삼차원 공간에 배향되는지, 또 중심 원자가 결합을 이루기 위해 몇 개의 오비탈 전자를 이용하는지에 달려 있다.

원자 오비탈은 전자 밀도가 공 모양으로 모여 있는 s 오비탈, x, y, z 축 상에 놓인 아령 모양의 3개 p 오비탈, 그리고 5개의 d 원자 오비탈로 구성된다. d 오비탈은 xz, yz, xy 평면에 4개의 전자 밀도 로브(lobe)가 축 사이에 놓이는 3개 오비탈(d_{xz}, d_{yz}, d_{xy})과 $d_{x^2-y^2}$, d_{z^2}으로 표시되는

---

* 전자는 자신의 중심축에 대하여 회전하는 전하를 띤 공 모양의 입자로 표현한다. 전자의 스핀(spin) 상태는 ↑(스핀 업, +1/2)과 ↓(스핀 다운, −1/2) 같이 화살표로 나타낸다.

* **오비탈**(orbital) 궤도함수로 번역되기도 했으나 대한화학회 용어집에서는 오비탈로 표기한다.

2개 오비탈은 축을 따라 전자 밀도가 분포되어 있다. 이처럼 전자 밀도 분포가 다른 오비탈은 결합 모양이 다르고, 그런 이유로 분자 모양도 다르게 된다. 즉 결합 모양이 다르면 분자 전체 모양도 다르게 된다.

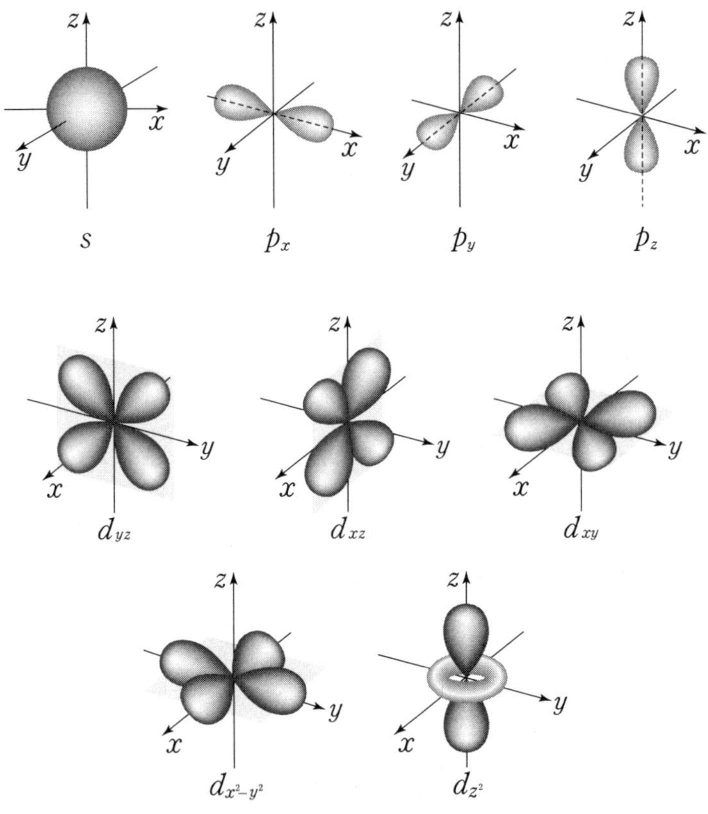

그림 3.3 원자 오비탈 *s* 오비탈, *p* 오비탈 및 *d* 오비탈의 모양

이와 같이 분자 구조와 화학 반응성 그리고 물질의 안정성 등에 전자가 결정적으로 중요한 역할을 하기 때문에 전자는 화학에서 매우 중요하다. 그런 면에서 보면 일상의 화학은 '전자 과학'이기도 하다.

4. 화합물은 어떻게 다양성을 가지나?

화합물의 다양성의 근원은 결합하는 중심 원자의 종류, 결합의 수와 종류 및 분자 모양 등에 있다. 자연에는 원소, 분자, 이온 등과 같은 다양한 화학종이 존재한다. 화합물은 두 종류 이상의 원소들이 변하지 않는 일정한 비율로 구성된 화학종이다. 화합물은 원자, 이온 및 분자들의 공유 결합이나 이온 결합으로 이루어진다. 가장 작은 이원자 분자는 수소(H_2), 산소(O_2), 질소(N_2) 등과 같이 두 개의 원자만으로 이루어진 반면에 가장 큰 분자는 단백질처럼 수백만 개의 원자들로 이루어질 수도 있다. 대부분의 기체와 액체는 분자 화합물이다. 생명체가 이용하는 탄소 화합물과 대부분의 유기물 고체 역시 분자 화합물이다. 분자는 원자와 마찬가지로 전기적으로 중성이어서 알짜 전하를 띠지 않는다.

이온은 중성 원자나 분자와 비교해서 해당 화학종이 가지고 있는 전자수가 달라서 생긴다. 전기적으로 중성인 원자나 분자보다 전자 수가 부족하면 양전하를 띠는 양이온(cation)이 된다. 또 전기적으로 중성인 화학종들보다 전자 수가 더 많아지면 음전하를 띠는 음이온(anion)이 된다. 이런 양이온과 음이온이 전하들 간의 인력에 의해 서로 잡혀 있는 물질을 이온성 화합물이라고 한다. 이온이나 이온성 화합물은 물에 쉽게 녹는다. 따라서 자연에 있는 물속에는 다양한 이온과 이온성 물질들이 녹아 있다. 물은 산으로 또는 염기로 작용할 수 있는 양쪽성 물질이어서 다음과 같은 자체 반응에 의해 하이드로늄 양이온(H_3O^+)과 수산화 음이온(HO^-)이 생성된다. 따라서 순수한 물속에는 소량의 하이드로늄 양이온과 수산화 음이온이 존재한다.

$$H_2O(l) + H_2O(l) \rightleftharpoons H_3O^+ + OH^-$$

물 분자는 전기 음성도가 작은 수소(H) 원자 두 개와 전기 음성도가 큰 한 개의 산소(O) 원자가 공유 결합하여 만들어졌다. 이 물 분자의 수소 원자는 *부분적인 양전하(δ^+)를 띠며 산소 원자는 부분적으로 음전하(δ^-)를 띠는 극성 분자이다. 이런 물 분자의 극성이 자연에서 물의 역할과 기능이 다양하고도 중요하게 한다. 물 분자는 액체나 고체 상태에서 수소 결합을 하므로 얼음의 밀도가 액체 밀도보다 더 작다.

한편 소금(NaCl)과 같은 이온 결합 화합물은 소듐 양이온(Na^+)과 염소 음이온(Cl^-)이 반복 단위로 쌓여 거대한 결정 구조를 이룬다. 이들은 개별적인 분자를 갖지 않는다. 유사한 공유 결합 물질도 있다. 석영(SiO_2)이 그 예이다. 석영을 SiO_2라는 화학식으로 표현하지만 석영은 실리콘(Si) 원자와 산소(O) 원자의 무한한 3차원 그물 구조를 이룬다. 즉 'SiO_2'라는 개별 분자가 존재하지 않는다. 그렇다면 무엇이 화합물의 구조와 성질을 다르게 하는가?

생명체가 활용하는 화합물은 용도와 기능뿐만 아니라 모양에서도 다양하므로 생명체가 살아 갈 수 있게 한다. 이런 화합물의 다양성의 근원은 무엇일까? 화합물이 화합물로서의 독특한 성질과 모양을 갖는 것

* 물 분자의 부분 전하는 $H^{\delta+}-O^{\delta-}-H^{\delta+}$ 식으로 표시한다.

은 화합물을 이루는 분자의 성질과 모양(구조)에 의존한다. 고체 이온 화합물들은 그들 이온이 가지는 전하 간의 상호 작용에 의해 3차원 공간 배열로 서로 쌓인다. 그러나 분자는 두 개 이상의 원자들이 공유 결합을 이용하여 만들어진다. 공유 결합은 두 원자들이 두 개의 전자를 공유함으로써 형성되는 결합이다. 결국 분자를 구성하는 원자들이 몇 개의 전자를 결합 형성에 이용할 수 있는가에 따라 결합의 수가 결정된다. 아울러 그렇게 형성된 결합들은 3차원 공간에 가장 안정하게 배열되어야 하므로 결합수가 중심 원자의 결합 배열, 즉 분자의 3차원 구조를 결정하게 된다.

5. 분자 모양은 원자가 전자와 결합 극성에 의존한다

화합물의 모양(구조)과 작용기가 물질의 성질을 좌우한다. 분자 구조의 중요한 역할을 보여주는 한 가지 생화학 반응을 들어 보자. 혈중 콜레스테롤 수치를 낮추는 데 처방하는 아토바스타틴(atorvastatin, 상품명 Lipitor®)은 간에서 콜레스테롤 합성에 필수적인 HMG-CoA 환원효소의 활성을 저해하는 약품이다. 아토바스타틴이 이처럼 효소 기능을 저해하려면 저해하려는 효소의 활성 자리와 *결합하는 데 적합한 모양을 이루어야 한다. 뿐만 아니라 알맞은 원자와 전자 배열을 하고 있어 효소의 활성자리에서 강한 결합을 형성할 수 있어야 한다. 즉 아토바스타틴은 이런 조건을 완벽하게 충족시킴으로써 효소의 활성을 저해시켜 체내 콜레스테롤의 생성을 감소시킨다. 아토바스타틴의 구조의 일부를 조금이라도 변형시키면 이런 효과를 기대할 수 없다. 결국 분자의 크기와 모양은 생명체의 생존과 번식을 위해 매우 중요한 요소이다.

여기서는 분자의 기하학적 모양과 전기 음성도의 조합이, 화학에서 자주 보아온 원자의 여러 다른 배열에 대한 결합 길이, 결합 에너지, 또

---

* 결합을 이루는 데 사용된 전자는 결합 전자(bonding electron)라고 하며, 결합 형성에 관여하지 않고 남아 있는 전자는 비결합 전자(nonbonding electron) 또는 비공유 전자라고 한다.

는 극성과 같은 요인에 어떠한 영향을 미치는가를 살펴보자. 원자가 가지는 전자는 결합에 참여할 수 있는 원자가 전자(또는 최외각 전자)와 결합에 참여하지 않는 핵심부 전자로 구분된다.

원자가 전자(valance electron)는 화학 결합에 참여하는 전자들로 핵으로부터 가장 멀리 있는 전자껍질에 있는 전자들이다. 따라서 화학 반응과 물질의 작용이나 성질을 이해하는 데는 원자가 전자에 대한 이해가 매우 중요하다. 앞에서 언급한 것처럼 이온 결합은 매우 자연스럽게 극성 물질을 만든다. 그러나 공유 결합은 결합의 극성에 따라 다양한 극성을 띠는 공유 결합 물질을 생성할 수 있다. 물(H_2O)과 이산화 탄소(CO_2) 분자는 둘 다 세 개의 원자로 구성된 공유 결합으로 된 물질이다. 그러나 분자 구조가 완전히 달라 물은 극성이 매우 크고 이산화 탄소는 비극성이다. 이들 두 분자 내의 원자가 전자들은 '결합 전자'나 '비결합 전자'로 존재한다. 결국 이런 전자쌍의 개수와 이들의 배열 형태가 분자의 모양(구조)을 좌우한다는 것을 알 수 있다.

썩은 계란 가스로 알려진 황화 수소(H_2S)는 삼-원자로 형성된 극성 분자인데 물과 정확하게 같은 모양이다. 그러나 황화 수소 분자는 물 분자만큼 극성이지는 않다. 이것은 분자 내의 전자 구름이 어떻게 분포되어 있는가와 관련된다. 공유 결합에서 전자 구름의 분포에 영향을 미치는 성질은 *전기 음성도이다. 공유 결합을 형성하고 있는 두 원자 간의 전기 음성도 차이가 클수록 결합의 극성은 더 커진다.

---

* **전기 음성도** 원자들은 핵의 유효 핵전하가 다르므로 전자를 당기는 인력(힘)이 각기 다르다. 원소들의 이런 능력을 전기 음성도라고 한다.

공유 결합 길이는 원자 반지름, 원자 사이의 결합에 있는 전자의 수 그리고 전기 음성도 차이 등 이 세 가지 요소로 제어된다. 결합 길이의 차이를 설명하기 위해 그 인자들이 균형을 이루는 방식을 이해할 필요가 있다.

분자의 모양과 크기는 분자를 구성하는 중심 원자들의 결합에 참여하는 전자 수와 배열에 의존한다. 전자가 많은 원자일수록 원자가 전자는 핵으로부터 더 먼 오비탈에 있다. 따라서 이런 원자들이 형성하는 결합은 전자 수가 적은 원자들이 형성하는 결합보다 결합 길이가 더 길다. 아울러 분자의 3차원 모양은 중심 원자가 형성할 수 있는 결합의 수에 따라 달라진다. 어떤 중심 원자 A 한 개에 두 개의 B 원자가 결합하여 공간적으로 가장 안정한 분자를 이루면 형성된 분자(AB_2)의 삼차원 모양은 선형이다. 또 A 원자 하나가 세 개의 B 원자와 결합된 분자 AB_3의 모양은 평면 삼각형이고, 네 개의 B 원자가 결합하여 형성한 분자 AB_4의 가장 안정한 삼차원 분자 모양은 정사면체이다.

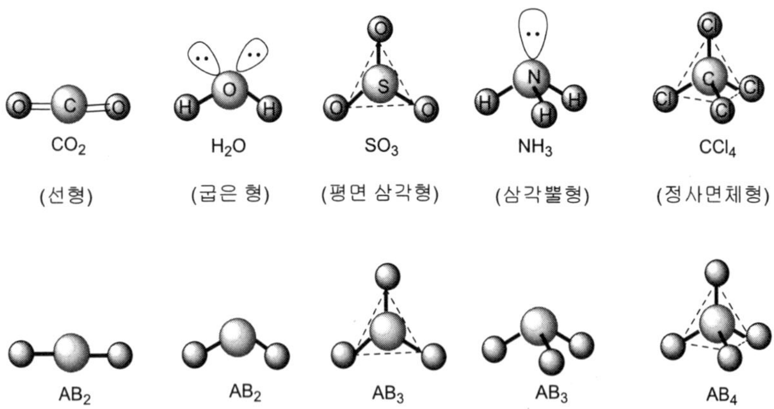

그림 3.4 결합 원자 수에 따른 분자 구조의 모양

예를 들어 AB_2 형태의 분자를 살펴보자. 이산화 탄소와 물은 분자식 면에서 같은 AB_2 형태이지만, 중심 원자와의 결합 형태가 다르다. 물 분자의 산소 중심 원자에는 결합에 참여하지 않은 2개의 전자쌍들이 공간을 차지하고 있어 분자의 전체 모양이 다르다. 분자의 중심 원자인 산소(O)는 모두 8개의 전자를 가지고 있으나, 2개 전자는 핵심부 전자이고 결합에 이용할 수 있는 원자가 전자는 6개이다. 이 6개 전자들 중 2개의 전자쌍(그림의 구조에서 두 개의 점으로 표시됨)은 각기 다른 오비탈에 존재하며 결합에 관여하지(비결합 전자쌍이다) 않는다. 나머지 두 개 전자가 각각 한 개씩의 H 원자와 결합하여 물 분자를 형성한다. 결합에 참여하지 않는 비결합 전자쌍이 차지하는 부피가 결합 전자가 차지하는 부피보다 더 크다. 그런 이유로 비결합 전자쌍이 존재하는 분자의 구조(모양)가 영향을 받게 된다. 이를 원자가 껍질 전자쌍 반발 이론(또는 모형, VSEPR: valence shell electron pair repulsion theory or model)이라고 한다.

다중 결합도 또한 분자 구조와 모양에 영향을 주는 중요한 요인 중 하나이다. 특히 생명체에 중요한 탄소(C), 질소(N), 산소(O), 인(P), 황(S) 등은 단일 결합뿐만 아니라 이중 결합 및 삼중 결합도 형성할 수 있다. 중심 원자로 탄소가 이중 결합을 하고 있으면 이 부분은 평면 삼각형 구조를 이루게 된다. 또 C≡C 같은 삼중 결합을 하면 이 부분은 직선 모양을 하게 된다.

만일 하나의 큰 분자에 구조에 영향을 주는 이런 요소들이 모두 존재한다면, 그 큰 분자의 전체 모양은 각각의 단위 구조가 조합된 모양이 될 것이다. DNA나 RNA 같은 핵산 분자 또는 단백질 등과 같은 거대한 생화합물들의 구조들 역시 그렇다. 특히 모든 생화합물들은 그들이 생체 기능을 발휘하는 데 적합한 구조를 이루고 있어 독특하면서도 선택적인 기능을 나타낼 수 있다. 따라서 물질의 구조는 그 물질의 생화학적 기능을 담당하고 조절할 수 있는 중요한 열쇠인 셈이다. 오늘날 수많은 의약품들이 생체 분자 구조를 알기 때문에 개발된 예들이 많다.

분자의 성질은 구조와 서로 밀접한 관련이 있다. 이산화 탄소(O=C=O, CO_2)의 구성 원소인 C와 O는 전기음성도 차이가 커서 C=O 결합은 C가 부분적인 양전하를 띠고 O가 부분적인 음전하를 띠는 극성 결합이다($C^{\delta+}=O^{\delta-}$로 표시한다). 이산화 탄소의 두 개 *결합 쌍극자는 크기는 같지만 방향이 정확히 반대여서 서로 상쇄되어 분자 전체적으로는 알짜 쌍극자 모멘트(μ=0 D)를 갖지 않는 무극성분자이다.

다른 예로 물 분자는 $^{\delta+}H-^{\delta-}O-H^{\delta+}$ 극성 결합을 갖는다. 이 두 개의 H−O 결합은 동일하고 같은 크기의 결합 쌍극자를 갖는다. 그러나 물 분자는 굽은형 모양이어서 두 결합 쌍극자가 상쇄되지 않으므로 알짜 쌍극자 모멘트(μ=1.85 D)를 갖는 극성 분자이다. 결국 이러한 극성과 알짜 쌍극자 모멘트가 자연에서 물의 다양하고도 놀라운 기능을 발휘하게 한다.

물질의 조성, 실험식, 분자식, 루이스 구조 등은 화학에서 중요한 정보들을 제공한다. 그러나 대부분의 분자성 물질의 성질과 생명계에서의 기능을 예측하고 이해하는 데에는 충분하지 않다. 분자 그 자체로는 생명체가 아니지만 고유한 기능을 가진 여러 종류의 생체 분자들이 함께 협력함으로써 생명 현상을 나타낸다. 그런 이유로 과학자들이 생명의 신비

* 결합 쌍극자 모멘트는 크기와 방향을 갖는 벡터(vector)량이다.

를 풀기 위해서 생체 분자의 3차원 구조를 알아내는 연구에 집중한다.

생명체를 구성하는 유기 분자들의 크기는 현미경으로 관찰할 수 있는 미생물보다 1천 배 이상 작다. 물론 오늘날에는 커다란 생체 분자는 전자 현미경으로 대략적인 모양을 관찰할 수 있다. 그러나 숲은 볼 수 있으나 숲을 이루는 나무를 개별적으로 볼 수는 없는 것처럼 분자들을 구성하는 원자들의 배열은 알 수 없다. 만일 DNA의 이중 나선 구조가 밝혀지지 않았다면 오늘날과 같은 유전학과 생명과학의 발전을 기대할 수 없었을 것이다. 왓슨(J. Watson)과 크릭(F. H. C. Crick)은 영국 캠브리지 캐벤디시 연구소에서 X-선 자료를 기초로 DNA의 이중 나선 구조를 밝혔다. 이들은 이 공로로 윌킨스(M. Wilkins)와 함께 1962년 노벨상을 수상하였다.

생체 분자의 구조를 안다는 것은 그 분자가 관련된 생명 현상을 이해하는 데 결정적으로 중요하기 때문에 노벨상의 대상이 된다. tRNA의 3차원 구조를 밝힌 재미 과학자 김성호 박사(UC Berkley, 교수)의 사이언스(Science, 1974년 8월 2일) 논문에서도 "tRNA의 3차원 구조는 tRNA의 작동 방식을 들여다볼 수 있어 상당히 흥미롭다"라고 쓰고 있다.

---

* 오늘날 생체 분자 구조를 밝히는 데 X-선 결정학 방법과 핵자기 공명법(NMR, nuclear magnetic resonance spectroscopy) 등이 주로 이용된다.

6. 작용기가 생체 물질의 특성을 발현시킨다

자연에는 헤아릴 수 없이 많은 화합물이 존재한다. 이 많은 화합물들은 제각기 나름의 독특한 기능과 역할을 하며 그런 특성이 또한 자연을 자연답게 만든다. 그렇다면 화합물이 각기 다른 특성을 갖는 이유는 무엇 때문일까? 생명계에서 중요한 역할을 하는 물질은 대부분이 탄소와 수소가 주축인 유기 물질이다. 그렇다면 각 유기 분자의 특징적인 성질을 결정하는 요인은 무엇일까? 유기 물질에 대한 선택성이나 특이성은 해당 분자에 존재하는 작용기와 결합의 종류 그리고 모양에 의존한다. 유기 화합물들은 대부분 탄소-탄소(C−C) 결합과 탄소-수소(C−H) 결합으로 되어 있지만, 여기에 더하여 질소(N), 산소(O), 황(S), 인(P) 그리고 요오드나 브롬 같은 *할로젠 등의 헤테로 원자를 가지고 있다.

아울러 공유 결합의 형태도 시그마(σ) 결합 외에 파이(π) 결합도 존재한다. 유기 분자의 성질과 특징은 모두 이들 헤테로 원자나 구조 단위 및 파이 결합 존재 유무와 관련이 있다. 유기 화학에서는 이러한 헤테로 원자 및 *헤테로 원자단 그리고 파이 결합 등을 작용기라고 한다. 이런 작

* **할로젠** I, Br, Cl, F 등의 계열을 부르는 계열 이름이다. 할로젠 계열은 X로 표기한다.

* **헤테로 원자** 탄소(C)와 수소(H)를 제외한 원소를 말한다.

용기가 분자의 특징적인 물리적 및 화학적 성질을 좌우한다. *작용기는 곧 분자의 반응 자리이기도 하다.

*알케인 부류의 화합물을 제외하고 모든 화합물은 그 화합물의 특성을 발현할 수 있는 작용기라고 하는 원자나 원자단을 가지고 있다. 바로 이 작용기들이 분자의 특성을 좌우하는 주요 요인이다. 작용기는 화합물의 물리적 및 화학적 성질을 좌우하는 분자내 원자나 원자 집단을 말한다.

하나의 분자로 된 작은 생체 물질이든 거대한 크기의 생체 고분자이든 이들의 특성은 모두 작용기의 존재 여부와 어떤 종류의 작용기인가에 의존한다. 생명체는 탄수화물, 단백질, 지질, 핵산, 효소 및 보조 인자와 매개체 등에 크게 의존한다. 이들 생체 물질은 그 나름대로의 각기 다른 작용기를 가지고 있어 생명체가 필요로 하는 효율적인 반응을 가능하게 하기 때문이다.

탄수화물의 주요 구성 원소는 탄소(C), 수소(H), 및 산소(O)들이다. 그러나 일부 탄수화물은 질소(N)나 황(S)을 포함하기도 한다. 수소와 산소의 비율은 대략 2:1이다. 탄수화물은 카보닐기(C=O)와 하이드록실기(OH)를 포함하고 있다. 카보닐 작용기가 알데하이드이면 알도스(aldose), 케톤이면 케토스(ketose)라고 구분한다. 뿐만 아니라 이들 탄수화물에는 2~4개의 키랄 탄소들을 가지고 있다. 이 키랄 탄소들은 편광을 특정 방향으로만 회전시키는 성질을 나타내며, 이런 성질을 광학

---

* **작용기란?** 분자의 물리적 화학적 성질을 좌우하는 원자나 원자단(원자들의 집단)들을 말한다.

* **알케인**(alkane) 탄소-탄소(C–C)와 탄소-수소(C–H) 단일 결합만으로 구성된 화합물 부류

활성(optical activity)이라고 한다.

탄수화물은 하나의 당만으로 구성된 단당류(monosaccharide)와 두 개 이상의 당으로 구성된 *다당류(polysaccharide)로 크게 구분할 수 있다. 단당류는 포함된 탄소 수를 기준으로 사탄당, 오탄당, 육탄당 및 칠탄당 등으로 구분한다.

탄수화물은 분자식은 동일하지만 원자의 배열이 서로 다른 소위 이성질화를 일으킨다. 포도당과 과당은 분자식이 동일하지만 구조가 다른 이성질체이다. 이들의 사슬 구조에서 각기 다른 작용기를 가지고 있다. 즉 포도당은 알데하이드기(−CHO)를 가지고 있고, 과당은 케톤기(−C=O)를 가지고 있다. 이들 두 분자의 고리 구조에서는 포도당은 육-원자 고리(육각형) 그리고 과당은 오-원자 고리(오각형)를 형성하게 된다. 어떻게 이런 다른 고리를 형성할까? 비밀은 각 화합물의 C=O 위치와 이 C=O기가 어느 위치의 OH기와 고리화 반응(헤미아세탈화)을 하는가에 달려 있다. 포도당에서는 카보닐(C=O)기의 탄소가 1-번 탄소이고 5-번 탄소의 OH기와 반응하여 육각형 고리를 형성한다. 반면에 과당에서는 2-번 탄소에 있는 카보닐(C=O)기가 5-번 탄소의 OH기와 반

---

* **사탄당(tetrose)** Erythrose
오탄당(pentose) Arabinose, Deoxyribose, Ribose, Ribulose, Xylulose
육탄당(hexose) Fructose, Galactose, Glucose, Mannose
칠탄당(heptose) Sedoheptulose

* **아세탈화 반응(acetalization)** 카보닐 화합물이 두 개의 알코올(ROH) 분자와 반응하여 두 개의 ROR형 결합을 이루는 반응이다. 이 반응은 단계별로 진행되며 한 분자의 알코올과 반응하여 하나의 에터 결합을 이루는 반응을 헤미아세탈화(hemiacetalization)라고 한다. '헤미(hemi)'는 절반이라는 의미이다.

응하여 오각형 고리를 만든다(부록 그림 3.1 참고). 반응하는 작용기 종류와 위치에 따라 생성물의 구조가 다르게 될 뿐 아니라 또한 생물의 화학을 다르게 한다.

두 개 이상의 당이 서로 글리코사이드 결합으로 연결되어 만들어지는 다당류는 녹말, 셀룰로스, 올리고당과 아미노당 등이 있다. 10개 이하의 단당류가 결합된 다당류를 올리고당이라고 하며 아미노산을 포함하고 있는 당을 아미노당이라고 한다. *글리코사이드 결합은 α- 또는 β-라는 두 가지 배열이 있다. α-배열을 하면 당의 구조가 동글동글한 모양을 이루게 되고, β-배열을 하면 긴 사슬 구조를 이루게 된다. 따라서 녹말은 α-1,4-와 1,6-α-글리코사이드 결합을 하고 있어 분자 모양이 동글동글하며 셀룰로스는 β-1,4-글리코사이드 결합을 하므로 사슬 모양을 구조를 하고 있다. 화합물의 결합이 분자 전체의 모양을 다르게 하며 구조가 다르면 물리적 화학적 성질도 다르다.

작용기가 다르면 역할도 다르다

생체 물질로 중요한 지질(lipid)은 용해도 성질에 따라 분류되는 물질이다. 놀랍게도 이런 분류는 구조적 특성에 따라 분류하는 것이 아니고, 물리적 성질에 따라 분류하는 것이다. 지방은 주로 탄소, 수소, 산소로 구성되어 있다. 자연계에 널리 존재하는 동물성 지방과 식물성 기름은 주로 트라이글리세라이드(triglyceride)이다. 이 물질은 긴 사슬을

---

* **글리코사이드 결합**(glycoside bond) 한 당의 1-번 탄소(아노머 탄소)와 다른 당의 4-번 탄소가 –O– 결합(이를 아세탈 결합이라고 함)으로 연결된 결합이다. 이 결합을 1,4-글리코사이드 결합이라고 표기한다.

가진 카복실산과 세 개의 글리세롤(glycerol)이 에스터 결합을 통해 형성된 분자이다. 이 카복실산을 지방산(fatty acid)이라고 한다. 지금까지 다양한 조직과 세포로부터 발견된 지방산은 500여 개가 넘는다. 고등 식물과 동물로부터 발견되는 지방산은 몇 가지 특징을 나타낸다. 즉 거의 모든 지방산 사슬의 탄소 수는 12~20개로 짝수이다. 하나 또는 두 개의 C=C 결합을 가지는 불포화 지방산은 대부분 시스(cis) 형태이고 트랜스(trans) 형태는 드물다. 이런 불포화 지방은 탄소 수가 같은 다른 포화 지방산보다 녹는점이 낮다. 따라서 트라이글리세라이드의 물리적 성질은 포함된 지방산 성분에 좌우된다. 탄소 수가 늘어나면 녹는점이 높아지고, C=C 결합수가 많아지면 녹는점도 낮아진다. 옥수수 기름이나 올리브유처럼 올레산과 리놀레산을 비롯한 불포화 지방산이 풍부한 트라이글리세라이드는 실온에서 액체이고 기름이라고 한다. 버터나 소고기 지방처럼 포화 지방산이 풍부한 트라이글리세라이드는 실온에서 반고체 또는 고체여서 지방이라고 한다. 이중 결합이라는 작용기가 이런 물리적 성질이 다르게 한다.

지방산의 소듐 또는 포타슘염을 비누라고 한다. 비누는 트라이글리세라이드를 수산화 소듐(NaOH)과 함께 끓여서 만든다. 이 반응을 비누화(saponification)라고 한다. 그러면 비누는 어떻게 기름이나 때를 세탁할 수 있는 세탁효과를 낼까? 세탁 과정에서 비누는 기름 성분이나 때를 물에 녹이거나 풀어지게 하는 일종의 유화제 역할을 한다. 비누 지방산의 긴 탄소 사슬은 소수성이어서 물에 녹지 않으며 카복실산 음이온 부분은 친수성이다. 지방산 염의 이런 성질이 수용액에서 탄소 사슬은 안쪽으로 배향하고 카복실산 음이온 부분은 밖으로 향하는 미셀이라는 덩어리를 형성하여 물에 녹게 한다. 따라서 비누와 비극성인 기름이나 때가 섞이면 비극성인 기름이나 때를 중심으로 비누 지방산이 미셀을 형성하여 물에 녹게 하므로 세탁효과를 발휘한다. 오로지 비극성 사슬과 카복실산 음이온 작용기의 효과인 셈이다.

글리세롤의 한 개 지방산이 대신 인산기로 대체된 지질도 있다. 이를 인지질(phospholipid)이라고 하며 생체막의 주요 성분이다. 인산기는 다른 유기물과 결합되어 있으며, 결합된 유기물의 종류에 따라 인지질의 종류가 달라진다. 인지질은 지방과는 다르게 극성을 띠는데, 지방산이 있는 부위는 물과 잘 섞이지 않아(소수성) 비극성 물질들과 쉽게 섞인다. 또 인산기가 있는 부위는 물 분자 또는 다른 극성 분자들과 쉽게 섞이는 친수성 부분이다. 이러한 인지질의 구조적 특성 때문에 생체막의 주요 구성 성분이 된다. 인지질은 물속에서 이중층을 이룬다. 인지질의 인산기 머리 부분은 물 쪽을 향하고, 지방산 꼬리 부분은 물로부터 멀리 떨어져 있게 된다. 따라서 비극성인 꼬리 부분은 꼬리 부분끼리 모이고, 극성인 머리 부분은 물에 노출되어 이중층의 단일막을 형성하게 된다. 이러한 이중막 구조는 모든 세포의 세포막을 이룰 뿐만 아니라, 진핵생물의 세포 내 소기관들(핵, 엽록체, 미토콘드리아 등)을 구성하는 중요한 요소이다. 극성 작용기와 비극성 사슬의 단순한 요소로 우리가 알고 있는 경이로운 생명 활동을 가능하게 하는 세포막이 만들어진다. 작용기가 없이는 불가능한 일이다.

자연은 작용기 퍼즐로 수없이 많은 화합물을 합성해 낸다

우리가 먹는 식초는 왜 신 맛이 나는가? 또 술의 주성분인 에탄올과

메탄올은 다 같이 알코올 종류이지만 에탄올만 마실 수 있는 이유는 무엇인가? 근본적인 이유는 분자가 가지고 있는 탄소 수와 작용기들이 다르기 때문이다. 식초와 술은 작용기가 달라 성질이 다르고 기능도 다르다.

자연에 있는 많은 유기 화합물은 탄소(C)와 수소(H)로만 이루어진 탄화수소에 분자의 물리적 화학적 성질을 좌우하는 작용기를 가지고 있다. 천연 물질은 이 작용기를 이용하여 자연에서 본연의 기능과 성질을 발현한다. 작용기는 분자의 반응 자리이며, 물질의 특성을 나타내는 근원이다. 예를 들어 탄화수소인 메테인(CH_4)의 수소 원자 하나가 −COOH라는 작용기로 치환되면 우리가 먹는 식초인 아세트산(CH_3COOH)이 만들어지고, 에테인(CH_3CH_3)의 한 개 수소 원자가 −OH로 치환되면 마실 수 있는 에탄올(CH_3CH_2OH)이 된다. 생명체에서 매우 중요한 아세트산의 작용기는 −COOH이고, 에탄올의 작용기는 −OH이다. 이외에도 다양한 종류의 작용기들이 있으며, 작용기에는 대부분 헤테로 원자(C와 H를 제외한 원자)들이 포함되어 있다. 그러나 헤테로 원자를 갖지 않는 작용기도 있다. 즉 탄소-탄소 이중 결합(C=C)과 탄소−탄소 삼중 결합(C≡C)도 작용기의 범주에 포함시킨다. 각 화합물에 포함된 작용기는 해당 분자의 물질적 화학적 성질을 좌우하며, 이 작용기에서 분자의 대부분의 반응이 일어나기도 한다. 따라서 작용기 화학을 이해하면 해당 물질의 화학적 물리적 성질을 대부분 이해할 수 있다. 이런 이유로 많은 유기화학 교재가 작용기별로 서술되어 있다. 여기서 광합성 과정의 일부인 탄수화물의 켈빈 회로를 살펴보자. *D*-리뷸로스-1,5-이인산(*D*-ribulose 1,5-bisphosphate)은 광합성 초기 과정에 생성되는 탄소 다섯 개로 만들어진 유도체(오탄당)이다. 이 분자에 하나의 C=O(카보닐기)와 두 개의

OH(하이드록시) 작용기를 가지고 있다. 이 카보닐기(C=O)와 이웃 탄소의 OH 사이에서 파이 전자가 이동하여 분자가 −C(OH)=C(OH)−형 구조로 변하게 된다. 이런 구조의 계열을 *엔다이올(endiol)이라고 하며, 이런 형태의 변화를 엔올화(enolization)라고 한다.

이 화합물의 C=C 결합에 CO_2가 첨가되어 육탄당인 β-케토산 중간체가 형성되어 두 분자의 삼탄당으로 분해된다(부록 그림 3.2 참고). 실험실에서도 쉽지 않은 이런 반응이 매우 선택적이고도 쉽게 일어나는 것은 이웃한 탄소에 C=O와 C−OH 작용기가 존재하기 때문에 가능하다.

---

* **엔다이올(endiol)** C=C를 의미하는 어미 -ene-와 알콜기를 의미하는 -ol의 합성어이다.
* **캘빈 회로(Calvin cycle)** 광합성의 명반응 산물인 ATP와 NADPH를 각각 에너지원과 수소 공급원으로 하여 CO_2를 환원시켜 포도당을 합성하는 과정이다. 암반응이라고도 한다.
* **엔올화** 케톤의 C=O기와 OH기가 이웃한 탄소에 있으면 토토머화되어 엔다이올이 될 수 있다. 이 토토머화는 서로 가역적이다.
* **β-케토산** 카복실산의 β-위치에 C=O기를 가지는 산의 계열 이름이다.

7. 작용기가 단백질에 생화학적 기능을 부여한다

*단백질은 탄수화물이나 지방이 하지 못하는 또 다른 생명 활동에 관여한다. 이런 단백질의 기본 구성 단위는 아미노산이다. 무엇이 단백질의 이런 다양한 기능을 가지게 하는가? 생명체에 있는 단백질은 20여 개의 아미노산으로 구성된 거대 분자이다. 따라서 단백질 화학을 이해하려면 이들의 기본 구성 단위인 아미노산을 이해해야 한다. 아미노산의 몇 가지 특징을 살펴보자.

첫째로 아미노산은 산과 염기 작용기를 하나의 분자에 가지고 있기 때문에 독특한 기능을 발현한다.

아미노산은 하나의 분자에 염기인 아미노기($-NH_2$)와 산인 카복실기($-COOH$)를 가지고 있다. 단백질은 한 아미노산의 아미노기와 다른 아미노산의 카복실기가 서로 *펩타이드 결합에 의해 연결된 고분자이다. 아미노산이 50개 이하인 사슬은 펩타이드(peptide)라고 부르며, 사슬이 이보다 더 긴 사슬들을 단백질이라고 부른다.

---

* 'Protein(단백질)'이라는 어휘는 스웨덴 생화학자 베젤리우스(J. J. Berzelius)에 의해서 도입되었다. 어원은 그리스 'protios'로부터 유래되고 "첫째를 차지한다"라는 의미이다. 우리말의 단백질(蛋白質)이라는 용어는 일본에서부터 사용되었고, 이는 '달걀의 흰자'를 뜻한다.
* **펩타이드 결합(peptide bond)** RC(=O)–NHR' 형태의 결합이며, 다르게는 amide bond라고도 한다.

아미노산이 산과 염기 두 가지의 작용기 성질을 나타내는 물질이므로 성질도 또한 독특하다. 즉 *α-아미노산 분자 내에 연이어 있는 두 탄소에 염기성인 $-NH_2$(amino-)기와 산성인 $-COOH$(carboxyl-)기가 존재한다. 우리는 일반적으로 산과 염기가 만나면 즉시 반응하여 중성 물질인 염(salt)을 생성한다는 것을 알고 있다. 만일 아미노산이 생리적 수용액(수소 이온 농도 pH 7.3)에 존재하면, 하나의 분자 내에서 이런 산-염기 반응이 가능하다. 아미노산이 분자 내에서 산-염기 반응을 일으키면, 염기였던 $-NH_2$기는 짝산인 $-NH_3^+$로 되고, 산이었던 $-CO_2H$는 짝염기인 $-CO_2^-$로 된다. 이렇게 만들어진 쌍극성 이온(dipole ion)을 *쯔비터 이온(zwitter ion)이라고 한다.

아미노산의 쯔비터 이온은 분자 내부에서 만들어진 일종의 염(salt)이므로 일반적인 염의 물리적 성질들을 가지게 된다. 이러한 성질들이 생물학적 기능에 직간접적으로 관여하여 단백질의 중요한 성질들을 발현한다. 아미노산은 물에는 잘 녹지만 유기 용매에는 녹지 않으며, 녹는점이 높은 결정성 물질이다. 또 상황에 따라서 산이나 염기로 작용할 수 있는 스마트한 물질이다. 게다가 단백질을 구성하는 20개 아미노산마다 쯔비터 이온으로 존재하는 양이 가장 많은 수소 양이온 농도(pH)가 각기 다르다. 이 수소 양이온 농도를 해당 아미노산의 등전점(isoelectric point, pI)이라고 한다. 따라서 어떤 아미노산의 등전점을 알면 주어진 수소 양이온 농도에서의 이온 구조를 예측할 수 있다.

---

* **α-아미노산** C=O기와 연결된 이웃 탄소(이 탄소가 a-탄소이다)에 NH_2기를 가진 아미노산을 말한다.

* **쯔비터 이온(zwitter ion)** zwitter는 독일어로 혼성(hybrid)이라는 의미이다.

이런 아미노산의 등전점의 차이와 수소 양이온 농도에 따른 이온 구조의 차이로 단백질을 구성하는 아미노산을 분리할 수 있다. 이 원리를 이용한 분리 방법을 전기 이동법(electrophoresis)이라고 한다. 전기 이동법은 아미노산 혼합물 용액을 긴 종이나 젤(gel)의 중앙에 흡수 또는 첨가시킨다. 시료를 첨가한 종이와 젤을 수소 양이온 농도가 적당한 완충 용액으로 적시거나 담그고 양쪽 끝에 전극을 연결한다. 전기를 통하게 하면 음(−)의 전하를 띠는 아미노산은 양극으로 이동하고, 양(+)의 전하를 띠는 아미노산은 음극으로 이동한다. 이 과정에서 중성인 아미노산은 중앙에 남아 있게 된다. 이 조건에서 각 단백질은 완충 용액의 pH와 등전점에 따라 서로 다른 속도로 이동하므로 단백질을 순수하게 분리할 수 있다.

두 번째로 단백질 구조는 약간의 평면성을 띠고 있다. 이런 단백질 구조의 평면성은 펩타이드 결합의 아마이드 질소 원자에 있는 비결합 전자쌍의 비편재화 현상 때문이다. 펩타이드 결합(:N−C(=O))에 있는 질소 원자의 *비결합 전자쌍은 이웃하고 있는 C=O 결합과 상호 작용하여 ($^{+}$N=CO^{-})형으로 되는 것이다. 이런 질소 원자 전자쌍의 *비편재화로 아마이드는 염기성을 잃는다. 또 이렇게 전자쌍이 비편제화되면 N=C 결합이 평면 구조를 이루게 되고 아마이드 결합은 이중 결합 성격을 가진다. 그렇게 되면 해당 결합의 회전성이 제한을 받는다. 결국 단백질에서 평면성을 가지는 부분은 이런 아마이드 결합 때문이다(부록 그림 3.3 참고). 그런 구조적 변환이 단백질이 생화학적으로 기능을 발휘하기에 적합한

---

* **비결합 전자쌍** 다른 원소와 결합하지 않고 남아 있는 두 개의 전자
* **비편재화(delocalization) 현상** 전자가 두 개 이상의 원자에 퍼져 있는 현상이다.

4차 구조를 이루는 데도 기여한다. 이러한 비결합 전자쌍의 비편재화 현상이 핵자기 공명 분광법(NMR)이라는 기기를 통해 실제로 확인되었다.

세 번째로 시스테인 아미노산의 싸이올(thiol, −SH)기가 두 단백질 사슬을 연결시킨다. 아미노산 중에서 시스테인(cysteine)은 아미노기와 카복실기 외에 β-탄소에 −SH 작용기 하나를 가지고 있다. 인슐린(insulin)은 모두 51개의 단백질로 구성된 두 개의 사슬로 되어 있다. 이들 두 사슬은 이황화 결합(disulfide bond, RS−SR)으로 연결되어 있다. 인슐린 두 사슬에는 모두 6개의 시스테인이 존재하며 이들이 두 개의 사슬간 이황화 결합과 하나의 사슬 내 이황화 결합을 형성한다. 같은 사슬 내에서 이황화 결합이 이루어지면 고리(loop) 모양이 형성된다. 이런 단백질의 이황화 결합도 단백질의 생화학적 기능을 발휘하게 하는 데 매우 중요한 요소이다.

넷째로 "아미노산은 어떻게 선택성을 보이는가?"이다. 아미노산의 아미노기가 결합된 α-탄소는 네 개의 치환기가 각기 다른 카이랄 중심이다. 따라서 이 탄소 자리는 정사면체 구조를 가지며 따라서 서로 다른 거울상 이성질체가 가능하지만 자연에서는 그 중 어느 하나만을 이용한다. 자연계에 존재하는 α-아미노산은 흔히 *L-아미노산이라고 한다. 이와 같은 아미노산의 카이랄성이 아미노산이나 단백질의 거울상 선택성을 발휘하게 하는 요인이다.

---

* L-아미노산의 L-형은 당 분자의 OH기가 카이랄 탄소로부터 시작되는 분자 사슬을 중심으로 하여 왼편에 놓여 있는 L-탄수화물 구분법에 따른 것이다. L-아미노산에서는 NH_2기가 카이랄 탄소 사슬의 왼편에 놓여 있다는 것을 의미한다.

마지막으로 아미노산은 왜 산성 및 염기성 아미노산이 존재하는가? 아미노산에 한 개씩의 아미노기와 카복실기만이 존재한다면 앞서 말한 것처럼 중성일 것이다. 그러나 이들 외에 다른 작용기가 곁사슬 잔기에 존재하면 산성 또는 염기성 아미노산이 될 수 있다. 이처럼 자연에서는 염기성이거나 산성인 아미노산도 필요하다. 단백질에서 흔하게 발견되는 20개 아미노산 중 15개는 중성 아미노산이고, 아스파르트산(aspartic acid)과 글루탐산(glutamic acid)은 곁사슬에 추가로 카복실(−COOH)기를 더 가지므로 산성 아미노산이다. 라이신(lysine), 아르기닌(arginine), 히스티딘(histidine)은 염기성인 아미노(−NH_2)기를 더 가지고 있어 염기성 아미노산이다.

※ 단백질은 아미노산의 고분자이다

단백질은 20가지의 아미노산이라는 블록 단위체가 펩타이드 결합으로 연결되어 만들어진 고분자이다. 또 아미노산은 하나의 분자에 공통적으로 카복실기와 이웃한 탄소에 아미노기를 가지고 있다. 그 외로 다른 작용기도 존재한다. 아미노산의 2-번 탄소(α-탄소)는 카이랄 탄소이기 때문에 거울상 이성질체가 존재한다. 자연에 있는 거의 모든 α-아미노산은 *L*-형으로 배열되어 있다. 두 개의 이성질체가 모두 존재하면 자연은 그만큼 혼란스러울 것이다. 아미노산의 중요한 생물학적 기능은 이들 작용기와 입체 배열들에 의해 주로 발현되고 의존한다. 카복실기와 아미노기가 없이는 팹타이드 결합이 형성될 수 없고, 아미노산의 배열 순서에 따라 단백질의 종류가 또한 달라진다. 통상적으로 10~20개의 아미노산을 포함하고 있는 펩타이드는 올리고펩타이드

(oligopeptide), 20개 이상으로 구성된 것은 폴리펩타이드(polypeptide)라고 한다. 단백질은 분자량이 5천 이상이고 한 개 또는 여러 개의 폴리펩타이드 사슬로 이루어진 고분자를 말한다.

단백질과 폴리펩타이드의 성질은 대체로 이들 분자의 3차원 형태에 의해 결정된다고 알려져 있다. 펩타이드 결합의 기하 구조를 밝히기 위한 연구(L. Pauling, 1954 노벨 화학상 수상)에 따르면 펩타이드 결합이 평면성을 가진다는 것이다. 어떻게 이들이 평면성을 나타내는가? 펩타이드 결합에서 두 가지가 가능하다. 하나는 카보닐(C=O)이 이중 결합이 되거나 다른 경우는 O−C=N으로 카보닐 탄소와 질소가 이중 결합을 이루게 되는 경우다. 실제로 펩타이드 결합에서는 이 두 경우의 중간 형태로 존재한다는 것이 확인되었다. 즉 C=O나 C=N과 같이 완전한 이중 결합이 아니라 O:::C:::N(점선은 부분적인 이중 결합을 의미함)이라는 것이다. 이런 결합 형태로 인해 해당 부분이 평면성을 띤다고 이해한다. 아울러 카보닐 탄소에 결합된 치환기와 질소에 결합된 치환기는 모두 트랜스 형태로 배열된다는 것이다. 이 형태가 두 치환기가 가장 멀리 있는 배열이어서 안정하기 때문이다.

단백질을 이루는 아미노산의 순서를 단백질의 1차 구조라고 한다. 단백질의 2차 구조는 한정된 영역에서 단백질이 부분적으로 취하게 되는 조직화된 삼차원 배열을 말하며 α-나선(α-helix) 구조와 β-병풍(β-pleated sheet) 구조가 있다. 이런 구조가 가능한 이유는 C=O기와 N−H기 사이의 수소 결합을 할 수 있기 때문이다. 단백질의 3차 구조는 전체 펩타이드 사슬에 의해 만들어지는 삼차원 모양을 말한다. 사실 2차와 3차 구조의 기준은 명확하지 않다. 보다 구체적으로 말한다면 2차 구조는 하나의 폴리펩타이드 사슬에서 서로 가까이 있는 아미노산들의 공간적 배열이고, 3차 구조는 폴리펩타이드 사슬 내에 존재하는 모든 원자의 3차원 배치를 말한다. 3차 구조의 안정도는 극성 작용기들의 수소 결합, 전하를 띤 곁사슬 간의 정전기적 상호 작용, −SH기들에 의해 만들어지는 이황화 결합(RS−SR) 그리고 비극성 곁사슬의 반데르발스(van der Waals) 상호 작용에 영향을 받는다. 따라서 단백질의 3차 구조는 수소 양이온 농도나 열(변성)에 영향을 받게 된다. 4차 구조는 두 개 이상의 접힌 폴리펩타이드 사슬들이 비공유 결합적인 상호 작용으로 연결된 더 큰 복합체이다. 단백질을 구성하는 각 폴리펩타이드 사슬을 소단위체(subunit)라고 한다. 헤모글로빈은 두개의 α-소단위체와 두 개의 β-소단위체로 구성되어 있고, 이 네 가지 소단위체가 모두 있을 때 헤모글로빈으로써의 기능을 발현한다.

※효소는 생체 반응 촉매이다

화학자들은 실험실에서 반응 속도를 조절하기 위해 촉매를 사용하지만, 생명체는 효소를 이용하여 생체 반응을 조절한다. 효소는 단백질로 된 촉매이다. 일반적으로 화학 반응이 일어나는 조건과 생명체의 반응 조건은 많이 다르다. 따라서 생명체 내부에서는 생명 현상에 필요한 많은 화학 반응들을 적절하게 진행시킬 수 있는 방법이 필요하다. 효소는 다음과 같은 성질을 가짐으로써 이러한 반응들을 조절하게 된다. 효소는 일반적으로 작게는 62개에서 2500개가 넘는 잔기로 이루어진 글로블린 단백질이다. 효소는 이러한 아미노산 잔기들을 정확한 공간적 위치에 가지고 있어 효소의 기능을 발휘할 수 있다. 효소는 다른 단백질들과 마찬가지로 긴 선형의 아미노산 사슬들이 기능을 발휘하도록 적절하게 접혀서 3차원 구조를 형성한다. 효소마다 각기 특정한 아미노산 서열이 특별한 구조를 만들고 그에 따라 효소는 특정한 성질을 갖게 된다. 효소의 활성은 이러한 3차원 구조에 의해서 결정된다. 대부분의 효소들은 온도와 화학적 요인에 의해서 3차원 구조가 변형되는 변성을 일으킬 수 있다.

효소는 그들이 작용할 기질보다 크며, 약 3~4개 아미노산 정도의 작은 부분만이 효소 작용에 관여한다. 이렇게 기질이 와서 붙는 자리를 활성 자리(active site)라고 한다. 효소는 *조효소가 붙을 자리도 포함하고 있다. 뿐만 아니라 반응물이나 생성물에 결합하는 작은 분자들을 위한 결합 자리 역시 가지고 있다. 이러한 결합은 효소의 활성을 촉진하거나 저해할 수 있다. 즉, 구조적인 변형이 효소의 반응 능력을 조절할 수 있다.

생명체의 효소 활동은 세포가 다양한 방법을 이용하여 통제한다. 한 가지는 효소 기능의 저해 물질이 기질과 경쟁적으로 활성 자리를 빼앗는 경쟁적 저해 방법이다. 두 번째는 저해 물질이 활성 자리 대신 다른 자리에 결합되어 효소 기능을 저해하는 비경쟁적 저해 방법이다. 세 번째는 해당 효소 반응의 최종 생성물이 효소 기능을 저해하는 최종 생성물 저해 방법 등이 있다.

아미노산이 단백질을 중요하게 한다

단백질은 우리가 알고 있는 것처럼 각기 다른 형태를 이루고 있으며,

---

* **조효소** 어떤 효소가 완전한 기능을 발휘하기 위해서는 작은 분자나 이온을 필요로 하기도 한다. 이런 물질을 조효소라고 한다.

이들은 다양한 생물학적 기능을 가지고 있다. 피부와 손톱을 만드는 케라틴(keratin), 명주와 거미줄 성분인 피브로인(fibroin) 그리고 우리 몸에서 촉매로 작용하는 5,000여 개의 효소들이 모두 단백질이다. 그렇다면 무엇이 단백질로 하여금 이렇게 중요한 생물학적 기능을 가능하게 하는가?

모든 단백질은 기능과는 무관하게 많은 아미노산 사슬로 되어 있다. 즉, 단백질은 아미노산 단위체로 구성된 일종의 생체 고분자이다. 인간은 단백질 중에 있는 20개의 아미노산 중 비필수 아미노산이라고 부르는 11개만을 체내에서 합성할 수 있다. 나머지 9개의 필수 아미노산은 식물 및 미생물에서 합성되므로 음식물로 섭취해야 한다. 그러나 필수와 비필수 아미노산 간의 구분은 정확하지는 않다. 예를 들어 비필수 아미노산으로 구분되기도 하는 타이로신(tyrosine)은 체내에서 필수 아미노산인 페닐알라닌(phenylalanine)으로부터 만들 수 있기 때문이다.

단백질에서 흔하게 발견되는 20개 아미노산 외에도 어떤 생명체에서는 셀레늄을 포함하고 있는 셀레노시스테인과 피롤 고리가 있는 라이신 유도체인 피롤라이신이 발견되기도 하였다. 또한 자연에는 700개 이상의 비단백질 아미노산이 존재하기도 한다. 예를 들어 신경 전달 물질로 뇌에서 발견된 γ-아미노부티르산(γ-aminobutyric acid, GABA), 심장병의 관상 동맥과 관련되며 혈액에서 발견된 호모시스테인(homocysteine) 그리고 갑상선에서 호르몬으로 작용하는 티록신(thyroxine)도 비단백질

---

* **셀레노시스테인(selenocysteine)** cysteine의 –SH기 대신 –SeH기를 가지고 있고, 피롤라이신(pyrrolysine)에는 피롤(pyrrole)고리가 포함되어 있다.

아미노산이다. 결국 아미노산의 작용기가 단백질이 중요한 기능을 발현하게 한다.

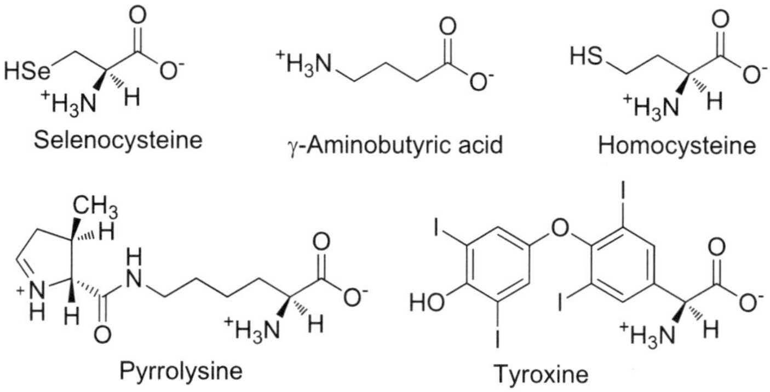

그림 3.5 몇 가지 특별한 아미노산들의 구조

8. 헤모글로빈의 구조가 변형되면 빈혈을 유발한다

산소를 페로부터 인체 내부 여러 곳으로 보내기 위해서는 *헤모글로빈이 필요하다. 정상적인 헤모글로빈은 β-사슬의 여섯 번째 아미노산이 글루탐산(glutamic acid)이다. 그러나 유전적으로 이 아미노산이 발린(valine)으로 대체된 헤모글로빈을 가진 사람들이 있다. 아미노산 하나가 발린으로 대체된 헤모글로빈은 물에 대한 용해도가 낮아져서 적혈구 속에 있는 헤모글로빈의 85 % 정도가 결정으로 된다.

이렇게 되면 혈액 속에서 산소 공급이 원활하지 못하게 되고 결국에는 빈혈이 유발된다. 이 질병을 적혈구성 빈혈(sickle-cell anemia)이라고 한다. 헤모글로빈은 3천 개가 넘는 탄소와 4천8백 개가 넘는 수소를 가진 거대한 화합물이다. 그러나 단지 헤모글로빈의 β-사슬에 있는 여섯 번째 아미노산이 발린으로 대체된 것 때문에 이런 질병이 유발되는 것이다. 이로부터 의약화학 분야에서 '분자 질병(molecular disease)'이라는 용어도 생기게 되었다. 정상적인 헤모글로빈은 해당 부분에 $-CH_2CH_2COOH$기를 가지는 아미노산이 있고, 이 $-COOH$기는 극성이 있어서 헤모글로빈을 물에 잘 녹게 한다. 그러나 적혈구성 빈혈증

---

* **헤모글로빈(hemoglobin)** 3차 구조인 구형 단백질 4개가 결합하여 만들어지며, α-와 β- 사슬이 각각 2개씩이며 4개의 철(Fe)을 가지고 있다. 분자식: $C_{3032}H_{4816}O_{870}S_8Fe_4$.

이 있는 환자의 헤모글로빈에는 $-CH_2CH_2COOH$기 대신 극성이 없는 $-CH(CH_3)_2$기를 가지고 있다. 이런 작은 구조적 변화 때문에 정상적인 적혈구의 모양은 둥근 모양(지름이 약 6×10^{-3} mm 정도)이지만, 적혈구성 빈혈증 환자에서 발견되는 적혈구는 낫(또는 초승달) 모양이다. 이런 것을 반영하여 질병의 영어 명칭이 'sickle-cell anemia'으로 지어졌다. 이런 낫 모양의 적혈구는 심한 고통을 유발하고 점진적으로 사람을 허약해지게 한다. 이 질병은 유전병이며 부모 양쪽 모두가 결함을 가지면 그 자녀들은 비정상적인 헤모글로빈을 보유하게 된다고 알려져 있다.

9. 자연의 힘은 분자간 상호 작용력이다

공유 결합으로 형성된 분자들은 분자 상호간에 작용하는 몇 가지 종류의 힘에 의해 서로에게 끌리거나 잡힌다. 분자들 사이에 이런 인력이 없다면 분자들은 기체로만 존재하고 액체나 고체 상태로는 존재하지 않을 것이다. 분자 사이의 정전기적 인력은 전하들이 영구적이든 일시적이든 상관없이 항상 반대 전하들 간의 상호 작용하는 결과이다. 이런 작용을 분자들의 비공유 상호 작용(noncovalent interaction)이라고 한다. 대표적인 비공유 상호 작용으로 런던 힘, 쌍극자-쌍극자 상호 작용 및 수소 결합을 들 수 있다.

런던 힘(London force)은 극성이 없는 분자를 포함한 모든 분자들 사이에서 작용되는 힘이다. 쌍극자-쌍극자 상호 작용(dipole-dipole interaction)은 극성 분자의 쌍극자들 간에 상호 작용하는 힘이다. 수소 결합(hydrogen bond)은 H(수소) 원자가 N, O, F 등과 같이 전기 음성도가 큰 원자에 존재하는 비결합 전자쌍과 상호 작용하는 힘이다. 수소 결합은 같은 분자나 또는 다른 분자 사이에서도 가능하다. 이들 세 가지 분자간 상호 작용력 중에서 수소 결합의 힘이 가장 세고, 그 다음이 쌍극자-쌍극자 상호 작용이며 런던 힘이 가장 약하다.

분자 사이에 비공유 상호 작용이 있어 나타나는 작용력을 분자간 힘

(intermolecular force)이라고 한다. 이러한 비공유 상호 작용은 분자들 사이에서 또는 분자 내에서도 가능하다. 분자간 힘은 원자들이 전자쌍을 공유하여 만드는 공유 결합이 아니므로 원자들이 형성하는 공유 결합보다 약하다. 그러나 이 분자간 힘은 물질의 녹는점, 끓는 점, 증기압과 더불어 다른 물리적 성질에도 영향을 미친다.

메테인(CH_4) 같은 비극성 분자의 경우에는 런던 힘만이 작용한다. 메테인 분자간에 작용하는 런던 힘은 약 8.9킬로줄/몰(kJ/mol)이다. 놀랍게도 생물계에서 이러한 분자간 또는 분자내 비공유 상호 작용이 큰 분자들이 생화학적 기능을 수행하기에 적합한 활성 구조를 이룰 수 있게 한다. 특히 효소 단백질들은 이런 활성 구조를 이루어야 자신의 기능을 발현할 수 있다.

우리가 아는 것처럼 자연에서 일어나는 화학반응과 현상에는 대부분 이런 분자간 상호 작용력 때문에 가능하다. 효소가 효소의 역할을 하거나 DNA와 RNA가 필요한 유전정보를 주고받을 때도 분자간 상호 작용이 필요하다.

10. 정사면체는 생명체의 마술 도구이다

앞서 우리는 자연에 있는 유기체의 중심 원자가 탄소임을 말했다. 이쯤에서 왜 자연의 유기체의 중심 원소가 탄소인지에 대해 더 생각해 보자. 자연에는 얼마나 많은 탄소가 있는가? 어떤 종류의 결합들을 할 수 있는가? 안정한 결합을 형성할 수 있는가? 등만으로 이 의문에 답을 얻을 수는 없다. 자연의 생명체는 살아가고 종족을 보존하기 위한 수단으로 소통과 선택과 특이성을 발현하기 위해 '정사면체'를 이용한다. 정사면체는 4개의 면과 4개의 꼭짓점 그리고 6개의 모서리를 가지고 있다. "물질의 기본 입자는 기하학적 형상을 이루고 있다"고 한 플라톤의 말을 생각나게 한다. 플라톤은 "창조주는 이성에 의해 파악되는 것 중 가장 완전한 기하학에 따라 물질의 근원을 만들었다"고 주장했다. 즉 물질의 근원인 기본 입자(원소)가 가장 완전한 기하학에 따라 만들어졌다고 보는 것이다. 물론 플라톤의 시대는 불, 공기 물, 흙이 물질의 기본 요소(4원소설)라고 생각하던 시대였다. 그러나 오늘날의 현대 과학 관점에서 보면 물질의 구조가 특정한 물질의 특성을 발현하는 데 중요하다는 생각과 맥을 같이 한다. 실제로 유기체 중심 원소인 탄소(C)는 메테인(CH_4)처럼 하나의 탄소가 네 개의 수소 원자와 결합하면 정사면체를 이룬다. 중심 원자인 탄소는 정사면체 중앙에 놓이고, 네 개 수소는 각 꼭짓점에 놓인다. 그렇다면 이런 정사면체 구조를 이루는 것이 왜 특별한가? 만일 네 개의 수소 대신 각기 다른 원소가 탄소와 결합된 *CHClFBr 분자를 생각해 보자.

이처럼 탄소에 네 개의 다른 치환기가 결합되면 분자식은 동일하지만 3차원 공간 배열이 다른 두 가지의 화합물이 존재할 수 있다. 놀랍게도 분자식이 동일하지만 3차원 배열만이 다른 이 두 분자는 편광을 서로 반대 방향으로 회전시킨다. 이러한 분자의 3차원 공간 구조의 차이와 각기 다른 성질이 생명체의 인식 능력과 선택 능력 그리고 구조적 특별함을 발휘할 수 있게 한다. 즉 생명체는 탄소의 이런 정사면체 구조를 자연을 대상으로 한 마술 도구로 이용하는 것이다.

프랑스 물리학자 장 바티스트 비오트(Jean Baptiste Biot, 1815)는 두 가지 다른 종류의 석영이 편광면을 각기 다른 방향으로 같은 각도만큼 회전시키는 현상을 발견하였다. 프랑스 광물학자 르네 헤이(René Haüy)는 이 석영 결정이 단지 다른 형태의 거울상이라는 것을 알고 '거울상 이성질체(enantiomor)'라고 불렀다. 한편 1848년 당시 26세였던 루이 파스퇴르(Louis Pasteur, 1822~1895, 프랑스)는 족집게와 확대경을 이용하여 소듐 타타르산(sodium tartaric acid)의 결정 중에서 두 개의 거울상 이성질체를 분리했다. 각각의 분리된 결정들은 편광면을 회전시켰지만, 동일한 양을 녹인 용액에서는 이러한 현상을 관찰하지 못했다. 파스퇴르는 이 혼합물(동일한 양의 *d*-와 *l*-tartaric acid의 혼합물)을 '라세

---

* CHClFBr의 이름은 bromochlorofluoromethane이다.

* **거울상 이성질체**(enantiomer) 그리스어의 반대(opposite)를 뜻하는 'enantios'와 형태(form)을 뜻하는 'morph'의 합성어이다.

미 산(racemic acid)'이라고 불렀다. 즉, 각 거울상 이성질체는 편광을 회전시키지만 이들이 혼합되면 회전각이 서로 상쇄되어 편광 회전 현상이 관찰되지 않는다.

1874년까지 다수의 광학활성(optical activity)을 보이는 화합물 구조가 알려졌지만, 왜 그런 현상을 보이는지는 알 수 없었다. 1874년에 판트 호프(Jacobus Hendricus vant's Hoff, 1852~1911, 독일)와 르벨(Jules Achille Le Bel, 1847~1930, 프랑스) 두 화학자는 이런 광학 활성 물질은 "각기 다른 네 개의 치환기를 가지고 있는 탄소를 최소한 하나 이상 포함하고 있다"는 것을 각기 독립적으로 발표하였다. 이런 탄소를 카이랄 탄소(chiral carbon)라고 한다. 왜 이들 중에 탄소가 네 개의 다른 치환기를 가져야 하는가? 탄소가 각기 다른 네 개의 치환기를 가지면 그 탄소는 정사면체 기하 구조를 가진다. 탄소가 정사면체 구조를 이루면 거울상 이성질체가 존재하기 때문이다. 이런 연구 결과는 탄소 화학의 새로운 지평을 여는 계기가 되었다.[19]

식물과 동물에 존재하는 많은 분자들이 카이랄성 물질이다. 그러나 두 거울상 이성질체 중 어느 하나의 이성질체만이 존재한다. 예를 들어 20개의 천연 아미노산은 카이랄 탄소가 없는 글리신(glycine)을 제외하고는 모두 동일한 카이랄성을 가진다. 또 대부분의 천연 당류는 아미노산과는 반대의 *카이랄성을 보인다. 이러한 각기 다른 카이랄성이 자연

* **카이랄성(chirality)**은 이전 용어로는 '손대칭성(handedness)'이라고 불렀다. 즉 오른손-왼손의 관계를 보면, 왼손은 오른손의 거울상으로 볼 수 있다. 이처럼 동일한 분자식을 갖지만 3차원 공간 배열이 오른손-왼손의 관계와 같은 배열을 하고 있는 분자들에 대해 카이랄성이 있다고 말한다.

에서 분자들을 선택성과 특이성이 있게 한다.

생물계에서의 광학 이성질 현상은 어떻게 나타나는가

살아 있는 유기체와 관련된 어디에서나 광학 이성질 현상은 중요하다. 식품 에너지의 공급원이 되는 식용 포도당이나 과당은 그림 3.6에서 *D*-형태의 구조를 이룬다. 이 화합물들은 별표로 표시한 탄소의 OH기가 둘 다 오른편으로 배열되어 있는 독특한 거울상 이성질체이다. *이런 배열 화합물을 *D*-계열로 구분하고, 만일 OH가 왼편으로 배열되면 *L*-형태라고 한다. 이 기준에 따라서 '*D*-glucose 또는 *L*-glucose'라고 명명한다. 그러나 이 *D*-계열의 거울상에 해당하는 *L*-형태의 탄수화물은 자연에 존재하지 않는다. 이처럼 동일한 분자식을 갖지만 3차원 공간 배열이 오른손-왼손의 관계와 같은 배열을 하고 있는 분자들에 대해 카이랄성이 있다고 말한다.

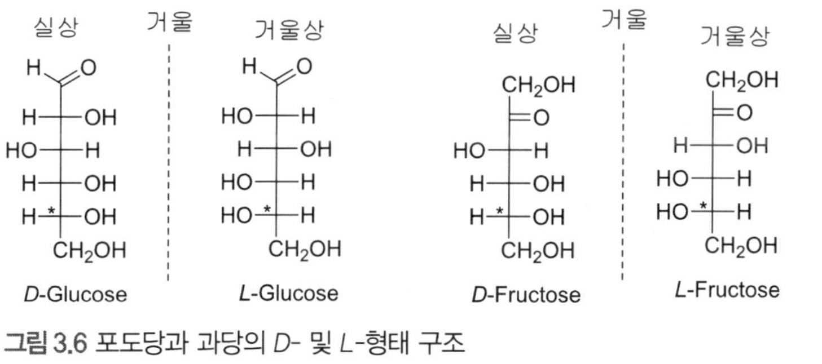

그림 3.6 포도당과 과당의 *D*- 및 *L*-형태 구조

---

* 탄수화물의 배열을 표시하는 방법으로 *D*, *L*-방식이 있다. 탄수화물의 카보닐기(C=O)기 탄소를 기준으로 하여 가장 멀리 있는 카이랄 탄소의 OH 배열이 지면의 그림에서 관찰자의 오른편에 있으면 *D*-계열이다. 또 OH가 왼편에 있으면 *L*-계열이라고 하고, 이름 앞에 이를 표시한다. 아미노산에서도 이런 표기법을 이용한다. 아미노산의 –COOH기를 중심으로 NH_2기를 가진 탄소의 NH_2기가 왼편에 있으면 *L*-아미노산, 오른편에 있으면 *D*-아미노산이라고 한다.

탄수화물과는 달리 생명체에서 다양한 기능을 수행하는 단백질들은 *L*-아미노산으로 구성되어 있고, 이런 단백질은 촉매 작용, 영양 전달 및 뼈의 골격 등 다양한 기능을 나타낸다. 그러나 *L*-아미노산의 거울상인 *D*-아미노산 단백질은 생물체에서 이런 기능을 하지 못한다. 따라서 흔하게 생성되지도 않는다. 다만 일부 박테리아 세포벽의 구성 물질로 발견되기는 한다. 이러한 광학 이성질 현상이 단백질의 특별한 기능과 관련이 있음은 분명하다.

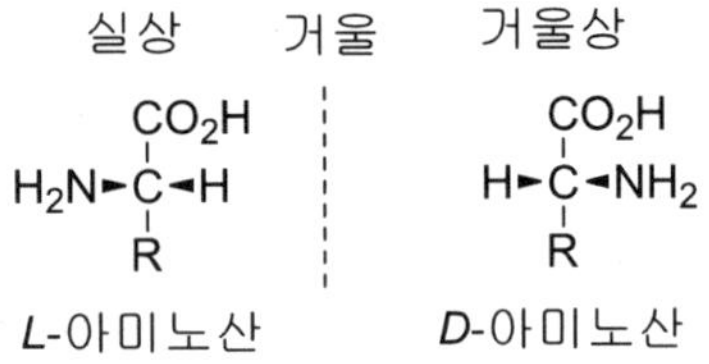

그림 3.7 *L*-아미노산 및 *D*-아미노산의 구조

광학 이성질 현상은 살아있는 유기체의 생존에 필요하고 다양성과 특이 선택성을 높이는 데 이용된다. 세포벽은 지질과 단백질로 구성되어 있고, 세포 밖 안쪽으로 탄수화물이 공유 결합에 의해 붙어 있다. 이 탄수화물은 여러 개의 카이랄 중심 탄소를 가지고 있어, 복잡한 생물체 내에서 특정한 어떤 하나의 조직 세포만을 구별할 수 있다. 이런 인식 방식으로 심장 조직과 신장 조직이 다르게 작용하고, 순환하는 호르몬과 영양분을 정확히 원하는 종착 지점으로 보낼 수도 있다. 사람의 전체 면역 체계는 특정 조직의 식별에 의존한다. 즉 탄수화물–단백질 표지자로 식별하고 파괴한다.

사람이 먹는 음식 속에 있는 탄수화물의 소화 능력도 살펴보면 분자의 배열(결합 형태), 즉 광학 이성질성과 관련이 있다. 사람의 소화 과정에서 관여하는 효소의 광학 이성질성은 선택성 때문이다. 이들 소화 효소는 광학활성이 있는 단백질로 구성되어 있다. 녹말과 셀룰로오스는 둘 다 포도당으로 구성된 고분자이다. 그러나 우리가 섭취한 녹말은 소화시킬 수 있어도, 셀룰로오스는 소화시키지 못한다. 이는 단지 두 포도당 분자들을 연결하는 결합의 차이 때문이다. 녹말에서는 α-결합으로 셀룰로오스는 β-결합으로 연결되어 있다. 우리의 소화 효소는 이 작은 차이를 감지하여 포도당만 분해시킨다. 그러나 채식 동물인 소는 사람과 달리 β-결합을 하는 셀룰로오스를 분해시켜 소화한다(부록 그림 3.4 참고). 소화에 의해 분해되지 않는 음식의 다당류(난소화성 다당류)를 식이 섬유라고 한다. 이런 식이 섬유는 장내 유익균의 먹이로 이용되므로 꾸준한 섭취를 권유한다.

인공 감미료 연구로부터 몇 가지 흥미로운 맛의 생리학적 결과를 정사면체로 분석한 과학자들도 있다. 모든 당이 달지는 않으며, 설탕 이외의 다른 화합물도 단맛을 낼 수 있다. 예를 들어 사카린은 식용 설탕보다 300배나 더 달다. 아스파탐은 비영양 감미료로 탄수화물이 아니며 두 개의 아미노산으로 구성된 다이펩타이드(dipeptide)이다. 감귤 껍질에서 발견되는 다이하이드로칼콘은 천연 감미료 분자이고, 아세설팜 포타슘은 합성 감미료이다.

왜 그런가? 맛은 비교적 연구하기 어려운 감각이다. 따라서 왜 단맛이 나는가를 대부분 단맛을 내는 분자들의 구조를 맛 삼각형과 연관지어서 연구한다. 단맛을 내는 분자의 구조 연구에서 가장 중요한 요소는 혀의 맛봉오리와의 감미료 분자 구조와의 상호 작용을 검토하는 것이다. 즉 감미료 분자 내에 있는 원자단의 배열을 혀의 맛봉오리(미뢰)에 있는 특정 부분과 연관지어 연구한다.

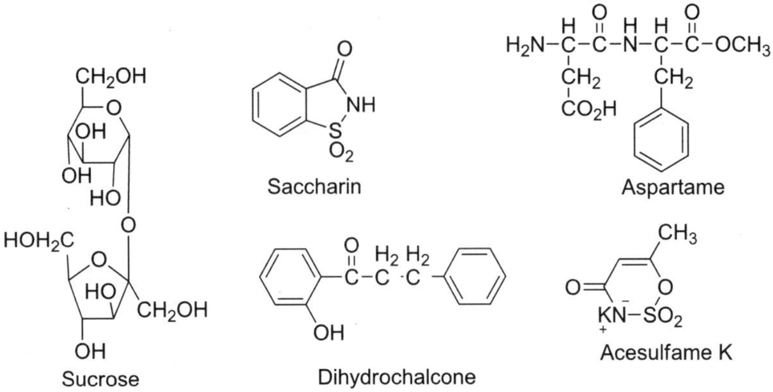

그림 3.8 몇 가지 천연 감미료 분자 구조

탈리도마이드 이야기: 거울상 이성질체가 기형을 유발한다

어떤 분자의 한 개 탄소의 배열이 약이 되게도 하고 독이 되게도 한다면 믿을 수 있을까? 실제로 큰 분자에 있는 탄소 원자 하나의 배열로 이런 일이 가능하다. 그런 대표적인 예가 탈리도마이드라는 약품이다.

탈리도마이드(thalidomide)는 1957년 서독에서 개발되어 불면증이나 입덧 완화제로 미국을 제외한 40여 개국에서 *라셈 혼합물로 시판되었다. 임신 초기 3개월 동안에 이 약을 먹은 임산부들로부터 다양한 기형(팔, 다리 등)을 가진 아이들이 태어났다. 연구 결과 우회전성을 보이는 탈리도마이드 이성질체는 강한 진정 작용을 나타내지만, 좌회전성을 보이는 이성질체가 강력한 기형 유발 물질임을 알게 되었다. 무려 1만여 명의 아이들이 이 약에 의한 피해를 입었다. 추가 연구를 통해 우회전성

* **라셈 혼합물**(racemic mixture) 분자의 두 거울상 이성질체가 같은 비율로 혼합된 물질이며, 편광 회전 성질을 나타내지 않는다.

탈리도마이드도 약한 기형 유발 물질이며, 생체 내에서 탈리도마이드 거울상 이성질체가 서로 상호 변환된다는 것을 알게 되었다.

이전에는 대부분의 의약품이 라셈 혼합물로 시판되었으나, 1992년 미국 FDA가 단일 거울상 이성질체 의약품 판매를 권장하였다.

비대칭 중심이 있어
거울상 이성질체가
존재한다

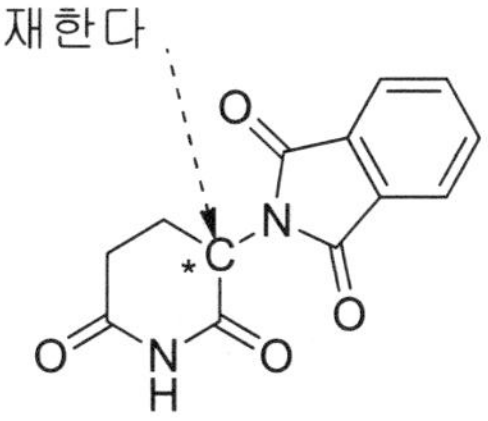

Thalidomide

그림 3.9 탈리도마이드 분자 구조

11. 몇 가지 원소 블록으로 생체 물질을 만들 수 있다

자연의 생명체는 탄소가 주축 원소로 되어 있다. 과연 생명체가 존재하고 번식하기 위해서는 탄수화물, 단백질, 핵산, 지질, 효소, 비타민 및 수많은 대사 물질들이 필요하고 이용된다. 그렇다면 사람을 비롯한 수많은 생명체는 이런 방대한 종류의 탄소 화합물들을 어떻게 만들까? 생체에서 효율적이고 경제적인 합성을 위해 몇 가지 탄소 블록을 사용한다. 자연의 유기체가 이용하는 탄소 블록은 한 개 탄소(C_1) 블록부터 다섯 개 탄소(C_5) 블록까지를 이용한다. 즉, C_1 블록은 메틸($-CH_3$)기, 이산화 탄소(CO_2), 및 탄산 음이온(CO_3^{2-})을 이용한다. 또 C_2 블록에는 아세틸기(CH_3CO^-) 그리고 C_5 블록에는 아이소프렌($CH_2=CH(CH_3)CH=CH_2$) 단위 등을 이용한다.

식물과 미생물들은 주로 CO_2나 CO_3^{2-} 같은 한 개 탄소 블록을 이용하여 광합성을 하거나 *유기 카보네이트를 합성한다.

이산화 탄소가 한 개 탄소 블록으로 이용되는 대표적인 천연 합성 반

* 식물과 미생물들이 만드는 유기 카보네이트(organic carbonate: OCs)는 terpenoid carbonate, nonterpenoid carbonate, alkaloid carbonate, phenolic carbonate, macrocyclic carbonate 및 non-macrocyclic carbonate 등 그 종류가 다양하며, 또한 이 화합물들은 다양한 생물활성을 보인다.[20]

응은 광합성 반응이다. 사실 1950년대 초만 해도 이산화 탄소가 어떤 과정을 거쳐 여섯 개 탄소로 이루어진 포도당 같은 탄수화물을 만드는가에 대한 충분한 지식이 없었다. 그러나 이산화 탄소가 탄수화물로 변환되는 과정에 NADPH와 ATP가 관여되고(1952년), 분리된 엽록소에 빛을 쪼이면 이산화 탄소가 탄수화물로 변환된다는 것이 실험에 의해 밝혀졌다. 또 탄산가스의 동화 과정을 구체적으로 이해하기 위해 탄소의 동위원소 ^{14}C가 표지된 $^{14}CO_2$를 사용한 추적 연구도 시도되었다. 관련된 여러 연구에서 삼탄당 인산, 육탄당 인산, 인산글리셀산, 세도헵튤로스-7-인산 및 리뷸로스-1,5-이인산 등의 화합물들이 확인되었다. 아울러 비슷한 시기에 여러 연구를 통해 삼탄당, 사탄당, 오탄당, 육탄당 및 칠탄당 탄수화물 사이의 관계도 확립되었다. 이처럼 광합성 초기 과정에서 캘빈 회로를 거쳐 3개 탄소 단위 물질을 만드는 식물을 'C_3(삼탄당) 식물'이라고 한다. 광합성하는 식물은 CO_2라는 탄소 한 개 블록을 이용하여 C_3 당(삼탄당)을 생성하고 이를 이용하여 C_6 당(육탄당)을 만든다. 캘빈 회로는 'C_3 경로'이며, 탄소 세 개짜리 블록을 이용하는 효율적인 합성 경로이다(부록 그림 3.5 참고).

한편 열대 지방에서 재배되는 열대 사탕수수 및 옥수수 등을 포함한 많은 식물들은 이산화 탄소로부터 네 개 탄소 단위 유기물이 만들어지는 C_4 경로도 알려져 있다. C_4 식물은 이산화 탄소가 부족한 환경에서도 광합성의 암반응을 계속할 수 있는 식물들이다. 사탄당인 옥살산(oxalic acid)이 최초의 탄소 고정 산물이기 때문에 'C_4 경로'라는 이름이 붙여졌으며 이를 연구한 호주 과학자들(Hatch & Slack)의 이름을 따서 'Hatch-Slack 경로'라고도 한다.[21] 캘빈 회로(C_3 회로)의 루비스코

(rubisco)라는 CO_2 고정 효소를 이용하며, C_4 식물은 PEP 카복실화 효소를 이용한다. CO_2가 부족한 상태가 되면 캘빈 회로에 있는 CO_2 고정 효소인 루비스코 효소는 더 이상 탄소 고정을 하지 못하고 광 호흡을 하게 된다. 반면에 C_4 식물은 루비스코보다 강력한 CO_2 고정 효소인 PEP 카복실화 효소를 이용해 탄소 고정을 계속할 수 있다. C_3 식물에서는 엽육 세포(leaf mesopyll cell)에서 직접 CO_2와 접촉이 일어나 광합성을 한다. 그러나 C_4 식물의 엽육 세포에서는 CO_2를 유기산의 형태로 고정시켜, 초세포로 들여보내기 때문에 간접적으로 CO_2와 접촉하여 광합성을 진행하게 된다. 산소(O_2)의 경우도 마찬가지로 C_3 식물에서는 광합성이 일어나는 곳과 직접 접촉이 일어난다. 그러나 C_4 식물에서는 간접적으로 접촉이 일어나기 때문에 광 호흡(높은 산소 농도 때문에 생성된 유기물이 분해되는 식물에게 해로운 과정)의 기회는 줄어들고 잎 내부의 CO_2 농도를 높여 탄소 고정 양을 늘린다.

자연이 이용하는 탄소 블록 중에서 다섯 개의 탄소(C_5) 블록인 아이소프렌(isoprene, $CH_2=CHC(CH_3)=CH_2$)은 구조적 다양성이 크다. 뿐만 아니라 식물의 다양한 기능과 냄새의 원인 물질인 터펜류로 알려진 물질을 만드는 데 이용된다. 약 3,500종 이상의 터펜류가 알려져 있다. 탄화수소 터펜류는 터펜(terpene)이라고 한다. 이런 화합물 부류는 다섯 개의 탄소 블록인 아이소프렌 단위를 이용하여 만들어지고 모두 C=C 결합을 포함하고 있다. 터펜류는 하나의 아이소프렌 단위의 머리 부분과 다른 단위의 꼬리가 서로 연결되어서 두 개의 아이소프렌 단위로 구성된 더 큰 터펜류를 만든다(부록 그림 3.6 참고). 이런 방식을 '아이소프렌 규칙'이라고 한다. 따라서 하나의 아이소프렌 단위가 추가될 때마다 모체 분자의 탄소 수는 5개씩 증가한다. 월계수 오일 성분인 미르센(myrcene)과 α-파이넨(α-pinene)은 단지 두 개의 아이소프렌 단위로 만들어진 고리 화합물이다. 터펜이나 터펜류는 구성하고 있는 아이소프렌 단위의 수에 따라 2개의 아이소프렌 단위로 구성된 것은 모노터펜(10개의 탄소로 구성됨), 3개 단위로 구성되면 세스퀴터펜(15개의 탄소로 구성됨), 4개 단위로 구성되면 다이터펜(20개의 탄소로 구성됨)류로 구분한다. 모노터펜과 세스퀴터펜은 주로 식물에서 발견된다. 더 큰 터펜류 물질은 동·식물에서 생물학적으로 중요한 물질들이다. 예를 들어 5개의 아이소프렌 단위로 구성된 라노스테롤(lanosterol, 30개의 탄소로 구성됨)은 모든 스테로이드 호르몬 합성의 전구체이다.

터펜류의 합성에 이용되는 아이소프렌의 생물학적인 전구체는 아이소펜텐일 다이포스페이트(isopentenyl diphosphate, IPP)와 다이메틸아릴

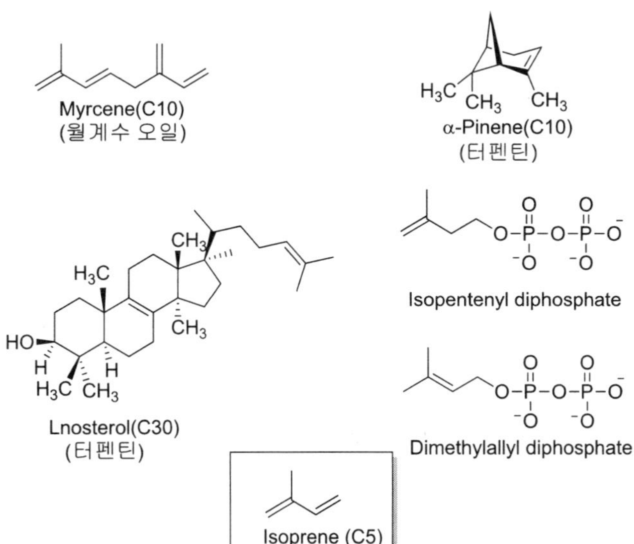

그림 3.10 몇 가지 터펜류

다이포스페이트(dimethylallyl diphosphate, DMAPP)이다. 이들은 각기 다른 경로로 합성되며, 아이소프렌 *대등체라고 한다.

생명체에서는 왜 이런 대등체를 이용하는가? 생명체에서 일어나는 반응은 대부분 극성 결합에서 치환 반응으로 진행된다. 이런 생체 반응들은 가능한 한 에너지가 적게 들면서 효율적이어야 한다. 따라서 생물학적인 반응계에서 반응이 쉽게 일어나도록 하려면 좋은 이탈기와 반응 자리 활성화가 필요하다. 앞서 언급된 아이소펜텐일 다이포스페이트(IPP)와 다이메틸아릴 다이포스페이트(DMAPP)들은 모두 다이포스페이트[$(O_3P)-O-(PO_3)^{4-}$)]라는 우수한 이탈기를 가지고 있다. 이 다이포스페이트 이온은 매우 안정하여 반응물로부터 쉽게 분해된다. 아울러 C−O 결합의 탄소 원자는 다른 친핵체의 공격에 유리하도록 전자가 부족한 상태여서 반응에 유리하다.

예를 들어 10개 탄소 단위인 게르닐 다이포스페이트(gernyl diphosphate, GPP)는 C_2 단위체인 아세틸 코엔자임 A(acetyl CoA)로부터 여러 단계를 거쳐 다이포스페이트기를 가진 C_5 단위 물질(IPP)로 변형되고 이 분자가 효소에 의해 이성질화를 일으켜 형성된 이성질체(DMAPP)와 결합하여 C_{10} 단위 물질인 게르닐 다이포스페이트를 합성한다(부록 그림 3.7 참고).

생명체에서 한 개 탄소(C_1) 블록은 메틸($-CH_3$)기이다. 메틸기를 전달하는데 유용한 물질은 SAM(*S*-adenosylmethionine)이다. 이 분자는 양(+)전하를 띠는 황(S) 원자가 메틸($-CH_3$)기를 가지고 있어 전자가 풍부

---

* **유기 합성에서 '대등체(equivalent)'** 반응 전의 실제 구조는 다르지만 반응 후에 필요로 하는 구조 단위를 공급할 수 있는 물질을 말한다.

한 *친핵체 물질의 공격이 유리하다. 따라서 SAM은 생명체 내에서 일어나는 메틸화 반응에 유용하다. 예를 들면 DNA의 사이토신(cytosine)에 메틸기를 전달해서 5-메틸사이토신(5-methylcytosine)으로 변환시킬 수 있다. 또 다른 예로 노르에피네프린의 아미노기(NH_2)를 메틸화하여 에피네프린(epinephrine)으로 변환하기도 한다.

한편 생명체에서 한 개의 탄소를 가진 메틸($-CH_3$)기, 메틸렌($=CH_2$)기 및 포르밀(−HC=O)기 같은 원자단을 전달하는 데 테트라하이드로폴레이트(tetrahydrofolate, THF)라는 보조 효소를 이용한다. THF 보조 효소는 3종류로 구분된다. 메틸기를 전달하는 N^5-methyl-THF, 메틸렌($H_2C=$)기를 전달하는 N^5N^{10}-methylene-THF 및 포밀(OHC−)기를 전달하는 N^5N^{10}-methenyl-THF 등이다. 이런 기능을 이용하여 DNA와 RNA 그리고 방향족 아미노산(방향족 고리를 가지는 아미노산)을 합성한다.

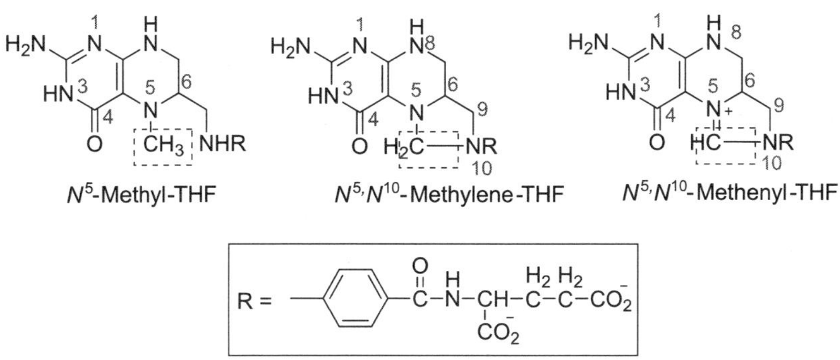

그림 3.11 테트라하이드로폴레이트(THF)의 유도체 구조

---

* **친핵체(nucleophile)** 음이온을 띠거나 비결합 전자쌍들을 가지고 있어 전자가 풍부한 물질들을 일컫는다. 이들은 루이스 염기로 작용한다.

* **메틸화(methylation)** 메틸기($-CH_3$)가 도입되는 반응이다.

한편 DNA 생합성 과정에서는 티미딜레이트(thymidylate) 합성 효소가 메틸렌기 전달 보조 효소를 이용하여 우라실(U)고리에 메틸기($-CH_3$)를 도입하여 티민(thymine)을 합성한다(부록 그림 3.8 참고).

이 외에도 비타민들 또한 탄소 조각이나 작용기 등의 변형에 유용하게 이용된다(5.7절 참고).

⁂ 아미노산은 생체 내 질소 공급원이다

유기체에서 아미노산의 역할은 무엇인가? 단지 단백질을 만드는 것뿐인가? 아니다. 물론 단백질을 만드는 데 아미노산이 필수적이며 효율적인 합성 단위체이지만, 더 근원적으로는 아미노산은 생명체의 질소 공급원이다. 질소 원자는 생물체를 구성하는 중요한 원소로 세포 구성체 중에서 단백질, 아미노산. 핵산, 포피린, 알칼로이드 및 비타민 등에 공통적으로 요구되는 구성 원소이다. 놀랍게도 공기 중에 질소 기체가 풍부함에도 불구하고 유기체가 이를 이용하여 고정시키는 예는 뿌리혹 박테리아뿐이라는 점은 놀랍다. 다른 생명체가 두 개의 질소 원자로 구성된 질소 기체($N \equiv N$)를 유기체 안에서 직접 고정시키는 예는 알려지지 않고 있다. 공기 중에 질소 기체가 풍부하지만 아마도 이들의 안정한 결합을 유기체가 간단히 분해하기는 쉽지 않기 때문일 수도 있다. 이 안정한 삼중 결합 분자를 분해하여 하나의 질소 원자를 얻는다는 것은 비경제적일 수도 있기 때문이다. 육식 동물은 식후 필요한 에너지의 90 % 가까이를 아미노산을 산화시켜 얻는다. 그러나 초식 동물의 경우는 아미노산의 산화로부터 에너지를 얻는 대사는 매우 적다. 유기체는 탄수화물이나 지질을 에너지 대사로 이용할 수 있는 한은 에너지 대사로 아미노산을 파괴하지 않는다. 그러나 펩타이드와 단백질의 합성에 아미노산이 필요하고, 아미노기를 전달하는 반응을 통해 다른 아미노산도 합성한다. 아울러 다른 질소 화합물 및 비질소 함유 물질 등의 합성에도 아미노산이 이용된다.

포유 동물에서 아미노산의 세포 내 대사는 크게 두 부류로 구분된다. 한 가지 대사는 아미노산의 탄소 골격이 α-케토산(α-keto acid)으로 분해되어 시트르산 회로를 거쳐 옥살산염(oxalactate)을 생성하고 이를 포도당 합성에 이용하는 것이다. 또 다른 대사로는 아미노기가 암모니아(NH_3)로 분해되어 다른 아미노산, 뉴클레오타이드 및 생체 아민 화합물의 합성에 이용되거나 요소(urea) 회로를 통해 배출되는 것이다. 이 요소 회로는 포도당 신생합성 경로와 연결되어 있다. 예를 들어 식물이나 동물에서 퓨린뉴클레오타이드(purine nucleotide)의 퓨린 고리는 글리신, 아스파트산, 글루타민, N^{10}-formylTHF 및 CO_2 같은 아주 간단한 몇 가지 합성 블록(전구체)들을 이용하여 합성된다. 그러나 실험실에서는 이와 같은 합성 전구체들을 이용하여 간단히 퓨린(purine) 고리를 만들어 내지 못한다. 그래서 자연의 합성 기술은 경이롭다.

한편 피리미딘뉴클레오타이드의 피리미딘(pyrimidine) 고리는 CO_2, NH_3 및 아스파트산(aspartic acid) 등 세 가지 합성 블록을 이용하여 육-원자 고리로 합성된다. 피리미딘 합성에 이용되는 하나의 탄소와 질소는 근원적으로는 이산화 탄소와 암모니아로부터 얻어지는 것이지만 실제 합성 과정에서 알려진 바로는 CO_2의 산화물인 카본산(H_2CO_3)과 NH_2기를 가진 글루타민이 반응하여 카바모일인산($H_2NCOOPO_3H$)을 합성하고 이 분자가 아스파트산과 반응하여 피리미딘 육-원자 고리를 형성한다.

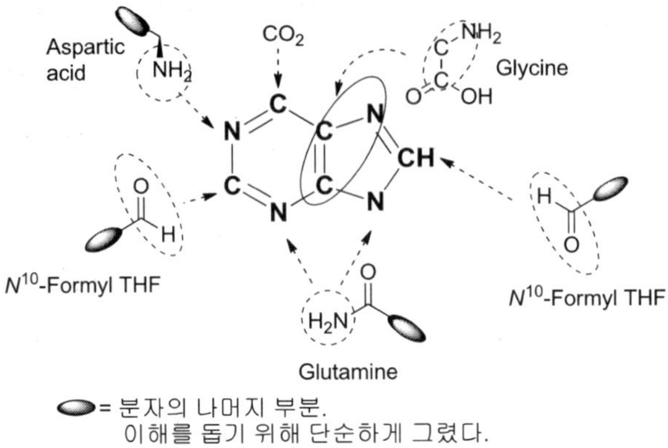

그림 3.12 퓨린 고리의 합성 블록

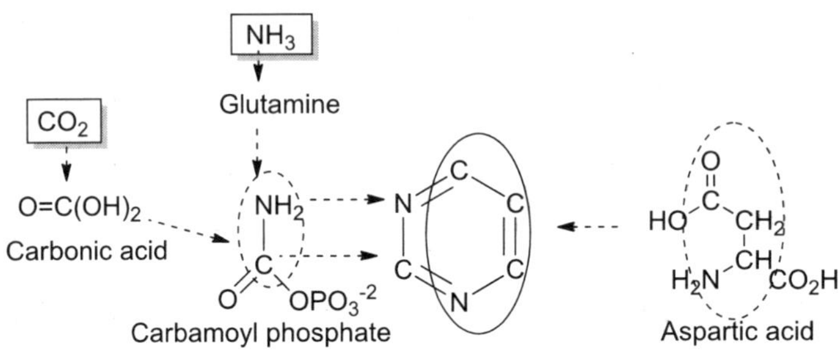

그림 3.13 피리미딘 고리의 합성 블록

암모니아는 동물에게는 독성 물질이다. 따라서 질소 배출 화합물은 암모니아, 요소 및 요산의 형태로 배출되며, 유기체가 이들 중 한 가지를 선택하게 된다. 이처럼 배출 방식이 다른 것은 화합물들의 물리적 성질과 관련이 있다. 암모니아는 독성이 강하지만 물에 잘 녹으며, 반면에 요소는 독성이 훨씬 적지만 물에 녹지 않는다. 요산은 비독성이지만 물에 녹지 않는다. 요소는 간에서 만들어지고 혈액이나 근육에서 생성되는 암모니아는 간으로 전달된다. 혈액 속의 암모니아는 글루타민에 의해 간으로 운반되고, 근육 속의 암모니아는 알라닌에 의해 간으로 운반된다.

ꕥ 뉴클레오타이드의 합성 블록은 헤테로 고리와 당과 인산이다

우리가 알고 있는 DNA와 RNA 분자를 구조적으로 살펴보면 퓨린 및 피리미딘 같은 헤테로 고리 염기(heterocyclic base), 당(sugar) 그리고 인산(phosphate) 골격의 세 부분으로 되어 있다. 따라서 구조적 관점으로 보면 뉴클레오타이드의 합성 블록은 염기, 당 그리고 인산으로 볼 수 있다. 실제로 실험실에서는 뉴클레오타이드를 합성하려면, 먼저 헤테로 고리 염기와 당을 반응시켜 상응하는 뉴클레오타이드를 만든다. 이 합성된 뉴클레오타이드에 인산기를 도입하여 뉴클레오타이드를 만들 수 있다. 자연에서 이들의 합성 경로는 다르다. 특히 고리 형태가 단순한 피리미딘 뉴클레오타이드의 경우는 리보스(ribose) 당과 인산 블록에 해당하는 ATP가 반응하여 리보스 5′-인산(ribose 5′-phophate)을 생성한다. 이로부터 유도된 *PRPP와 피리미딘 고리형 구조를 가진 오로트산(orotic acid)이 반응하여 오로티딘 5′-인산(orotidine 5′-phophate)이 만들어진다. 오로티딘 5′-인산이 인산화되어 피리미딘 뉴클레오타이드를 생성한다.

그러나 퓨린 뉴클레오타이드는 PRPP에 글루타민글루탐산의 아미노화로 β-5-포스포리보실아민(β-5-phosphoribosylamine)이 만들어지고, 여러 단계를 거쳐 고리화되어 퓨린 뉴클레오타이드인 이노신일인산(IMP)을 형성한다(부록 그림 3.9 참고). 실험실에서의 합성은 나름대로 독특한 반응 조건 아래에서만 가능하다. 그러나 자연에서는 이런 강렬한

---

* PRPP는 phosphoribosyl pyrophosphate 약어이다.

반응 조건을 이용할 수가 없으므로 여러 단계를 거쳐 필요한 물질을 효율적으로 합성한다.

DNA의 합성에서는 리보스 대신 데옥시리보스 고리가 필요하다. 따라서 생명체에서는 합성된 리보뉴클레오타이드를 간단히 데옥시리보뉴클레오타이드로 변환한다. 실제로 대장균에서 리보뉴클레오사이드이인산 환원 효소가 이 반응을 촉매한다는 것이 알려졌다.

12. 생물체는 에너지의 저장에 화학 결합을 이용한다

에너지란 무엇인가?

생명체가 사용하는 에너지는 어떤 에너지인가? 에너지는 역학적 에너지, 빛에너지, 전기 에너지, 열에너지 및 화학 에너지로 구분할 수 있다. 전지에서 발생되는 에너지나 전기 전도체에 전자가 흐름으로써 생기는 에너지는 전기 에너지이다. 위치 에너지는 위치의 결과이지만 그 위치를 변화시킬 수 있는 힘에 의해 생기는 역학적 에너지이다. 예를 들어 폭포의 물은 바닥과의 상대적인 위치 때문에 일을 할 수 있는 위치 에너지를 갖는다. 이런 에너지는 수력 발전에 이용된다. 전하를 띠는 입자들은 서로 당기거나 반발한다. 이런 입자들이 갖는 에너지는 정전기적 에너지이다. 나노 크기의 원자, 분자 및 이온들의 움직임에 의한 에너지는 열에너지이다. 분자 내에서 전자들과 핵 사이의 인력과 반발력으로부터 유래되는 에너지를 '화학적 에너지'라고 한다. 이 에너지는 식품과 연료 및 화합물에 저장되어 있다. 식품의 칼로리(cal)는 일정량의 식품이 산소와 연소 반응을 일으킬 때 발생하는 에너지의 양을 말한다. 지구상의 유기체가 이용하는 에너지는 어디서 올까? 지구상의 모든 에너지는 원초적으로는 태양 에너지로부터 오는 것이다. 다만 지구상의 유기체가 햇빛을 직접 이용하는 예는 광합성과 지표면에 내리 쪼여지는 햇빛뿐이다. 지구 표면의 2/3가 물로 덮여 있다. 물은 열용량이 매우 커서 많은 양의 열을 흡수한다.

그렇다면 녹색 식물이 광합성을 통해 햇빛 에너지를 화학 에너지로 변화하는 것은 어디에 저장할까? 생물은 화학 결합으로 에너지를 저장하고 필요에 따라 이를 이용한다. 결합 에너지(bonding energy)는 특정 화학 결합을 끊기 위해 공급되어야 하는 에너지의 양으로 정의한다. 두 원자가 이루는 결합의 결합 에너지는 원자의 종류와 크기 및 성질에 영향을 받으며, 다음과 같은 일관된 경향성이 있다.

첫째, 결합 에너지는 원자 사이에 공유하는 전자가 많을수록 증가한다. 결합에 이용되는 원자들은 두 원자가 공유하는 전자들에 의해 서로 잡혀 있으므로 더 많은 전자를 공유할수록 결합이 강해진다. 두 사람이 한 손을 잡고 있는 것보다 두 손을 잡는 것이 더 강하다. 예를 들어 탄소-탄소 단일 결합(C−C)보다 탄소-탄소 이중 결합(C=C)이 더 강하고 탄소-탄소 삼중 결합(C≡C)이 가장 큰 결합 에너지를 갖는다.

둘째, 결합 에너지는 결합 원자 사이의 전기 음성도 차이가 커질수록 증가한다. *극성 결합은 결합 원자 주위의 부분 음전하(δ^-)와 부분 양전하(δ^+) 사이의 정전기적 인력에 의해 안정하게 된다. 예를 들어 산소와 다른 2주기 원소 사이의 결합은 이러한 경향을 보여 준다. *산소 원자(O)

---

* **극성 결합** 결합하고 있는 두 원자 사이의 결합-전자 구름의 밀도가 어느 한 원자 쪽으로 치우쳐 있어 한 원자는 전자 구름 밀도가 더 크고(δ^-로 표시) 다른 원자는 부족하게 된(δ^+로 표시) 결합.

* O−O 결합(전기 음성도 차이 없음. 결합 에너지 145 kJ/mol), O−N(전기 음성도 차이 = 0.5, 결합 에너지 200 kJ/mol), O−C(전기 음성도 차이 = 1.0, 결합 에너지 = 360 kJ/mol)

와 결합한 O, N 및 C 세 가지 원소들의 결합 에너지는 O−O < O−N < O−C 순서로 증가한다.

셋째, 결합 에너지는 결합이 길어질수록 감소한다. 원자가 커지면 결합의 전자 밀도는 더 넓은 영역에 퍼져 있게 되며, 이것은 전자와 핵 사이의 알짜 인력을 감소시킨다. 예를 들어 HX(X=할로젠) 결합 에너지에서 이런 경향성을 관찰할 수 있다. 할로젠족 원소들의 크기는 F < Cl <Br < I 순이다. 이들 결합의 결합 길이는 할로젠 원자들의 크기에 비례하여 HF < HCl < HBr < HI 순으로 증가하고, 결합 에너지는 이에 반비례하며, HI < HBr < HCl < HF 순으로 증가한다.

결합 에너지는 *유효 핵전하, *주양자수, 정전기적인 힘 및 전기 음성도를 포함한 여러 요인의 복합적인 작용으로 생긴다. 따라서 결합 에너지의 이러한 세 가지 경향성에는 많은 예외가 있다는 점을 염두에 두어야 한다.

지방으로 많은 에너지를 저장할 수 있다

지질은 크게 두 가지로 구분한다. 하나는 지방과 왁스이고 다른 하나

---

* H−F(결합 길이 92 pm, 결합 에너지 565 kJ/mol), H−Cl(결합 길이 127 pm, 결합 에너지 565 kJ/mol)

* H−Br(결합 길이 141 pm, 결합 에너지 360 kJ/mol), H−I(결합 길이 161 pm, 결합 에너지 295 kJ/mol)

* **유효 핵전하**(effective nuclear charge) 핵 주변의 최외각 전자가 실제로 느끼는 핵의 양(+) 전하량

* **주양자수**(principal quantum number; n) 핵 주위의 전자들의 에너지 준위를 결정하는 양자수

는 콜레스테롤(cholesterol)과 기타 스테로이드류이다. 지방과 왁스는 에스터 결합(RC(=O)−OR)을 가지고 있어 가수분해될 수 있고, 콜레스테롤과 스테로이드는 에스터 결합이 없어서 가수분해될 수 없다. 왁스는 긴 사슬의 카복실산과 알코올로 구성된 에스터의 혼합물이다. 흥미롭게도 카복실산은 일반적으로 16~32개의 짝수 개 탄소를 가지고 있고, 알코올은 24~36개의 짝수 개 탄소를 가지고 있다. 벌꿀의 밀랍의 주요 성분은 16개의 탄소(C_{16})로 된 카복실산과 30개 탄소(C_{30})로 된 알코올로 구성된 에스터 화합물이다.

고체인 동물성 지방과 액체인 식물성 기름은 가장 흔한 지질이다. 지방과 기름은 3개의 지방산이 글리세롤이라는 알코올과 결합하여 만들어진 트라이글리세라이드(triglyceride) 또는 트라이아실글리세롤(triacylglycerol)이다. 동물은 에너지를 오래 저장하기 위해 지방을 이용한다. 그 이유는 지방은 탄수화물에 비해 훨씬 덜 산화되고, 수화된 글리코겐으로 저장할 때보다 여섯 배나 더 많은 에너지를 저장할 수 있기 때문이다.

지방이나 기름을 NaOH 수용액으로 가수분해하면 글리세롤과 세 개의 지방산이 얻어진다. 지방산은 일반적으로 곁사슬이 없는 12~20개의 짝수 개 탄소 원자로 구성되어 있다. 지방산 중에는 탄소-탄소 이중 결합(C=C) 같은 불포화 결합이 포함된 불포화 지방산과 이중 결합이 포함되지 않은 포화 지방산이 있다. 불포화 지방산의 탄소-탄소 이중 결합 배열은 대부분 *시스(cis-) 형태의 기하 구조를 가진다.

---

* 이중 결합의 두 탄소에 결합된 두 개의 동일한 치환기가 같은 편(위 또는 아래)에 배열된 유도체를 시스-형태라고 하고, 서로 반대로 배열하고 있는 것은 트랜스-형태라고 한다.

지금까지 대략 100개 이상의 각기 다른 지방산이 알려져 있다. 이중에서 약 40개는 자연에 널리 존재한다. 자연계에서 가장 흔한 포화 지방산은 팔미트산(palmitic acid, C_{16})과 스테아르산(stearic acid, C_{18})이다. 불포화 지방산은 이중 결합이 하나인 올레산(oleic acid, C_{18})과 이중 결합이 2개인 리놀레산(linoleic acid, C_{18})이 가장 많다. C_{18}의 다중 불포화 지방산인 리놀레산과 리놀렌산은 크림에 들어 있으며 사람이 먹는 음식에서 반드시 필요한 물질이다. 오랜 기간 지방이 없는 우유를 먹은 유아는 발육이 늦고 피부에 손상이 오게 된다. 또한 혈중에 트리글리세라이드의 수준을 낮추면 심장마비의 위험이 감소된다고 알려져 있다. 예로써 오메가-3 지방산의 일종인 리놀렌산(linolenic acid)이 이런 역할을 한다. 오메가-3란 카복실산 탄소 사슬 끝에서 3번째 탄소에 이중 결합을 가지고 있는 지방산의 의미로 사용된다.

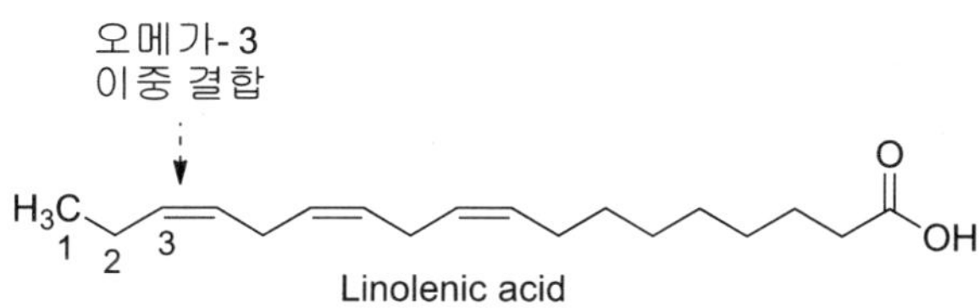

그림 3.14 리놀렌산의 구조

우리가 알고 있는 것처럼 지방을 알칼리로 가수분해하면 비누가 된다. 비누는 기원전 600년부터 알려졌다. 페니키아 사람들이 염소 지방을 나무재의 추출물과 함께 끓여서 고형 물질인 비누를 처음 만들었다. 동물성 지방을 알카리로 가수분해하면 긴 사슬 지방산의 소듐(Na) 또는 포타슘(K)의 염(salt) 화합물이다. 비누는 긴 탄소 사슬의 양쪽 말단의 성질이 서로 다르기 때문에 세척제로 작용한다. 즉 긴 사슬의 $-COO^-$

기를 가지는 말단은 전자가 풍부하고 음이온이므로 친수성이며 이온 성질을 나타낸다. 반면에 작용기가 없는 다른 쪽 사슬 끝은 극성이 없고 물을 싫어하는 소수성 부분이다. 기름이 섞인 물에 비누를 풀면 스스로 비누 분자의 소수성 탄화수소 부분은 기름덩이 쪽을 향하고, 이온성 부분은 물을 향하는 식으로 배열(이를 자기조립이라고 한다)되면서 마이셀이라고 하는 하나의 뭉치를 만들어 세척력을 발휘한다. 이 마이셀의 크기는 카복실산의 사슬 길이에 의존한다(부록 그림 3.10 참고). 이러한 원리가 오늘날 카복실산 유도체를 이용한 나노 구조 구축에 이용되고 있다.

생물은 대사 반응을 통해 에너지를 활용한다

사람은 왜 끊임없이 음식을 먹어야 하는가? 생명체의 대사(반응)에는 에너지가 수반된다. 음식을 섭취하면 음식물이 대사를 하고 대사 과정에서 얻어지는 에너지를 다양하게 활용한다. 살아 있는 생명체의 세포 내에서 일어나는 많은 반응들을 총체적으로 대사(metabolism)라고 한다. 대사는 큰 분자가 더 작은 분자로 분해되는 분해 대사(catabolism)와 작은 분자로부터 더 큰 분자를 만드는 합성 대사(anabolism)가 있다. 분해 대사에서는 에너지를 방출(자유 에너지 감소)하며, 반면에 합성 대사에서는 에너지를 흡수(자유 에너지 증가)한다. 따라서 합성 대사는 비자발적 반응이므로, 이 반응이 일어나려면 열을 흡수해야 하므로 생명계의 중심이 되는 많은 반응들이 자발적으로 일어나지 않는다. 그렇다면 생명계는 어떻게 이런 비자발적인 반응들을 가능하게 하는가?

생물계는 이런 비자발적인 반응이 일어날 수 있도록 '일을 해 줄 수 있는' *짝지음 반응을 이용하여 전체 반응이 자발적으로 일어나게 하는 영리한 방법을 활용한다.

즉, 사람을 비롯한 생물계는 하나의 자발적인 반응을 비자발적인 반응의 추진력으로 이용한다. 예를 들어 포도당($C_6H_{12}O_6$)이 이산화 탄소(CO_2)와 물(H_2O)로 산화되면 상당한 양의 자유 에너지(약 $\Delta G^\circ = -2880$ kJ)를 방출한다. 이 에너지를 체내의 비자발적인 반응을 강제로 일어나게 하는 데 사용할 수 있다. 그러기 위해서는 포도당 대사로 생긴 에너지를 필요한 반응에 전달할 수 있는 방법이나 전달자가 필요하다. 그 중 한 가지 방법이 ATP와 ADP의 상호 변환을 이용하는 것이다. ATP가 인산기 하나를 상실하며 ADP로 분해되면 약 −30.5 kJ의 에너지가 방출된다. ATP의 분해로 생성된 ADP는 포도당 대사 과정에서 발생하는 에너지를 얻어 다시 ATP로 전환된다(부록 그림 3.11 참고). ATP ↔ ADP 상호 변환은 대사 과정에서 생성되는 에너지를 저장하기도 하고, 저장된 에너지를 다른 비자발적 반응이 강제로 진행되도록 하기도 한다. 그렇다면 왜 ATP를 에너지 배달원으로 사용하는가? 이용성면에서 생성과 재활용이 편리하고 효율적이기 때문이다. 만일 ATP 이외의 더 큰 분자나 작은 분자를 이용하는 것은 열역학적으로 비효율적이기 때문이다. 생물계에서 일어나는 반응은 최대의 효율을 추구한다. ATP 분자는 최적화된 생명체의 에너지 배달원이다.

섭취한 음식물로 에너지 분자인 ATP를 만든다

생물계의 에너지 분자인 ATP는 어디로부터 오는가? 에너지 분자인

---

* **짝지음 반응**(coupling reaction) 비자발적인 반응을 에너지를 많이 발생하는 자발적 반응과 연계시켜 전체 반응이 자발적으로 일어나도록 하는 반응 형태

ATP는 우리가 매일 섭취하는 지방, 탄수화물 및 단백질로부터 만들어진다. 섭취한 음식물 중의 지방, 탄수화물 및 단백질은 소화(가수분해)되어 지방산(지방으로부터), 단당류(탄수화물로부터) 그리고 아미노산(단백질로부터)이 생성된다. 이 물질들은 세포 내에서 분해되어 아세틸 CoA(acetyl CoA)를 생성한다. 생성된 아세틸 CoA는 시트르산 회로로 이동되어 산화 과정을 통해 CO_2를 생성하고 에너지를 방출한다. 방출된 에너지는 ADP와 인산염($HOPO_3^{2-}$)이 자유 에너지 증가 반응(에너지 흡수 반응)을 일으켜 고에너지 물질인 ATP와 물을 생성하면서 ATP에 에너지를 저장한다.

지방산은 ATP 산화 반응, 단당류는 해당 과정(glycolysis)을 통해 아세틸 CoA를 만든다. 아미노산은 20개의 α-아미노산이 각기 다른 독특한 경로로 분해되므로 지방산이나 단당류의 분해 대사보다 복잡하다. 그러나 일반적으로는 1) 탈아미노화(deamination) 과정을 거쳐 아미노기(NH_2)를 암모니아(NH_3)로 제거하고, 2) 나머지 탄소 골격(일반적으로 α-ketoacid)은 *시트르산 회로로 들어갈 화합물로 전환된다. 즉 음식물로부터 ATP를 만드는 데 가장 중요한 중간 물질은 아세틸 CoA이다.

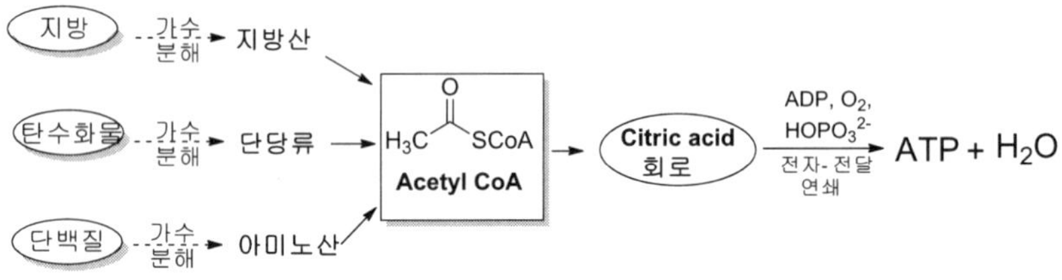

그림 3.15 음식물로부터 ATP의 생성 경로 개요[22]

---

* **시트르산 회로** Krebs cycle 또는 tricarboxylic acid(TCA) cycle이라고도 한다. Hans Krebs가 1937년 citric acid 회로의 복잡함을 해결한 것을 기념하여 Krebs 회로라고 한다.

* 해당 과정은 Embden-Meyerhoff pathway라고도 한다.

13. 화학이 자연을 자연스럽게 한다

자연은 르샤르틀리에의 원리를 이용한다

물은 지구상에서 가장 보편적이고 가장 중요한 용매이다. 물은 양도 풍부할 뿐 아니라 여러 가지 물질들을 녹일 수 있는 독특한 성질 때문에 자연에서 중요하다. 산호초는 자연에서 물의 화학 작용에 의해 형성된 좋은 예이다. 산호초는 돌산호라고 하는 작은 동물들에 의해 만들어지고 이들의 외부 골격은 단단한 탄산 칼슘으로 이루어져 있다.

현대인들이 흔하게 듣는 질병 중에 신장 결석과 요로 결석이 있다. 이런 결석은 왜 생기는가? 이런 결석과 같은 질병은 병의 이름에서 알 수 있듯이 해당 장기에 '돌이 생겨서' 발생하는 질병이다. 사람에게서 결석을 유발하는 성분은 칼슘 옥살산염, 요산, 시스틴 및 MAP($MgNH_4PO_4$) 등이 주성분이다. 결석은 보통 불용성 칼슘 또는 마그네슘 화합물 또는 그들의 혼합물로 침전되어 형성된다. 예를 들어 칼슘 옥살산염에 대한 수용액에서의 평형은 다음과 같다.

$$CaC_2O_4(s) \rightleftharpoons Ca^{2+}(aq) + C_2O_4^{2-}(aq)$$

만일 칼슘이나 옥살산 이온이 풍부한 음식을 섭취하면, 위 반응식의 오른편에 있는 어느 한 이온이나 또는 두 이온 모두(Ca^{2+}, $C_2O_4^{2-}$)를 증가시킨다. 그 결과로 반응의 평형은 반응식에서 화살표 왼쪽으로 이동한다. 즉 르샤틀리에의 원리를 따른다. 그런 결과로 고체인 옥살산 칼슘(CaC_2O_4)이 침전되어 신장 결석을 유발한다. 따라서 칼슘 이온(Ca^{2+})이 많은 낙농 제품과 옥살산 이온($C_2O_4^{2-}$)이 많은 시금치 등은 *공통 이온 효과를 통하여 결정의 형성을 촉발시킬 수 있다. 신장에서 이런 결정이 형성되면 신장 결석이 되고, 형성된 신장 결석이 콩팥을 통과하려면 매우 고통스럽거나 생명의 위협을 받기도 한다. 우리 몸속에서는 이와 같은 화학 원리에 따라 이온이 균형을 이루어 정상적으로 되게 한다.

그러면 사해의 소금 기둥도 같은 원리로 생성되는가? 아니다. 사해의 소금 기둥은 단지 과포화된 소금물에서 물이 증발하면서 소금 결정이 형성된 결과이다.

왜 블루 레이크(blue lake)의 물 색깔은 계절에 따라 변할까?

호주와 뉴질랜드에는 흥미로운 간헐천, 바람구멍, 기암괴석, 산호초 및 침식 지형 등 매우 다양하고 아름다운 천연적인 광물층이 있다. 이런 지형 구조는 대부분 염(salt)의 용해와 침적 작용과 같은 지구 화학적 변화에 의한 것들이다. 이러한 지구 화학적 변화는 대부분 물과 칼슘과 같은 이온 결합 화합물 간의 상호 작용에 기인한다. 칼슘(Ca)은 다섯 번째로 많은 지각 원소이며 대부분 석회석이라는 이온 결합 화합물로 존

---

* **공통 이온 효과**(common ion effect) 이온화 평형 상태에 있는 수용액 속에 포함된 이온과 동일한 이온(즉 공통 이온)을 수용액에 넣어줄 때 그 이온의 농도가 감소하는 방향으로 평형이 이동하는 현상.

* **르샤틀리에의 원리**(Le Chatelier's principle) 평형 상태로 있는 한 화학계에 어떤 변화가 생기면(농도, 온도, 압력 등), 그 변화가 완화되는 방향으로 평형이 이동한다는 원리이다. 평형 법칙(equilibrium Law)이라고도 한다.

재한다. 석회석은 대부분 구조가 다른 방해석(calcite)과 선석(aragonite)으로 되어 있다. 화합물은 구조가 다르면 색도 다르다.

놀랍게도 호주 남부에 있는 갬비어 산(Gambier mount)의 블루 레이크 호수는 물 색깔이 계절에 따라 다르다. 탄산 칼슘과 같은 염의 물에 대한 용해도는 온도와 pH에 영향을 받는다. 호수의 물 색깔이 계절에 따라 달라지는 것은 물속에 있는 특정 물질의 농도가 달라지기 때문이다. 이 물질의 양은 물의 온도와 pH에 영향을 받는다. 블루 레이크의 물 색깔이 계절에 따라 호수 물의 온도와 pH의 변화로 인해서 여름에는 푸른색, 회색 그리고 특유의 녹색을 띠게 된다. 색상의 효과는 분해된 유기 물질에서 유래되는 산성 물질인 부식질(humic)의 양에 따라 빛이 산란하기 때문이며, 방해석($CaCO_3$)의 양에 영향을 받는다. 아울러 해양 온도의 상승은 탄산 칼슘 침착을 포함한 몇 가지 연관된 화학 평형을 통해 산호초에도 상당한 영향을 미친다. 이것이 환경 과학자들이 바닷물 온도를 주시하는 이유이기도 하다.

왜 열대어 어항에 산소를 공급하나?

큰 물고기는 깊은 바다에 살고, 고인 물보다 계곡에 고기가 많다. 또 집에서 기르는 열대어 어항에는 공기를 불어넣어야 한다. 왜 그런가? 대부분의 수생 생물들이 살아가려면 산소가 필요하다. 즉 물속에 산소가 녹아 있어야 한다. 기체가 용해된 용액은 온도와 압력에 영향을 받는다. 압력이 높으면 낮은 곳에 비해 상대적으로 용존 산소가 높다. 그러나 온도가 높아지면 용존 산소량이 줄어든다. 용존 산소는 공기 중의 산소가 녹거나, 수생 식물의 광합성을 통해 생성된다. 용존 산소량은 물의 온도가 높아질수록 적어진다. 열대어가 살아가는 물의 온도로는 열대어가 살아가기에 충분한 정도의 용존 산소를 가지고 있지 못한다. 즉 어항의 온도가 높아지면 기체의 용해도가 낮아져 산소 부족으로 열대어가 살 수 없게 된다. 따라서 열대어가 살아가도록 하려면 산소가 포함된 공기 방울을 어항에 주입해서 충분한 산소를 공급해야 한다.

자연 기후 현상인 *엘니뇨(El Niño)는 바다물의 용존 산소량을 감소시킨다. 덩치가 큰 물고기들은 더 많은 산소를 필요로 하므로 용존 산소량이 더 높은 깊은 바다에서 서식한다. 계곡의 개울이나 수로에서는 유속이 빠르고 난류가 심하다. 이런 난류 현상이 공기(기체)와 물(액체) 사이의 접촉을 원활하게 하므로 고여 있는 물보다 용존 산소량이 높다. 그 때문에 물이 잘 흐르는 계곡에 물고기가 더 많이 모인다.

* **엘니뇨**(El Niño)와 **라니냐**(La Niña)는 열대 중부 지방의 태평양 해수면 온도가 평소에 비해 섭씨 ± 0.4도 이상의 차이가 나는 상태로 6개월 이내의 기간 동안 지속되는 현상을 일컫는다. 엘니뇨가 발생할 때에는 해류가 따뜻해져서 용존 산소량이 감소한다.

14. 화합물은 자기 조립 능력이 있다

분자는 원자들의 공유 결합으로 형성되고, 이온 화합물들은 반대 전하를 가진 원소들의 회합체(assembly)이다. 원소들이 공유 결합을 형성하는 데는 필요한 에너지를 흡수하거나 버려야 하므로 간단하지 않다. 자연에는 이러한 공유 결합을 이용하지 않으면서도 자연에 존재하거나 생물체에 필요한 물질들을 만드는 특별한 기술이 있다. 이 기술이 '자기 조립(self-assembly)' 기술이다.

생명체는 자기 조립 기술을 이용하여 필요에 따라 수많은 일종의 분자 기계(molecular machine)를 만든다. 생명체가 자기 조립을 하는 데는 매우 효율적이고도 경제적인 수단을 이용한다. 따라서 에너지 경비 지출이 큰 방법 대신 분자간에 수소 결합을 이루거나, 친수성 및 소수성 그리고 전하 등을 이용하여 분자들이 주어진 조건에서 스스로 단단히 묶이게 한다. 이렇게 공유 결합이 아닌 방법으로 형성된 조립체는 특정 생명 현상에 특화된 물질이므로 생명체로서는 매우 유용하다. 단백질은 어떻게 자기 조립을 할까? 물에 녹아 있는 단백질을 예로 들어보자. 녹아 있는 단백질은 각기 독특한 3차원 구조를 이루고 있고, 단백질 분자 표면은 친수성이나 소수성 또는 전하를 띠는 등의 고유한 화학적 성질을 갖고 있다. 이런 단백질 분자들이 서로 가까이 있게 되면 각 분자가 가지고 있는 화학적 특성에 대해 상호 보완적인 결합이 가능해진다. 이런 무작위적인 자기 조립 조건에 놓이면 단백질 분자들이 '자기 조직화' 한다.

자기 조립에 이용되는 수소 결합, 소수성, 친수성 및 화학종들의 전하 등은 일종의 자기 조립 언어인 셈이다. DNA의 복제 과정이나 RNA로의 정보 전달 방법의 비밀은 무엇일까? 이럴 때 사용하는 DNA와 RNA의 비밀스러운 언어 또한 수소 결합이다. DNA나 RNA에 존재하는 헤테로 염기는 이런 수소 결합을 2개 또는 3개씩 할 수 있는 능력을 가지고 있다. 아데닌(adenine)과 티민(thymine)은 2개개의 수소 결합을 할 수 있고, 사이토신(cytosine)과 구아닌(guanine)은 3개의 수소 결합을 할 수 있어 서로 상보적이다(그림 5.13 참고).

4 세포는 생물의 반응 용기이다

생물이란? 자기 증식 능력, 에너지 변환 능력, 항상성 유지 능력이 있다.

1657년 나는 (내가 만든 현미경을 통해) 빗물 속에서 매우 작은 생물들을 발견했다. 정말 놀라운 일이야!

레벤후크(Antony van Leeuwenhoek)의 자서전에서

"생물은 세포로 구성되며 에너지 변환을 하고 항상성이 유지되고 아울러 자기 증식 능력을 가진다"라고 정의된다. 어떤 생물체가 각각의 개체 특성을 가지고 주어진 환경에서 생존하는 데는 잘 설계되고 최적화된 반응 용기가 필요하다. 이 반응 용기의 기본 단위가 세포이다. 생물체가 살아가는 데 필요한 모든 생물 기관은 세포로부터 잘 설계되고 만들어진 복잡한 기관들이다. 모든 생물 기관은 해당 생물체가 살아가기 위하여 필요로 하는 기능을 수행하는 데 최적화된 기관들이다. 예를 들어 심장, 간 및 신장 같은 복잡한 기관들은 더 작은 세포로부터 만들어지고, 이 세포는 훨씬 더 작은 원자로 구성된 분자들에 의해 만들어진다. 세포의 세포소기관에는 미토콘드리아, 골지체(Golgi body), 미세소관(microtubule) 및 중심소체(centriole) 등이 있다. 이러한 세포 소기관 또한 더 작은 거대 분자에 의해 만들어지며 단백질, DNA나 ATP들이 그런 거대 분자들이다. 결국 생명체는 원자들로 이루어진 하나의 화합물의 집합체(aggregate)인 셈이다. 이런 점에서 보면 생명체가 생장하기 위해 화학으로 소통한다는 것은 당연한 일일지도 모른다. 이런 이유로 오늘날 생명과학의 중심에 화학이 자리매김하게 되었다고 생각된다.

1. 세포는 잘 설계된 생화학 반응 용기이다

세포는 생명의 가장 기본이 되는 단위이며 여러 종류의 미세한 소기관으로 되어 있다. 이런 세포들은 단백질, 지질, 탄수화물, 핵산 같은 생체 분자들로 되어 있고, 또 이들 생체 분자는 탄소 원자를 중심으로 여러 종류의 원자가 질서 정연하게 결합되어 만들어진 것들이다.

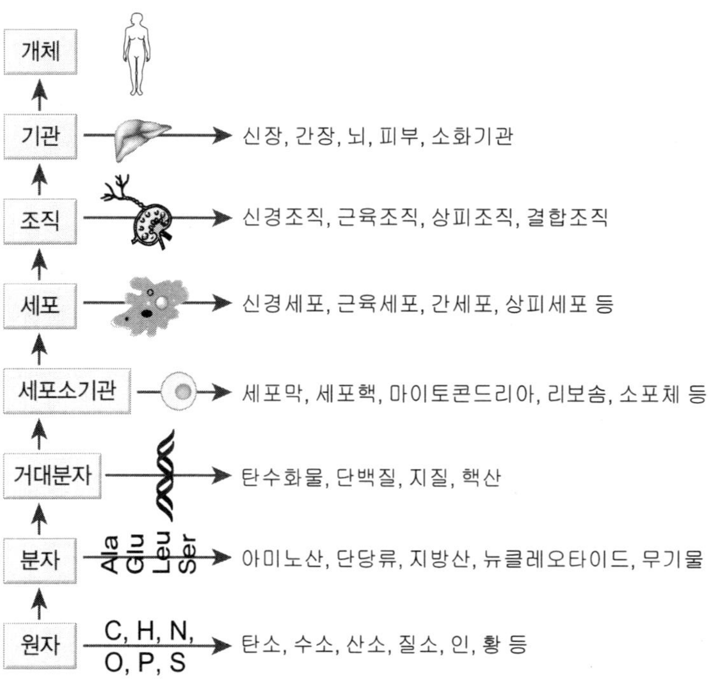

그림 4.1 다세포 생물의 개체 구성 경로

다르게 말하면, 원자로부터 아미노산, 단당류, 지방산 및 뉴클레오타이드 등과 같은 분자가 만들어지고, 이 분자들로부터 탄수화물 단백질, 지질 및 핵산과 같은 거대 분자가 만들어진다. 이 거대 분자들로부터 세포 소기관(organelle), 세포(cell), 조직, 기관(organ) 등이 형성되고 마지막에 가서는 생명체라는 하나의 개체(body)를 형성하게 된다(그림 4.1). 따지고 보면 생명체는 원자부터 만들어지는 분자들의 집합체인 셈이다.

생명 세포는 어떻게 다른가?

세포를 기준으로 자연의 생명계를 구분할 수 있다. 생명의 세계는 동물, 식물 및 미생물 같은 공통적인 특성을 나타내는 생물체로 구성되며, 이들의 생화학적, 생물학적 및 생물 활성의 메커니즘은 본질적으로 같은 생리학적 특성을 나타낸다. 왜 그럴까? 생명체 모두가 화학을 이용하여 작동하기 때문이다.

모든 살아 있는 세포들은 복잡하고 다양하다. 그러나 세포 구조를 전자 현미경으로 관찰해 보면, 기본적으로 핵이 막으로 쌓여 있는 진핵세포(eukaryotic cell)와 그렇지 않은 원핵세포(prokaryotic cell) 두 가지로 분류된다. 원핵세포는 원시적이며 구조가 단순하고, 진핵세포는 복잡한 세포 구조를 가지며 원핵세포보다 더 진화된 세포이다. 원핵세포는 그 크기가 작고 세포 수준에서 보면 비교적 간단하다. 즉 원핵세포는 생물학적인 진화 과정에서 나타나는 첫 번째 형태의 대표적인 세포로 볼 수 있다. 진성 박테리아(eubacteria), 리케치아(rickettsia), 스피로헤타(spirochetes), 남색 조류(blue-green algae) 및 마이코플라스마(mycoplasma) 같은 유기체가 원핵 생물체이다. 반면에 진핵세포는 크기가 훨씬 크고 일반적으로 복잡하며 더 진화된 상태의 세포이다. 진핵 생물로는 단세포 원생 동물(protoxoa), 균류, 대부분의 조류와 다세포 식물 및 동물들이 여기에 포함된다.

식물과 동물은 모두 진핵세포로 구성되어 있다. 한편 미생물 중 세균, 방선균, 남조류(blue green algae) 등은 원핵세포 미생물이고, 곰팡이, 원생 동물(protozoa), 효모, 미세 조류(microalgae) 등은 진핵세포로 구성된 고등 미생물이다. 세포의 특성은 갖추었으나 살아 있는 세포의 구조적 특성이 생물체와는 다른 바이러스도 있다. 즉, 일반 세포와 구조적 특성이 다르고, 독립적인 대사 활동이 불가능하지만 자체적으로 단순 복제가 가능한 유전 정보만을 가지는 바이러스들이다.

바이러스의 크기는 0.05~0.1마이크로미터(μm)에 불과해서 세균(1~5 μm)의 최고 100분의 1정도로 작다. 세균은 세포로 이루어졌으며 세포벽, 세포막, 유전 정보(DNA, RNA)를 가진 핵과 단백질 등으로 구성되어 있다. 즉 바이러스는 유전 정보(DNA와 RNA)가 들어 있는 핵이 단백질에 둘러싸여 있을 뿐이다. 우리는 세균을 눈으로 관찰하기 어렵다는 것을 알고 있다. 도대체 어느 정도 크기일까? 세균의 세포는 사람 세포의 1/10 크기에 1/1000의 부피를 가진다. 또한 세균의 DNA는 세균의 길이보다 1000배 이상 길다. *1마이크로미터(μm) 크기의 세균의 DNA를 우리가 사는 공간 크기로 확대하면 대략 1킬로미터(km)의 길이가 될 것이다. 이런 방식으로 확대하면 리보솜은 약 25밀리미터(mm, 1인치) 정도이고 보통의 단백질은 리보솜의 1/5 정도가 될 것이며, 대략적인

---

* 1 μm는 10^{-6} m이다.

확대 계산에 의하면 보통 동물 세포의 일차원적 길이는 914.4센티미터(cm, 30피트)에 달한다.

바이러스는 구성하는 핵산 종류에 따라 DNA 바이러스와 RNA 바이러스로 나누거나, 식물 바이러스, 동물 바이러스, 세균 바이러스 및 곤충 바이러스로 구분되기도 한다. 따라서 세포는 증식될 수 있지만 바이러스는 독자적으로는 증식할 수 없어서, 다른 살아 있는 세포를 이용한다. 바이러스는 살아 있는 세포 속으로 들어가기 전까지는 어떤 생명 활동도 할 수 없다. 이때 바이러스는 바이러스가 기생하는 숙주(host)에 여러 가지 영향을 미친다. 바이러스는 소독약이나 열 등에 대해 세균보다 강하고 전염 정도가 빠르며 돌연변이 확률도 높기 때문에 사람에게는 위험하다.

원핵세포와 진핵세포의 차이를 조금 더 자세히 살펴보자. 원핵세포는 진핵세포에 비해 더 작고 화학적 구성 요소도 다르다. 원핵세포는 핵막이 없고, 핵산 부위만이 세포질에 있으며, 이 핵산 부위는 전형적인 유사 분열에 의해 나누어지지 않는다. 두 세포는 세포내 구성 물질, 화학 조성, 합성과 분해, 에너지 생산과 이해 등과 같은 생화학적 측면에서 같은 메커니즘으로 대사한다. 원핵세포는 막으로 둘러싸인 기관을 가지지 않으나, 진핵세포는 세포막으로 구성된 *세포내 소기관을 가진다.

대부분의 세균은 그램 양성균과 그램 음성균으로 구분된다. 모든 세포는 세포막을 가지며, 일부 세균(예, 그램 음성 세균)은 세포막 외에 세포외막을 가진다. 대부분의 세포는 뮤린(murine)이라고 불리는 펩티도글

* **세포 소기관**(organelles) 특수 기능을 가진 세포내의 소기관. 예를 들어 핵, 미토콘드리아, 엽록체 등이 있다.

리칸(peptidoglycan)으로 이루어진 세포벽을 가진다.

*복잡계인 생명체를 이해하려면 기본 단위인 세포의 기능과 역할뿐 아니라 이들 상호간의 작용을 이해해야 한다. 생명체를 이루는 세포는 많은 수의 단백질 분자 등으로 이루어진 것이지만, 생명체의 구성 분자 하나하나에 대해 생명 현상을 이야기할 수는 없다. 하지만 수많은 분자들이 모여서 형성한 세포라고 하는 다체 문제에서는 생명이라고 부르는 신비로운 현상이 생겨나게 된다. 이런 생명체의 상호 작용은 실시간으로 살아 움직이는 동적인 네트워크를 통해 서로 이해할 수 있어야 한다. 세포 전체 네트워크를 이해하기 위해 *'인공 세포'를 만들어 연구하는 기술들이 도입되고 있다.

생명 과학자들이 관심을 가지는 대부분의 생명 현상과 관련된 반응은 실제로는 아주 작은 세포 안에서 일어난다. 즉 세포는 생화학 반응의 반응 용기인 셈이다. 오늘날에는 많은 연구자들에 의해 질서 정연하고 지속적인 생명 현상을 가능하게 하는 세포 환경에 대한 연구가 많이 이루어지고 있다. 박테리아인 대장균(Escherichia coli)은 2×10^{-12} 그램(g)의 무게와 2×10^{-4} 센티미터(cm) 크기를 가진 세포 안에서 모든 생명 과정이 이루어진다.

---

* **복잡계(complex system)** 완전한 질서나 완전한 무질서를 보이지 않고, 그 사이에 존재하는 계로써, 수많은 요소들로 구성되어 있으며 그들 사이의 비선형 상호 작용에 의해 집단성질이 떠오르는 다체 문제이다. 최근 자연과학과 뇌과학 등에서 활발히 연구되고 있다.
* **인공 세포(artificial cell)** 알고 있는 생명체에 관한 지식과 정보를 활용하여 유전체를 설계하고 화학적으로 합성하여 인공 유전체(artificial genome)를 인공막(artificial membrane)에 주입하여 살아가도록 만든 세포이다.

2. 세포막은 왜 필요한가?

동물과 식물 세포는 공통적으로 세포막, 세포질, 핵 그리고 미토콘드리아로 구성되고, *액포와 엽록체는 식물 세포에만 있다. 그렇다면 세포는 왜 세포막을 가지고 있을까?

역설적으로 생명체의 세포가 세포막이 없다면 어떻게 될까? 생명체의 세포가 세포막을 가지지 않는 경우는 상상할 수 없는 일이다. 세포는 세포막이 있어 세포의 안과 밖이 서로 분리되고 세포 안과 밖에서 일어나는 생화학적 반응과 기능을 통제할 수 있다. 화학자들도 어떤 반응계를 관찰하고 필요로 하는 화학적 목적 달성을 위해 반응을 플라스크 안에서 조작하고 관찰한다는 사실과 비교해 보라. 세포막은 곧 실험실의 플라스크에 비유되지만, 기능면에서는 엄청난 차이가 있다. 실험실 유리 플라스크는 열의 출입만 가능하지만, 세포막에서는 물질의 출입과 분비가 가능하다. 세포의 이런 기능과 현상은 신비롭기까지 하다. 예를 들어 화학자가 아스피린을 만들기 위해 플라스크가 아닌 열린 자연계(주변 환경)에서 살리실산(salicylic acid)과 아세트산 무수물(acetic anhydride)을 섞어 방치한다면 오랜 세월을 기다려도 목적을 이룰 수 없다. 그러나 이

* **액포** 일부 진핵세포가 가지고 있는 막으로 쌓인 거대한 세포소기관이다.

물질들을 플라스크 속에 넣고 반응에 필요한 열을 공급하는 것과 같은 간단한 조작을 하면, 아주 짧은 시간 내에 원하는 아스피린을 필요한 양만큼 얻을 수 있다. 어떻게 그럴 수 있을까? 반응에 필요한 에너지를 공급해주면 반응물이 활성화되어 원하는 반응을 쉽게 일으킬 수 있기 때문이다. 실험자들은 실험 시스템을 외부와 분리시키는 데 유리로 만들어진 플라스크를 이용한다. 유리 플라스크는 열의 가열과 냉각이 가능하고 물질은 입구로 투입하고 꺼낼 수 있기 때문이다. 실험실에서는 플라스크를 이용하여 반응에 영향을 주는 요인들을 쉽게 통제할 수 있다. 반면에 세포는 실험자의 도움 없이 스스로 에너지와 물질의 공급과 분비를 해결해야 한다. 세포는 스스로 반응을 조절하는 데 필요한 고립된 계를 이루기 위해 세포막을 이용한다. 세포막을 통해 세포 안과 밖을 분리하고, 세포 하위 기관을 이용하여 세포의 생화학적 기능을 발휘하게 한다. 세포벽은 곧 화학 반응 용기에서 벽의 역할을 하는 셈이다. 유리 플라스크를 이용한 실험에서는 필요한 화합물의 양과 조건을 실험자가 임의로 조절할 수 있다. 그러나 세포는 스스로 세포 내부로 필요한 물질을 들여보내고 생성된 물질을 세포 밖으로 배출하여 항상성을 유지해야 한다. 그러기 위해서 세포막에는 물질의 출입 기능이 있다. 생각해보면, 세포막은 얼마나 진화되고 스마트한 기능성 막인가? 이런 기능들은 생각하는 것보다 훨씬 더 놀랍도록 정교하다.

진핵세포에서는 다른 생물학적 기능들이 특정 지역에 집중되어 있다. 이 특정 지역은 세포 내부의 막으로 둘러싸인 구조의 구분된 지역이다. 세포 하위 구조로서 세포 소기관인 핵에는 염색체 DNA와 단백질의 발현, 복제에 필요한 효소들의 집합체가 포함되어 있다. *세포질과 *핵질은 핵막에 의해 분리되어 있다. 그러나 원핵세포는 단지 하나의 세포막으로 둘러싸여 있고 세포소기관이 없다.

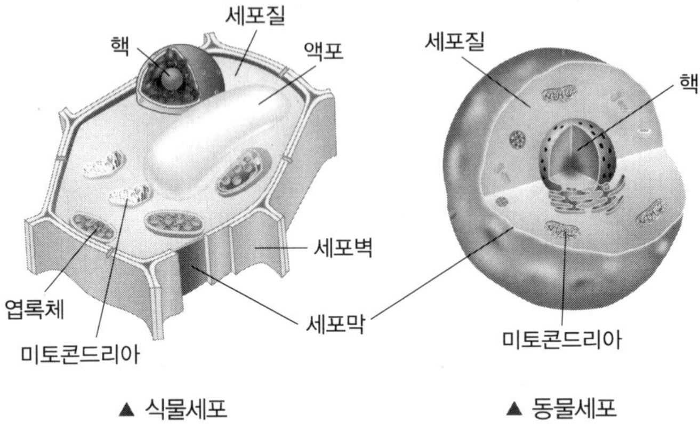

그림 4.2 식물세포와 동물세포 얼게 그림

그렇다면 세포막은 무엇으로 만들어져 있을까? 세포막은 인지질 및 단백질로 구성된 얇은 인지질 두 겹 층으로 되어 있으며, 선택적인 투과성을 나타낸다. 세포 표면 막은 수용체 단백질과 세포 부착 단백질(막단백질)을 가지고 있기도 한다. 이외에도 다른 기능을 수행하는 단백질들도 존재하며, 이러한 단백질들은 세포 기능 및 조직 구성을 항시 일정하게 유지하는 데 매우 중요한 역할을 한다. 동물 세포에서 세포막은 이러한 역할을 홀로 수행하는 반면, 효모, 세균, 식물에서는 세포벽이 최외곽 경계를 형성하여 물리적인 방호벽이 되어 세포를 보호한다.

---

* **세포질(cytoplasm)** 세포 내부를 채우고 있는 균일하고, 일반적으로는 투명한 점액 형태의 물질이다. 세포질은 세포핵을 제외한 세포액과 세포소기관으로 이루어진다. 세포액은 수분, 염분, 세포소기관을 이루는 분자, 그리고 반응 촉매로 작용하는 효소로 구성된다.
* 핵질은 세포핵의 핵막에 쌓인 원형질의 총칭이다. 핵을 채우는 콜로이드 상태의 불용성 물질들로, RNA와 가수분해 효소들을 비롯한 여러 종류의 단백질이 들어 있다.

동물 세포의 세포막 외부는 점액성 다당류, 당지질(탄수화물과 지질 분자로 구성), 당 단백질(탄수화물과 단백질로 구성)로 구성되어 있다. 여러 가지 기능면에서 박테리아 세포막과 유사한 원형질막(plasma membrane)은 약 10나노미터(nm) 두께이며, 대략적으로 같은 양의 단백질과 지질로 구성되어 있다. 세포막은 분자, 이온 및 물 분자들을 선택적으로 투과시키는 역할을 한다. 이때에 효소들의 놀라운 선택성이 발휘된다. 단세포 식물들에 의해서 유리질(SiO_2)로부터 만들어지는 규조 세포막은 믿을 수 없을 정도로 놀라운 기하학적 디자인을 보여 주고 있다. 단세포 미생물인 규조류(Diatoms, Bacillariophyta)는 피각(frustules)이라고 불리는 아름다운 *단백석 껍질로 된 세포막을 만든다. 이 세포막의 섬세하고 장식과 같은 디자인은 원형, 육각형, 삼각형 등과 같은 무한한 변화를 보여 주고 있다.

---

* 단백석은 오팔(opal)이라고도 불리는 보석의 일종으로, 성분은 $SiO_2 \cdot nH_2O$, 즉 규산염 광물에 수분이 포함되어 다채로운 색을 띤다.

3. 세포소기관이 에너지와 물질을 만들고 정보를 전달한다

세포는 필요한 에너지를 생산하고, 생물학적 정보도 전달하며, 세포소기관을 이용해서 생성된 물질을 운반하는 등의 역할을 한다.

동물 세포핵은 지름이 4~6마이크로미터(μm)인 염색체를 포함하고 있는 세포소기관이다. 포유동물의 적혈구 세포나 혈장 같은 특수 세포를 제외하면 핵은 진핵세포에 존재하는 필수 구성 성분이다. 핵의 이중 막은 미세한 핵공을 가진 얇은 핵막으로 둘러싸여 있다. 이 미세한 *핵공은 핵과 원형질 사이의 물질 교환을 가능하게 한다. 염색체가 종의 번식에 필요한 구체적인 정보를 가지고 있다. 염색체는 DNA와 단백질의 복잡한 구조로 된 섬유소 형태이며, 핵질(nucleoplasm) 속에 존재한다. 염색체는 생존 기간 동안 생물체의 생물학적인 존재를 유지하는 데 필요한 유전적인 지시를 지속적으로 수행한다. DNA에서 RNA로 유전 정보가 전달되는 전사 과정은 핵에서 일어나는 단백질 합성 단계로, 이 과정을 통해 생물학적인 정보를 전달하게 된다.

---

* **핵공(nuclear pore)** 핵막(nuclear envelope)을 가로지르는 거대한 단백질 복합체이다. 핵공은 핵의 물질 출입을 조절하는 역할을 한다.

미토콘드리아는 세포에서 에너지를 생산하는 공장인데, 역동적이면서 형태가 쉽게 변하는 세포소기관이다. 미토콘드리아는 구성과 기능이 다른 내부막과 외부막으로 만들어져 있다. 막 내부의 주위 환경인 *세포 간질에는 효소들이 채워져 있다. 간세포의 원형질에서는 약 20 %의 부피를 차지한다. 간세포에는 약 800개의 미토콘드리아가 존재하고, 지름의 크기는 1마이크로미터(μm)이다. 미토콘드리아에서는 탄수화물(당), 지질, 아미노산의 유도체들을 산화시켜 이산화 탄소(CO_2)와 물을 생성한다. 산화를 통해 얻어지는 화학적 에너지의 일부는 ATP로 변환되고, 이 ATP는 세포에 필요한 에너지로 사용된다. 또한 많은 화학적 에너지는 열의 형태로 배출된다. 미토콘드리아도 DNA를 가지고 있고, 이 DNA의 정보는 내부 막 단백질인 다양한 거대 분자의 기본 성분을 합성하는 데 이용된다.

대부분의 진핵세포는 *소포체(endoplasmic reticulum, ER)가 있고, 이 소포체는 세포에서 만들어지는 단백질 호르몬 및 다른 화합물들을 운송하는 기능을 담당한다. 소포체 일부에는 원형질 쪽 외부 표면에 부착된 리소좀이 있다. 이 부착성 리소좀에서 단백질이 합성된다. 소포체는 모든 진핵세포에서 발견되는 세포소기관의 하나이며, 소포세관(tubule), 소포(vesicle), 시스터나(cisterna)가 그물 모양으로 이루어져 있다. 원핵세포는 소포체가 없지만, 진핵세포는 소포체에서 단백질을 만들어서 세포 곳곳에 전달한다. 소포체의 기본 구조 및 구성은 일반적인 세포막과

---

* **세포 간질**(cell matrix) 세포와 세포 사이에 있는 세포가 분비한 물질

* 근육에서의 소포체는 근소포체(sarcoplasmic reticulum)라고 한다.

유사하다. 소포체는 세포막의 일부가 될 단백질(막 횡단 수용체나 막 내부 단백질)을 비롯하여 세포 밖으로 분비될 단백질(즉 소화 효소, 칼슘 흡착, 글리코겐과 스테로이드 또는 고분자 물질의 합성/저장 등)의 합성, 단백질 2차 구조 형성과 수송이 이루어지는 곳이다.

세포의 골지체는 세포의 우체국과 같은 역할을 한다. 즉 지질 및 단백질 등을 받아들이고 필요에 따라 적절한 위치로 이동시키는 역할을 한다. 골지체와 소포로부터 나온 소포가 융합되어 소포 내부의 단백질을 골지체 내부로 전달한다. 전달된 단백질은 포도당화(glycosylation)나 인산화(phosphorylation)와 같은 반응을 통해 단백질을 변형시킨다. 아울러 골지체는 전달된 단백질의 배달처를 인지할 수 있도록 표지를 하는 기능도 가지고 있다. 골지체에서 단백질이 어떻게 이동하는지 그 메커니즘은 명확히 밝혀지지 않았지만, 변형된 단백질은 소포에 싸여 필요한 최종 목적지로 전달되게 된다. 즉 필요로 하는 단백질이 배달되어야 하는 곳의 위치에 맞도록 정확히 배달되는 것이다. 소포의 형성은 단백질의 형태 및 단백질에 기술된 목적지의 표식에 따라 달라진다. 즉, 배달코드로 화합물을 이용하는 것이다. 하나의 예로 소포체로부터 나온 소포는 단순하게 포도당화된 단백질을 가지고 있다. 골지체는 이 단백질에 탄수화물을 추가하거나 감소시켜 단백질에 다양한 탄수화물 구조체를 만든다. 이 구조체는 세포 밖으로 방출되어 세포막과 융합된다.

골지체는 단백질 변형뿐만 아니라, 지질의 세포내 수송에도 관여한다. 또한 리소좀 및 소화에 관여하는 세포소기관을 만드는 데도 관여한다.

리소좀은 작은 단일 막의 공 모양(지름 0.25~0.5 μm)이며, 여기에는 분해성 가수분해 효소나 핵산분해 기능을 하는 리보핵산 가수분해 효소 등이 들어 있다. 라이소좀은 세포 내부로 들어온 외부 물질이나 교체되어야 할 세포 내부 물질의 파괴를 주도한다. 즉 리소좀은 세포 내부의 교란을 잠재우는 평화군인 셈이다.

세포가 외부로부터 고체 물질을 받아드리는 것을 식세포 작용(phagocytosis, 또는 균먹이라고도 한다)이라고 하고, 액체 물질이 막소포에 의해 투입되는 것은 음세포 작용(pinocytosis)이라고 한다. 식세포 작용을 하는 세포로는 대식 세포(macrophage), 호중구(neutrophil), 호산구(eosinophil) 등이 있다. 세포는 동시에 많은 분자들을 음세포 작용을 통해 흡수할 수 있다. 이 과정을 보면 세포외액 성분 가까이 있는 원형질막이 안쪽으로 쭈그러져 주름을 만들고, 이것이 떨어져 나와 세포외액의 분자들을 함유하고 있는 세포내 소포라는 운반 기구를 형성한다. 세포는 필요한 고체 물질과 액체 물질을 세포 내부로 이동시키는 데 각기 다른 메커니즘을 이용한다. 오늘날의 과학자들이라도 한 가지 막을 이용해 고체와 액체 물질을 자유롭게 드나들게 하지 못한다. 세포의 이런 기능은 놀라운 첨단 과학이다.

4. 수용체는 세포의 스마트폰이다

세포는 외부 정보를 수용체로 받는다. 수용체는 세포의 수화기이며 신호 전달 물질은 세포의 언어인 셈이다. 생물은 분화하고 환경에 적응하며 신진 대사를 하고 성장과 생식을 통해 번식하는 특징이 있다. 생물이 살아남기 위해서는 변하는 환경에 적응해야 하고, 영양을 얻기 위해서는 끊임없이 대사를 해야 한다. 그러기 위해서는 생명체들 간의 대화뿐만 아니라 생명체 내부 세포 사이에 끊임없이 필요한 소통을 해야 한다. 다세포 생물은 다른 세포로부터 받게 되는 다양한 신호들을 해석하여 자신의 반응을 조절해야 한다. 생물계의 정보 전달계로는 호르몬을 이용하는 내분비계와 환경의 변화나 신경(생체 전기)을 통한 세포막 전위의 변화를 유도하는 신경계가 있다. 특히나 다세포 생물에서 세포는 다른 세포들로부터 전달되는 다양한 신호들을 해석하여 자신의 반응을 조절해야만 한다. 즉 동물 세포에서는 외부에서 오는 정보가 세포로 전달되어 그에 합당한 반응을 일으키는 것이다. 이런 정보 형식의 전환을 신호 전달이라고 한다.

세포 외부로부터 전달되는 신호 전달 물질에 의한 신호 전달은 세포벽이나 세포 내부에 있는 수용체를 통해 이루어진다. 수용체를 통해 전달된 정보는 신호 전환을 통해 세포에게 지시를 내릴 정보로 전환된다.

어떤 면에서는 전달된 정보의 신호 전환은 세포 정보 전달의 핵심 과정이기도 하다. 세포 외부에서 이용되는 신호 전달 물질은 아미노산, 단백질, 펩타이드, *뉴클레오타이드, 스테로이드, *레티노이드, 지방산 유도체, *아이코사노이드 및 일산화 질소(NO)와 일산화 탄소(CO) 같은 기체 분자들이다. 이들 신호 전달 물질은 신경 세포에서 분비되며 두 가지로 구분된다. 하나는 수용체 단백질을 이용하는 신호 전달 물질이고, 다른 하나는 세포내의 수용체를 이용하는 신호 전달 물질이다. 수용체 단백질을 이용하는 신호 전달 물질들은 수용성이며 크기가 크다. 따라서 표적 세포의 원형질막을 통과하지 못하여 세포막에 있는 수용체 단백질을 이용한다. 수용체 단백질을 이용하는 신호 전달 물질의 장점은 선택성이다. 즉 여러 가지 화학 신호가 도달해도 수용체 단백질에 전달되는 화학 신호만이 전달되는 특별한 선택성이 발현된다. 다른 하나는 소수성이고 크기가 작아 세포막을 통과할 수 있는 세포내의 수용체를 이용하는 전달 물질이다. 세포내 수용체는 일반적으로 효소나 유전자 조절 단백질이다.

수용체는 세포의 표면에 있거나 세포핵 속에 들어 있다. 수용체는 그들의 위치에 따라, 이온 채널에서 결합하는 이온성 수용체, G-단백질과 결합하는 대사성 수용체 그리고 호르몬과 결합하는 호르몬 수용체 등

---

* **뉴클레오타이드**(nucleotide) 핵산의 구성 성분으로 헤테로 염기, 당 및 인산기로 구성된 분자.
* **레티노이드**(retinoid) 비타민 A로부터 유도된 화합물 부류를 일컫는 말.
* **아이코사노이드**(eicosanoid) 탄소가 20개인 지용성 물질로 호르몬 역할을 한다. 예, 프로스타글란딘(PGs)

으로 구분된다.

수용체는 세포 밖으로부터 화학적 신호를 받아들이는 단백질 분자이다.[23] 화학적 신호가 수용체와 결합되어 정보가 전달되면 세포에 전기적 활성이 변하여 세포나 근육이 반응하게 한다. 즉 수용체는 세포 외부로부터 화학적 신호를 받아 특정 물질을 세포로 들어오게 하거나, 또는 나가게 하거나 분열하도록 하는 등의 지시를 한다. 수용체는 합당한 화합물이 결합되면 세포 반응을 유발시키므로 일종의 분자 스위치인 셈이다. 단백질 수용체는 세포의 반응을 유발하는 데 특이성이 있다. 이런 수용체의 특이성은 수용체가 가지는 카이랄성에 기인한다(3.10절 참고). 수용체와 결합하는 신호 분자는 단백질, 작은 펩타이드, 신경전달물질, 호르몬, 이온, 독소 물질 또는 약품일 수도 있다.

그림 4.3 세포의 표면 수용체(A)와 세포내 수용체(B)

5. 식물 세포에는 세포벽과 폐기물 처리소가 있다

식물 세포는 동물 세포에서 관찰되는 세포막, 핵, 미토콘드리아 같은 구조와 더불어 세포소기관을 포함하고 있다. 이들 세포 성분들은 식물 세포나 동물 세포에서 기본적으로는 동일한 기능을 수행한다. 그러나 액포(vacuoles), 글리옥시솜(glyoxysome), 엽록체(chloroplast)는 식물 세포에서만 관찰되며 박테리아에서처럼 세포벽도 가진다.

식물 세포는 왜 세포벽이 있어야 하나? 식물은 나름대로의 조직 모양과 보호 기능을 위해서 단단한 세포벽이 필요하다. 식물 세포에서는 세포막 바깥쪽에 세포벽이 형성되며 약 20마이크로미터(μm) 두께이다. 세포벽은 단백질과 다른 당류가 반응하여 만들어진 셀룰로오스로 구성되어 있어 단단하다. 이런 단단한 식물의 세포벽이 식물의 모양을 유지하게 한다. 가장 바깥쪽의 1차 세포벽은 셀룰로오스가 주성분이며, 어린 식물에서 형성된다. 식물이 성숙되면서 1차 세포벽과 2차 세포벽을 연결하는 중간층이 형성되는데 이 중간층의 주성분은 펙틴(pectin)이다. 2차 세포벽에는 리그닌, 수베린이나 *큐틴이 첨가되어 형성된다. 3차 세포벽을 가진 식물도 있다. 2차 세포벽을 형성하는 물질들이 첨가되면서 식물에 세포벽에 리그닌이 축적되어 단단하게 되거나(목질화라고 한다), *수베린에 의해 세포막이 이차적으로 변질되면서 코르크가 침착

(코르크화, 또는 목전화)된다. 또 큐틴이 많이 첨가되면 잎 등이 딱딱해(큐티클화)진다.

해양성 독립 영양 원생 생물인 돌말류 또는 규조류는 약 100,000여 종으로 추정될 정도로 흔한 식물성 플랑크톤이다. 이들의 세포벽은 수화된 규산염이 유기물의 기질에 파묻힌 유리와 같은 세포벽을 형성한다.

식물 세포의 세포벽은 동물 세포의 세포막과는 다르게 모든 물질이 통과된다. 각 식물 세포 사이에는 원형질 연락사가 있어 이를 통해 세포의 물질 분배와 신호 교환이 이루어진다. 원형질 연락사는 세포 내에서 마치 우체국과 같은 역할을 한다. 세포벽은 식물 개체를 단단하게 유지시켜 준다. 또한 세포벽은 식물 자체를 이루는 주성분으로 물과 양분의 수송을 용이하게 해준다. 물관과 체관을 비롯한 식물 조직의 많은 구성 성분이 세포벽으로 얽혀져 있는 구조물이다. 이러한 세포벽은 셀룰로오스의 높은 결정성 덕분에 어지간해서는 쉽게 부서지거나 분해되지 않는다. 게다가 리그닌이나 왁스와 같은 성분들이 더해지면 세포벽의 화학적 강도는 더 높아져 곰팡이나 바이러스 감염에도 대처한다. 놀라운 화학적 방제 체제를 갖추게 되는 셈이다.

---

* **큐틴** $C_{16}O_4H_{32}$, (9,16-dihydroxyhexadecanoic acid) 분자식을 가지는 지방산.

* **수베린(suberin)** 큐틴(cutin)과 리그닌(lignin)의 중합체이며 코르크 성분이다.

* **원형질 연락사(plasmodesmata)** 세포벽을 관통하여 있어 이를 통해 인접한 세포 사이로 영양분과 세포 신호를 배분하고 교환하는 통로이다.

※ 식물 세포에도 저장고와 폐기물 처리소가 있다

액포(vacuoles)는 이름에서 알 수 있듯이 식물 세포가 수분을 많이 함유하게 하는 세포 기관이다. 세포막과 같은 얇은 막(액포막)으로 둘러싸여 있고, 내부도 여러 가지 가수분해 효소 외에 당, 단백질, 산소, 이산화 탄소, 유기산 및 무기염 등이 녹아 있는 수용액(세포액)으로 채워져 있다. 세포가 성숙되면 액포는 필수적인 대사물질의 저장소 역할을 한다. 또한 생존하는 기간 동안에 세포가 생산한 폐기 물질을 저장하는 장소이기도 하다. 세포액은 약한 산성이며, 세포질 속의 폐기 물질을 가수분해 효소로 분해하거나, 또는 유용한 물질로 변환시켜 세포내의 삼투압을 일정하게 유지하는 작용을 하기도 한다.

퍼옥시솜은 가수분해 효소가 풍부한 일종의 폐기물 처리 기관이다. 고등 식물 세포에서도 동물 세포의 미소체와 같은 역할을 하는 *퍼옥시솜이 곧 글리옥시솜(glyoxysome)이다. 글리옥시솜에서 글리콜산($CH_2OH-COOH$)은 효소에 의해 산화되어 글리옥살산($OHC-COOH$)으로 전환된다. 이 반응에서 산소(O_2) 분자는 과산화수소(H_2O_2)로 변환되고, 생성된 과산화수소는 효소에 의해 파괴된다.

엽록체(chloroplast, 또는 풀색체)는 진핵 생물의 광합성을 하는 세포소기관이다. 엽록체는 엽록소를 가지므로 녹색을 나타낸다. 엽록체는 미토콘드리아와 함께 대표적인 세포내 공생체이다. 빛에너지를 이용해 포도당을 합성하는 세포내 소기관으로, 내막(틸라코이드)과 외막으로 이루어

---

* 퍼옥시솜(peroxisome) 또는 마이크로바디(micro body)라고도 한다. 신장과 간의 세포에 다수 분포하는 용해소체이다. 포유동물의 경우 독소를 분해하는 간과 신장에 주로 분포하고 식물에는 광합성 세포와 발아 중인 종자에서 나타난다.

진 특징적인 내부 구조를 이루고 있다. 엽록체는 독립적으로 분열하여 증식하고, 가시광선이 쪼여지는 조건에서는 엽록소를 합성하여 녹색을 띤다. 그러나 빛을 받기 전에는 엽록소를 합성하지 못하므로 백색(백색체)이다.

녹색 식물이나 몇 종류의 조류 같은 광합성 생물체에서 발견되는 엽록체는 이중막의 세포 구성 단위체이다. 엽록체의 크기, 모양, 세포당 수가 식물에 따라 뚜렷하게 다르다. 엽록체는 미토콘드리아와 같이 에너지 대사에 관련된 자체적인 DNA와 이중막(외막, 내막) 구조를 가지고 있다. 엽록체의 내막은 구불구불 주름이 잡혀 있고, 광합성에 관련된 단백질들로 구성되어 있다. 엽록체는 태양으로부터 오는 빛에너지를 광합성 과정을 통하여 ATP, NADP에 저장한다. 놀랍게도 ATP는 저장되거나 이동될 수 없다, 그래서 각 세포는 자신이 필요한 ATP를 자신이 만들어 사용해야 한다. 엽록체의 내부는 정교하게 배열되어 있고, 탄소 동화에 필요한 효소는 외막과 내막 사이의 공간을 채우고 있는 액체에 포함되어 있다. 식물 세포의 녹색 염료인 엽록소는 틸라코이드(thylakoid)를 형성하는 라멜라(lamellae)라고 부르는 막으로 둘러싸인 구조에 농축되어 있다. 틸라코이드는 액체층에 의해 하나씩 서로 연결되어 층층이 쌓인 그라나(grana)로 된다. 즉 틸라코이드는 일종의 광합성 용기이며, 이들이 층층이 싸여 용량이 큰 광합성 공장을 이루는 것이다. 엽록체에는 미토콘드리아처럼 생화학 과정에 필요한 유전 정보를 가지고 있는 DNA를 가지고 있고, 태양 에너지를 포획하여 광합성을 하는 장소이다. 광합성 과정은 "빛에너지를 화학적 에너지로 변환하는 광합성 생물의 유일하고도 특별한 과정이다". 곧 자연의 태양광 발전소인 셈이다. 따라서 녹색 식물을 섭취하는 다른 생물체계는 이를 이용하여 에너지를 공급받아 생명을 유지한다.

엽록체는 광합성 외에 질소 대사, 아미노산 합성, 지질 합성 및 색소 합성 등과 같은 대사 과정에서 중요한 역할을 한다. 또한 엽록체는 독자적인 게놈 DNA나 리보솜을 가지고 있다. 이런 이유는 진핵 광합성 생물의 공통 조상이 광합성 원핵 생물을 세포 내에 공생시켰기 때문인 것으로 이해하고 있다.

유관속 식물의 엽록체는 비광합성 세포에서 색소체(plastid chromatophore)로서 존재한다. 색소체에는, 녹말체(amyloplast), 잡색체(chloroplast), 백색체(leucoplast) 등 다양한 종류가 있지만, 모든 색소체는, 이중 막으로 둘러싸여 엽록체 DNA를 가지는 것이 특징이다. 광합성을 하는 녹색 식물의 잎 세포는 햇빛을 이용하여 물과 이산화 탄소로부터 만들어진 탄수화물(글루코스)로부터 ATP를 만들어 에너지를 저장한다. 남은 글루코스의 일부는 중합체 형태로 저장한다.

6. 생명체의 유전적 다양성은 특수 세포 덕분이다

지구상의 생명체가 그 나름대로의 유전적 다양성을 유지하기 위해서는 지금까지 논의한 세포 이외의 특수 세포들도 필수적으로 요구된다. 이런 범주의 세포로 생식 세포(germ cell), 줄기 세포(stem cell), 신경 세포(neuron), 혈액 세포(blood cell) 및 면역 세포(immunocyte) 등을 들 수 있다.

포유동물이 감염되거나 상처를 입게 되면 이들을 보호하거나 치유되게 하는 정교한 메커니즘이 오랜 기간에 걸쳐 진화되어 왔다. 자연에 있는 생명체들의 철저한 분업화에 대해 이해하기 위해서는 이들 특수 세포에 대한 이해도 필요하다. 생명체에서의 면역 체계는 자기 세포와 외부 물질을 구분할 수 있어야 하고, 박테리아나 악성 바이러스 감염 세포를 파괴시키는 동안 자신은 공격을 받지 않아야 한다. 그러기 위해서는 면역 감응에서 특별한 물질에만 반응하는 특이성과 한 번이라도 만난 적이 있는가를 알아채는 기억성 같은 특성을 가져야 한다. 놀랍게도 면역 체계는 이런 기억 능력이 있기 때문에 사람은 한 번 이상 동일한 형태의 유기체(바이러스 등)에 감염되지 않게 된다. 박테리아나 바이러스의 분자 또는 용액에 녹는 것이거나 어떤 것이든 항체에 결합하는 물질을 항원이라고 한다. 침입된 항원에 대항하는 항체는 수십억 개가 만들어져 빠르게 대항해야 한다. 따라서 외부 침입 물질에 대항하는 백혈구는 세포핵을 가지고 있어야 하고, 또 스스로 복제할 수 있는 기능을 갖고 있어야 한다. 만일 생물체가 특정한 항원에 대해 감응하지 않으면, 그 항원에 대해 내성을 갖고 있는 것이다. 생물체는 보통 자신을 만드는 물질이나 세포들에 대해서는 내성을 갖고 있다. 그렇다면 세포의 면역 체계가 어떻게 목표 세포를 인식할까? 또 감염된 바이러스를 죽여야 하는지는 어떻게 결정할까? 이러한 인식 과정에는 '조직적 합성 지역(histocompatibility)'에서 유전자에 의해 코드화되는 세포 표면 분자들의 그룹이 관여한다고 알려져 있다.[24]

생식 세포는 정자와 난자와 같이 유전적인 특성을 포함하고 있는 개체 세포를 말한다. 하나의 생명체를 구성하는 데는 생식 세포가 필수적이며, 이 생식 세포로 인해 유전적 다양성과 종의 다양성이 가능하다. 연구자들은 이러한 과정이 자연 선택에 의해 진화되어 현재의 모양을 보이게 된 것으로 이해한다. 생식 세포의 수정 역시 지극히 생화학적 방법으로 이루어진다. 지금까지 알려진 바로는 난자에 의한 화학적 자극(화학 주성)과 온도에 의한 자극(열 주성)에 영향을 받아 정자가 난자를 향해 이동하여 수정을 하기 위해 접근하는 것으로 알려졌다.[25] 난자와 만난 정자는 단백질-단백질 상호 작용을 통해 특수한 결합을 형성한다. 난자는 *부챗살관 층과 *투명대 층으로 둘러싸여 있다. 정자는 이들 두 층이 분해되어 만들어지는 통로를 거쳐 난자에 진입하여 수정된다. 이

---

* **부챗살관**(corona radiata) 난자를 싸고 있는 투명대를 감싸고 있는 바깥 쪽 막.
* **투명대**(zona pellucida) 난자를 싸고 있는 안쪽 막. 투명한 구조로 정자가 들어오는 통로이다.

런 수정 과정을 거친 세포는 다양한 세포로 분화할 수 있는 배아 세포(embryonic cell)로 만들어진다. 부챗살관 층과 투명대 층의 분해는 정자 머리 부분의 변형된 리소좀인 아크로솜(acrosome)에 있는 가수분해 효소에 의해 이루어진다.

생명체가 빠른 시간 내에 생명체로서 존재하기 위해서는 계속해서 자기 복제를 하거나 지속적으로 세포를 만들어내는 기능이 필요하다. 이런 목적에 부합되는 것이 줄기 세포이다. 알려진 줄기 세포는 거의 모든 특수 세포로 분화할 수 있는 초기 배아 상태에서 얻어낸 배아 줄기 세포(embryonic stem cell)와 제한된 능력을 가진 성체 줄기 세포(adult stem cell)로 분류한다. 성체 줄기 세포는 개체 기관의 발생이 끝난 상태에서 특정 세포만을 지속적으로 만들어 내는 줄기 세포이다.

신경 세포는 하나의 신경 단위체 세포이며 뉴런(neuron)이라고도 한다. 신경 세포는 그 모양이 다른 세포와는 다른 독특한 모양이다. 다른 뉴런에서 보낸 신호는 세포체에 있는 가지 돌기(수상 돌기)에서 받는다. 이 가지 돌기 중에서 길게 뻗어 나온 신경 돌기(또는 축삭 돌기)의 말단 부분이 다른 신경 세포와 연결되고 이를 이용하여 계속해서 신호를 전달한다. 다른 세포와 만나는 신경 돌기 말단 부위가 변형되어 연접부(synapse)를 만든다. 연접부는 한 신경 세포에서 다른 신경 세포로 신호를 전달하는 연결 지점이다. 일종의 우체국 역할을 한다. 신호 전달 방식은 화학적인 방법과 전기적인 방법으로 이루어진다. 화학적인 신호는 신경 전달 물질을 분비하여 신호를 전달받을 신경 세포의 세포막에 있는 수용체와 결합함으로써 신호를 전달한다. 즉 전달할 내용을 화학적 신호로 변환하여 전달한다. 생명계에서 이러한 화학적 신호는 선택적이며 정교하게 수행할 수 있어 발생할 수 있는 오류를 최소화할 수 있다는 장점이 있다. 신경 세포에서의 신호 전달은 이온 펌프와 통로를 이용하여 이루어진다. 신경 세포에 존재하는 중요한 이온 펌프와 통로는 소듐(Na)-포타슘(K) 펌프와 통로이다. 자극이 없어 쉬는 기간에는 포타슘 양이온(K^+) 이온을 세포 내부로 들여보내고, 소듐 양이온(Na^+)을 세포 밖으로 내보낸다. 만일 이 때에 외부 자극에 의해 신호가 들어오면 이온 통로가 열리고 소듐 양이온(Na^+)이 다시 내부로 들어간다. 이처럼 놀랍도록 정교하고 빠른 신호 전달에 간단한 이온 화학종을 이용한다는 것이 놀랍지 않은가?

혈액으로 영양소를 공급받는 생명체에는 혈액 세포가 있다. 혈액 세포와 면역 세포는 공통적으로 조혈간 세포(HSC)라는 줄기 세포에서부터 분화되어 생겨난다. 다기능성 조혈간 세포에서 우리가 아는 적혈구, 백혈구 세포, 임파구 세포 등이 발생된다. 적혈구 세포는 산소 운반에 관여하는 헤모글로빈을 가지고 있다. 이 적혈구에는 핵이 없으며, 골수에서 만들어진 후에 또 다른 분열은 일어나지 않는 것으로 알려져 있다. 한 번 생성된 적혈구가 반으로 감소되는 반감기는 약 120일 정도이다. 백혈구 세포에는 핵이 존재하며 스스로 복제될 수 있는 세포이다. 대식세포(macrophage), 호염기성 세포(basophils), 호산성 세포(eosinophils) 등이 백혈구 세포이며 우리 몸에서 선천성 면역성을 담당하고 있다. 림파구 세포는 적응성 면역성(adaptive immunity)을 담당한다.

7. 세포 반응은 왜 복잡해야 하나?

세포 반응은 왜 복잡할까? 두 가지 이유에서이다. 하나는 한 가지 종류의 수용체에 하나의 신호 전달 물질만이 결합하더라도 표적 세포의 형태, 움직임, 대사 및 유전자 발현 등에 다양한 효과가 나타날 수 있기 때문이다. 즉, 동일한 신호 전달 물질이 결합하더라도 그 신호 전달 물질을 수용하는 세포의 특성이 다르면 세포 반응도 다르게 나타난다. 예를 들어 아세틸콜린(acetylcholine)이 심근 세포의 수용체에 결합되면 심장 근육의 수축 빈도와 강도를 감소시킨다. 다르게는 이 아세틸콜린이 침샘 세포에 결합되면 침을 분비시킨다. 또 아세틸콜린이 골격근 세포에 결합되면 근육이 수축된다.

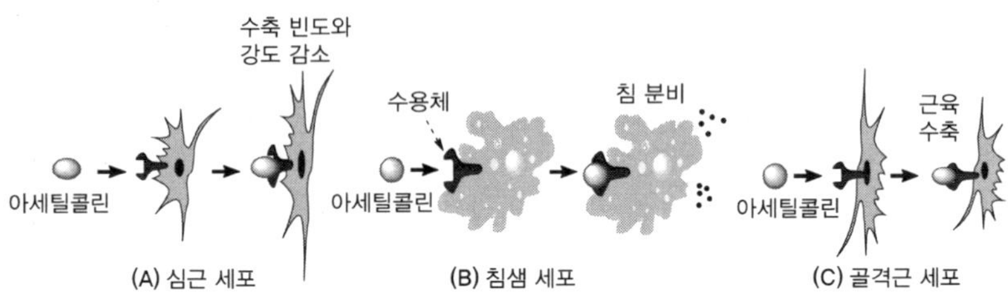

그림 4.4 심근 세포(A), 침샘 세포(B) 및 골격근 세포(C)

세포 반응이 복잡한 두 번째 이유는 동물 세포는 여러 가지의 세포 외부의 신호를 필요로 하므로, 하나의 세포 표면에 서로 다른 여러 개의 수용체를 가지고 있기 때문이다. 수용체가 여러 개이면 반응도 복잡해진다. 그러나 다행스럽게도 세포는 비교적 적은 수의 신호만으로도 세포의 반응을 섬세하게 제어할 수 있다. 예를 들면 어떤 동물 세포의 생존에 필요한 세포 외 신호는 세 가지이지만, 이 세포가 분열되려면 생존 신호보다 두 개가 더 많은 다섯 가지의 신호를 필요로 한다. 수용체는 외부 신호를 세포 내부의 신호 전달 경로로 정보를 전달한다. 수용체와 관련된 예를 들어 보자. 비타민 D가 부족하면 골다공증이 유발되고 그로 인하여 골절이나 허리 휘어짐과 같은 심각한 질환이 유발되기도 한다. 우리가 아는 것처럼 비타민 D는 햇빛 에너지를 이용하여 피부에서 합성된다. 비타민 D는 소수성 분자이기 때문에 세포막을 쉽게 통과하지 못한다. 그러나 수용체에 비타민 D 운반 단백질이 결합되면 비타민 D를 혈류 속으로 이동시킬 수 있다. 또 다른 예로 혈관을 확장시키는 산화 질소(nitric oxide, NO)는 크기가 작아서 세포벽을 직접 통과한다.[26 27]

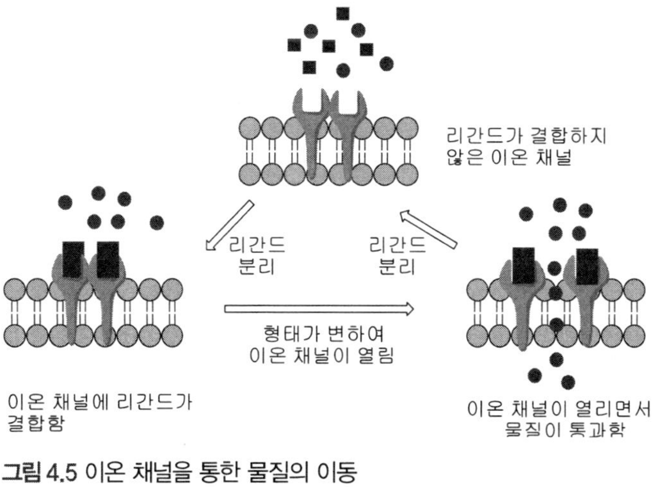

그림 4.5 이온 채널을 통한 물질의 이동

세포도 화합물로 소통한다

신호 전달 물질은 어떻게 세포 내부로 신호를 전달하나? '세포 외 기질(extracellular matrix: ECM)'은 약 100년 전에 처음 알려졌다. 이들은 주로 세포간 연결체로서 구조적인 역할과 여러 가지 세포 생리 조절 인자(세포의 분열, 분화, 사멸 등)로서 매우 중요하다. 세포 외 기질은 세포가 성장하고 분화하는 데 필요한 생화학적 인자들을 저장하고 공급해 줌과 동시에 세포가 인식할 수 있는 물리적 환경을 제공한다. 세포 외 기질은 조직에 따라 다양한 구성 성분을 이루고 있고, 이들의 구성 성분에 따라 달라지는 물리적 환경이 세포의 분열, 성장, 분화 및 사멸 등과 같은 세포의 행동과 운명을 결정짓는 중요한 요소로 인식되고 있다.[28]

이런 이유로 최근 들어 줄기 세포를 연구하는 생명 과학자들이 세포 외 기질에 주목하고 있다. 세포 외 기질의 물리적 환경에 대한 조직 세포 내 신호 전달 과정은 다음과 같이 대략 여섯 단계이다.[29] 이 과정은 연쇄적으로 일어난다.

물리적 환경 변화/자극 → 세포막 수용체 → 세포 내 반응 인자 → 세포 골격 → 핵 내 유전자 발현 → 세포 분열/분화/사멸

세포 외부의 변화와 자극에 대해서 맨 처음 인식하는 것은 세포막 수용체이다. 대표적인 세포막 수용체는 알파(α), 베타(β)의 두 개의 다른 단백질의 결합체인 인테그린(integrin)이다. 인테그린은 모든 동물에서 발견되며[30] 세포에 따라 인테그린의 조합이 다르므로 세포 내부로 전달되는 신호 또한 다르다. 인테그린은 신호 전달 물질과 결합하는 역할과 세포 내부로 신호를 전환하는 역할을 한다. 아울러 필요한 신호를 세포 내부에서 세포 외부로 전달하면서 세포 외 기질과 서로 소통(교감)하여 양방향 반응이 진행되게 한다. 즉 생체 내 반응의 평형을 유지시키는 역할을 한다.

조직에 따라 세포들의 종류와 역할이 다르다. 세포들이 다양한 생물학적 기능을 하기 위해서는 여기에 적합한 세포 외 기질과 환경이 필요하며, 세포들은 이런 것을 정확히 인식하고 있다. 외부 자극에 대한 신호가 신호 전달 물질로부터 전달되면, 세포는 행동을 바꾸고 세포 외 기질을 변화시킨다. 생존과 번영을 위한 세포들의 소통이다. 이런 소통은 매우 정교하고 신속하다. 그런 신속함과 정교함은 이들이 화합물을 이용하기 때문에 가능하다. 놀랍지 않은가?

8. 세포막은 인산 지방질로 만들어진다

동물과 식물 조직에 널리 퍼져 있는 인산 지방질은 세포막의 50~60 %를 구성한다. 인산 지방질도 비누처럼 극성 이온성 머리와 비극성 긴 탄화수소 사슬로 구성되어 있어, 자기 조립으로 지방질 두겹이 층을 이루어 지방질 이중층을 형성한다(부록 그림 4.1 참고). 이 지방질 이중층은 비극성 꼬리가 서로 맞대고 있는 방식으로 만들어져 있다. 즉, 비극성 꼬리들은 이중층의 내부로 향하고, 극성 머리는 이중층의 밖을 향하고 있다. 이 이중층은 세포의 안과 밖을 완전히 분리하는 분리 시스템인 세포막이다. 이 벽은 물, 이온 및 다른 성분들이 세포의 안팎으로 이동하는 경우에 매우 선별적으로 이동할 수 있도록 조절한다.

세포막은 인산 지방질 외에도 또한 막단백질 분자도 포함된 지방질 이중층으로 되어 있으며, 선택적인 투과성을 지닌다. 세포 표면막은 수용체 단백질과 세포부착 단백질(막단백질)을 지니고 있기도 한다. 이외에도 다른 기능을 수행하는 단백질들도 존재하며, 이러한 단백질은 세포 기능 및 조직 구성을 항시 일정하게 유지하는 데 매우 중요한 역할을 한다.

동물 세포에서, 세포막은 이러한 역할을 홀로 수행하는 반면, 효모, 세균, 식물에서는 세포벽이 최외곽 경계 구역을 형성하며 물리적인 방호력을 제공한다. 세포막은 대략 10나노미터(nm) 두께이며, 투과 전자 현미경으로 희미하게 구분할 수 있다. 세포막의 또 다른 중요한 역할은 세포 전위를 유지하는 것이다.

각 세포들은 독자적으로 기능하기도 하지만, 다른 세포와의 연락과 물질 출입이 원활하게 이루어져야 정상적인 조직, 기관, 개체를 이룰 수 있다. 세포막은 진핵세포뿐만 아니라 원핵세포에도 존재하고, 모든 세포에 있어 필수적인 부분이다.

세포막은 작은 분자일수록 통과가 쉬우며, 주성분이 지질층이기 때문에 극성이 작은 지용성 물질이 쉽게 통과된다. 크기가 크고 수용성을 띠는 물질이 가장 통과하기가 어렵다. 또 작은 분자라 하더라도 전하를 띠고 있어 극성이 크면 쉽게 통과하지 못한다. 그래서 세포막은 원하는 물질을 수송하기 위해, 수동적인 수송에만 의존하지 않고 에너지를 소비하면서라도 능동적으로 수송하기도 한다. 한편 식물 세포의 세포벽은 세포를 보호하고 모양을 유지해 주지만, 물질의 출입을 조절하지는 못한다. 만일 식물 세포의 세포벽에서 물질의 출입이 자유롭다면 식물이 생존할 수 없게 될 것이다. 그런 이유로 식물 세포의 물질의 출입 조절은 세포막에서만 가능하다. 생존을 위한 식물의 선택인 것이다.

9. 세포벽은 어떻게 관찰할까?

세포에 대한 중요성을 인식하면서 과학자들은 점점 더 세포벽에 대한 궁금증이 커져갔다. 세포벽은 모두 동일한 두께일까? 아니면 다를까? 세포를 이해하기 위한 첫 시도로 과학자들은 세포벽의 관찰을 위해 염색 방법을 고안했다. 세포벽은 일반 염색 방법으로는 염색되지 않으나 세포질을 분리하면 분명하게 세포벽을 관찰할 수 있다. 1884년 그램(Christian Gram) 염색법이 개발되면서 세균류를 일반적으로 그램-양성 세균과 그램-음성 세균으로 나누기 시작했다. 대부분의 세균들은 세포벽의 구조에 따라 두 종류로 분류된다. 그램-염색법에 의해 보라색(또는 감청색)으로 염색이 되는 세균은 그램-양성균으로 분홍색(또는 적색)으로 염색이 되는 균은 그램-음성균으로 구별한다. 이런 염색의 차이는 세균의 세포벽 구조의 차이에 의한 결과이다. 세포벽에는 *펩티도글리칸이라고 하는 물질이 있기 때문에 아주 단단하고, 세균이 강한 삼투압에 견딜 수 있게 된다. 세균의 세포벽은 펩티도글리칸, 인지질, 지질 다당체, 지질 단백질 등으로 구성되어 있다. 그램-양성균의 세포벽은 약 80~90 %가 펩티도글리칸이며, 여러 층의 펩티도글리칸이 약 20~80나

---

* **펩티도글리칸(peptidoglycan)** 당과 아미노산이 결합된 고분자이다.

노미터(nm)의 두께로 감싸여 있다. 반면에 그램-음성균의 세포벽은 펩티도글리칸 층이 한 겹으로 매우 얇으며(2~7 nm) 10~20 %만이 펩티도글리칸이다. 그러나 그램-음성균 세포벽 외부에는 인지질, 지질 다당체, 지질 단백질 등으로 구성된 7~8나노미터(nm) 정도의 외막이 감싸고 있다. 이러한 세포벽 구조의 차이로 그램 염색에서도 차이가 난다. 이러한 염색의 차이는 세균을 분류하는 가장 기본적인 기준이 된다.

이전에는 한때 그램-양성균을 *후벽균류(Fimicutes)라고 불렀다. 이 'Firmicutes'는 '두꺼운 세포벽'을 의미한다. 대략 후벽균문과 방선균문 세균은 그램-양성균에 속한다.

그램-음성균은 내부 세포질 막과 외막 사이에 샌드위치 모양의 펩티도글리칸 세포벽이 있는 것이 특징이다. 그램-음성균은 거의 모든 생활 환경 속에서도 살아가고 방대하게 퍼져 있다. 그램-음성균에는 대장균, 녹농균, 페스트균 같은 병원성균들이 여기에 해당한다. 사람과 관련된 질병 중 성병, 수막염 및 헤모필러스 인플렌자(호흡기 질환 유발) 등의 원인 균도 그램-음성균이다.

그램-음성균은 일반적으로 계면 활성제에도 내성이 강한 특성이 있고, 생존에 필요한 영양분의 요구가 간단한 편이다. 따라서 구성 성분이 간단한 배양액에서도 잘 자란다. 그램-음성균의 독소는 가열해도 잘 파괴되지 않는다. 그러나 이들 독소 또한 항체 반응을 유도할 수 있으며 다양한 범위의 면역성을 나타낸다. 그램-음성균의 대표적인 면역 활성 요소는 지질 다당류(LPS)이며 세포 표면을 구성하는 성분이다. 지질 다

---

* Firmicutes는 라틴어 Firmis(두꺼운)와 cutis(피부)를 뜻하는 라틴어의 합성어이다.

당류는 병원균 세균과 진핵 생물 간의 상호 작용에 중요한 역할을 한다.

인간이 오랜 동안 이용한 유산균은 그램-양성균이며 병원성 세균들과 유사한 세포벽 구조를 가진다. 유산균은 패혈증을 유발하지는 않으며 충분한 양을 섭취하면 오히려 유해 세균의 체내 감염 및 번식을 막아준다. 이런 기능을 세계보건기구(WHO)에서는 '프로바이오틱스(probiotics)'라고 하며, "충분한 양을 섭취하면 건강에 유익한 균"이라는 것을 의미한다. 유산균은 장내 유해균 억제 기능 및 정장 작용, 면역증강, 감염억제, 혈중 콜레스테롤 감소 기능, 항암작용 및 노화억제 등 그 기능이 다양한 것으로 알려져 있다. 그램-양성균에는 지질 다당류가 없고, 주요 패혈증의 원인이 되지만 그 발생기전이 명확히 밝혀지지는 않았다.

10. 세포에서 ATP는 어떤 역할을 하나?

ATP는 DNA와 함께 생명체에서는 결정적으로 중요한 거대 분자이다. 그렇다면 생물계에서 ATP의 기능은 무엇인가? 우리가 잘 아는 바와 같이 첫 번째 기능은 세포 반응에 에너지를 공급하는 '화학적 기능'을 하는 것이고, 두 번째는 세포막을 통해서 물질을 운반하는 '운반의 기능', 그리고 세 번째는 근육을 수축하는 등과 같은 '기계적 기능'을 가지고 있다. 여기에 더불어 최근에 밝혀진 바로는 세포 내 단백질을 녹이는 '용매화 기능'도 가지고 있다.

어떤 면에서 보면 ATP는 세포에 에너지를 공급하는 복잡한 나노 기계이다. ATP는 사람 몸에 가장 넓게 분포된 고-에너지 화합물이다. 생명체에서는 더 복잡한 분자를 만들거나, 근육을 수축하거나, 신경계에서 전기를 발생시키거나 개똥벌레가 빛을 내는 데에도 이 ATP를 이용한다. 가장 간단한 박테리아부터 사람에 이르기까지 자연에 있는 모든 생명체의 에너지원은 ATP이다. 우리가 섭취하는 영양분은 저-에너지 물질들이고, 이 에너지는 세포의 생화학 반응에 즉시 이용할 수 없다. 때문에 저-에너지 분자를 결정적인 순간에 즉시 반응에 이용할 수 있는 ATP 같은 고-에너지 분자를 만들어야 한다. 예를 들어 외부 공격에 대응하기 위해 독성 단백질을 만들거나 *사이아나이드 독성 물질을 만드는 데 이용되며 이는 빠른 시간 내에 이루어진다. 늦어지면 아무런 소용이 없기 때문이다.

그렇다면 ATP가 왜 고-에너지 물질인가? 어디에 그 많은 에너지를 저장하고 있는가? 또 어떻게 에너지를 즉시 이용할 수 있게 하는가? 이 질문들에 대한 대답은 ATP의 구조와 그들을 이루는 화학 결합의 형태에 있다(3.12절 참고). ATP는 퓨린 염기인 아데닌 고리의 질소 원자에 리보오스 당이 연결된 아데노신(adenosine)에 있는 5′-CH_2OH에 인산기가 결합되어 있다. 인산기가 하나인 것을 AMP(adenosine monophosphate), 두 개가 결합되면 ADP(adenosine diphosphate) 그리고 세 개가 결합되면 ATP(adenosine triphosphate)가 된다. 당 분자와 인산기 그리고 인산기와 인산기는 C−O−P와 P−O−P 결합으로 연결되어 있다. 이 결합의 에너지가 높아 ATP가 고−에너지 분자가 되게 한다. 아울러 결합 에너지가 커서 이 분자는 안정하지 못하다. ATP 분자에서 마지막 인산기 하나가 가수분해 되어 ADP로 변환될 때 에너지가 발생된다. 이 에너지는 세포에서 반응에 사용할 정도의 에너지이다. 분해된 ADP 분자는 다시 인산화되어 고-에너지 분자인 ATP로 변환되어 사용될 준비를 한다. 사실 ATP는 연료가 아니라, 재충전이 가능한 베터리이며 에너지 공급 시약인 것이다.[31]

1929년 ATP가 처음 발견되었을 때는 오로지 세포내 에너지원으로만 알려졌지만, 그 후 ATP의 또 다른 기능인 세포간의 신호 전달 역할도 제안되었다. 최근 20년간의 연구 성과로 세포간 신호 전달에도 ATP가

---

* 사이아나이드(cyanide)는 −CN기를 가지고 있는 물질로 대부분 강한 독성을 나타낸다.

관여한다는 사실도 알려졌다.[32]

세포의 많은 생화학적 과정들이 세포막을 사이에 두고 일어나는 소위 '능동 운반(active transport)'이라는 과정에 의존한다. 이 과정은 물질들이 세포벽을 통해 안과 밖으로 이동하는 과정이며, 미토콘드리아나 엽록체의 막에서 전자 전달을 일으켜 진행된다. 대표적인 능동 운반으로 소듐-포타슘 펌프와 양성자 기울기(proton gradient) 등을 들 수 있다. 이들 과정에서는 ATP의 가수분해, ATP 합성 효소에 의한 ADP의 인산화 등이 관련되어 있다.

ATP는 세포내에서 높은 농도를 유지한다. 이처럼 높은 농도로 존재하는 것은 ATP가 소수성 단백질의 용해도를 높이는 생체 굴수성 물질의 역할을 하기 때문인 것으로 밝혀졌다.[33] 따라서 세포내의 ATP 양이 질병과 관련된 단백질의 회합 등에 영향을 미치게 될 것으로 예상하고 있다.

5 생물은 화학으로 스마트해진다

자연이 자연스럽고 또한 생명체가 능동적이게 하는 것은 역시 화학이다.

“

우주의 모든 상수들이 지금과 같이 적절한 값으로 세팅될 확률은 폐품 창고에 태풍이 불어 닥쳐 보잉 747 제트기가 자동으로 만들어질 확률과 비슷하다.

휴 로스(Hugh Ross)

”

지금까지 우리는 자연의 생물체가 생존하며 종을 보존하는 데 화학이 얼마나 중요한가를 생각해 보았다. 놀랍게도 자연의 생명체는 어떠한 환경 조건에서도 적극적이며 능동적이다. 진화란 "생물이 서서히 연속적으로 주어진 환경에 적응해가면서 생존에 가장 적합한 형질을 발달시키는 과정"이다. 이런 진화 과정은 아주 긴 시간 동안에 이루어진다. 그러나 그 처음의 모습과 마지막 모습은 상당히 다르다. 무엇이 이들을 이처럼 생존 환경에 적합한 형질과 능력을 가질 수 있게 할까? 또 그러는 동안 어떻게 이런 변화에 적응할까? 자연이 자연스럽고 또한 생명체가 능동적이게 하는 것은 역시 화학이다. 이제 이 장에서 화학이 자연의 생명체를 어떻게 얼마나 영리하게 하는지를 몇 가지 흥미로운 예를 들어 살펴보자.

1. 유전 정보 전달에 64개 암호를 사용한다

생물체가 종을 보존하기 위해서는 어미 개체가 가지고 있는 자신만의 유전 정보를 후손에게 전달해야 한다. 생물체는 유전 정보를 어떻게 전달하나? 생명체는 DNA와 RNA를 이용해 유전 정보를 전달하고 필요한 단백질을 합성한다. DNA는 유기체 정보를 부호화하고 세포의 분열과 성장을 조절한다. 생물체는 유전 정보를 DNA라는 정보 은행에 저장하고, 필요할 때 RNA를 이용하여 정보를 발현시킨다. 생명체의 유전 정보는 DNA의 염기 서열에 들어 있다. 즉 DNA의 염기 서열은 단백질의 아미노산 순서를 결정한다. 이때 DNA 염기들은 세 개씩 짝을 이루어 아미노산을 인식해낸다. 부호화 과정에서 오류를 최소화하고 효율성을 높이기 위해 생명체는 64개의 유전 부호를 사용한다. 그렇다면 왜 64개의 유전 부호를 사용하는가? 우리가 아는 것처럼 아미노산 종류는 20개나 되지만, DNA의 염기는 4종류뿐이다. 따라서 네 종류인 염기들이 3개 이상이 짝을 이루어 하나의 아미노산을 지정해야만 20종의 아미노산을 모두 지정할 수 있다. DNA의 세 개 염기로 된 한 조(set)가 하나의 아미노산을 지정하는 DNA의 유전 부호이다. 이들의 수와 배열 순서를 유전 정보라고 한다. DNA의 삼중항 코드로부터 정보는 mRNA로 전달된다. 이때도 mRNA는 세 개 염기쌍 조합으로 정보를 받게 되며 이 조합을 코돈

(codon)이라고 한다. mRNA 코돈은 지구상의 대부분의 생물체에서 공통적으로 사용된다. 아미노산의 종류(20개)에 비해 코돈의 종류는 64개이므로, 하나의 코돈이 한 가지 아미노산을 지정하는 경우도 있지만 여러 개의 코돈이 한 가지 아미노산을 지정하기도 한다.

합성되는 단백질을 구성하는 아미노산의 종류와 결합 순서는 mRNA의 염기 서열에 따라 결정된다. 하나의 아미노산을 지정하는 코돈이 둘 이상인 경우 대부분 3개의 염기 중에서 앞의 두 염기는 서로 동일하다. 그러나 세 번째 염기에 돌연변이가 일어나더라도 그 자리에 결합하는 아미노산이 바뀌지 않으므로 돌연변이가 일어날 확률이 감소하게 된다.

합성 개시 코돈인 'AUG'는 메티오닌이라는 아미노산을 지정하는 코돈으로도 사용되므로 단백질 합성 과정에서 최초로 리보솜에 결합하는 아미노산은 항상 메티오닌이 된다. 합성 개시 코돈(AUG)은 번역이 시작되는 위치를 결정한다. UAA, UAG, UGA는 합성 종결 코돈으로, 리보솜이 이곳에 도달하면 상보적으로 결합할 수 있는 tRNA가 없기 때문에 단백질 합성은 종결된다.

DNA에 저장된 유전 정보는 RNA로 *전사되고, RNA의 정보는 *번역되어 세포 구조와 기능에 필요한 단백질들의 합성에 이용한다. 즉 전사는 RNA의 조립 과정이므로 DNA로부터 유전자를 복사하는 단계이다. 이 복사된 정보에 따라 단백질을 만드는 과정을 번역이라고 한다.

단백질 합성에 중요한 세 가지 단계는 유전 정보의 전달과 아미노산

---

* **전사(transcription)** DNA에서 RNA로 정보가 전달되는 것이다.

* **번역(translation)** RNA가 정보를 번역하여 단백질을 합성하는 것이다.

의 지정, 단백질 합성을 위한 아미노산의 전달 그리고 펩타이드 결합 형성을 위한 촉매화이다. 유전 정보를 전달받아 아미노산을 지정하는 데 이용되는 RNA는 전령 RNA(mRNA)이다. 필요한 아미노산을 운반하는 RNA는 전달 RNA(tRNA)라고 하며, 아마이드 결합을 촉진하는 데 관여하는 RNA를 리보솜 RNA(ribosome RNA)라고 한다. 단백질 합성은 부분적으로 풀린 DNA 가닥으로부터 전사되어 만들어진 mRNA로부터 시작된다. mRNA는 DNA보다 훨씬 짧고, DNA에 직접 결합되어 있지 않아서 합성이 끝나면 곧 바로 이탈된다. mRNA는 단백질 합성에서 아미노산의 순서를 올바르게 매겨 주는 주형(틀)의 역할을 한다. mRNA는 DNA 원형으로부터 전사되고, 유전 정보에 암호(코돈)를 부여하여 단백질 합성이 일어나는 장소인 리보솜으로 운반해준다.

어떻게 mRNA가 그런 역할을 해낼 수 있는가? 사실 현대 생물학 연구에서의 또 하나의 관심은 "생명계가 유기체의 정보를 어떻게 코드화하여 전달하고 번역하여 단백질을 합성할 수 있게 하는가?"였다. mRNA는 임무 수행을 위해 사용하는 자신들만의 소통 언어는 무엇인가 하는 것이었다. 이 소통의 암호는 우리가 알고 있는 코돈이다.

필요한 단백질을 만들기 위한 부호화가 어떻게 이루어지는지를 이해하려는 노력은 1953년에 DNA 구조를 알게 된 이후부터 시작되었다. 조지 가모(George Gamow, 러시아 물리학자, 후에 미국으로 이주함)가 처음 세 개의 염기로 부호화된다는 것을 가정하였다. 이를 바탕으로 하여 1961년 *프란시스 클릭(Francis Crick, 영국 생물학자), 시드니 브레너, 레슬리 바넷 및 왓츠-토빈 등이 세 염기쌍을 이용한 실험을 수행하였다(Crick, Brenner et al. 실험이라고 함). 같은 해에 마샬 니렌베르크와 하인리히 J. 마테에이 등이 처음으로 세 개의 뉴클레오타이드를 이용하여 코돈을 해석하는 간단한 방법을 고안하여 이들의 특성을 보여주었다. 전령 RNA는 DNA로부터 받은 정보로부터 아미노산을 지정하기 위해서 64개의 *코돈이라는 암호를 이용한다(부록 표 5.1 참고).

이 코돈은 mRNA의 연속된 세 염기(5′-위치 염기, 중간 위치 염기, 3′-위치 염기)의 순서쌍으로 이루어져 있다. mRNA는 네 개의 염기(A, G, C, U)를 포함하고 있다. 이 염기들이 짝을 지어 암호를 만드는 데는 세 가지 가능한 경우가 있을 수 있다. 유전 암호가 64개인 비밀은 필수 아미노산이 20개라는 것과 간단한 수학적 이유에 있다. 4개의 염기(U, C, A, G)를 조합하여 만들 수 있는 세 개의 염기 암호는 $4 \times 4 \times 4 = 4^3 = 64$개이다. 네 개의 염기로 두 글자 암호를 만들면 $4 \times 4 = 4^2 = 16$개만 만들 수 있고, 네 글자 암호를 만들면 $4 \times 4 \times 4 \times 4 = 4^4 = 256$개의 단어가 만들어진다. 그러면 왜 네 개 염기로 세 글자 암호가 만들어졌을까? 자연에서 단백질을 합성하는 데는 20개의 아미노산을 이용한다. 그렇다면 16개의 암호는 너무 적고, 256개의 암호는 너무 많아서 비효율적이다. 생명계는 이런 비효율성을 선택하지 않는다. 64개의 암호도 너무 많아 보일지 모르지만, 천연 단백질에서 발견되는 아미노산들을 이용해 단백질을 합성하는 데는 이 숫자가 적절하고 모든 코돈이 이용된다.

---

* **프란시스 클릭**(Francis Crick) 영국 생물학자, 시드니 브레너(Sydney Brenner)는 남아프리카공화국 생물학자, 레슬리 바넷(Leslie Barnett)은 영국 생물학자, 마샬 니렌베르크(Marshall Nirenberg)는 미국 생화학자, 하인리히 J. 마테에이(Heinrich J. Matthaei)는 독일 생화학자이다.

* **코돈** 유전자 발현에서 하나의 아미노산을 지정하는 전령 RNA의 유전 정보이다.

코돈 중에는 단백질 사슬 합성의 '개시'와 '종결'을 지시하는 부호도 있다. 하나의 아미노산을 지정하는 부호가 많게는 여섯 개부터 단지 하나만 있는 것도 있다. 사슬 개시와 아미노산 중의 Met(M)의 코돈은 'AUG'로 동일하며, 이들 코돈과 Trp(W) 아미노산은 단지 하나의 암호를 가지고 있지만, 다른 아미노산의 암호는 대부분 중복되어 있다. 아미노산을 지정하는 코돈은 겹치지 않으며 이들의 염기 서열은 연속적으로 읽혀진다.

DNA의 염기 서열의 돌연변이는 하나의 염기가 바뀐 것일 수도 있고, 하나 이상의 염기들이 더해지거나 없어져 야기될 수도 있다. 이런 돌연변이는 화학적(화학 물질, 발암 물질) 또는 물리적(방사선) 방해로 인해 일어난다. 하나의 아미노산에 대한 중복 코돈이 이런 돌연변이를 방지하는 데 가치가 있다. 예를 들어 Pro(P)를 지정하는 코돈은 네 개(CCA, CCC, CCG, CCU)이다. 이중에서 정상적인 경우 RNA 염기가 CCA일 때 Pro(P)로 지정되지만, DNA 돌연변이의 결과로 RNA 서열이 CCC로 바뀌어도 여전히 Pro(P)가 지정되어 단백질을 합성할 것이다.

mRNA는 DNA로부터 전사된 코돈 복사물로 tRNA의 도움을 받아 단백질을 합성한다. 즉 mRNA 사슬은 코돈을 가지고 있고, 이 코돈에 상응하는 역코돈(anticodon)을 tRNA 사슬에 만들어 필요한 단백질을 운반하게 한다. 즉 역코돈이 mRNA의 코돈 정보를 읽어 내는 것이다. 마지막 단계에서 리보솜 RNA(rRNA)가 아미노산들을 연결하는 펩타이드 결합을 형성하여 단백질을 만든다. 자연은 이처럼 놀랍도록 정교한 화학적 기술을 활용하고 있다.

과학자들이 생물체 유전 암호를 해독하고, 복제하고, 개조하는 방법들을 알아내면서 인간 유전체를 비롯한 많은 생명체의 유전체가 해독되었다. 이런 유전자 기술의 초석은 곧 DNA 서열의 결정과 합성법 개발의 바탕이 되었다. 아울러 컴퓨터 기술의 발전 등으로 여러 가지 창의적이며, 시간을 절약하게 해주는 방법들이 개발됨으로써 *유전체(게놈) 해석에 걸리는 시간을 극적으로 줄여주는 계기가 되었다.

---

* **유전체(genome)** 한 개체의 유전자의 총 염기 서열이며, 한 생물 종의 거의 완전한 유전 정보의 총합이다.

2. 화학 결합은 생물체의 배터리이다

생물체가 살아가고 유전하기 위해서는 에너지가 필요하다. 식물은 물과 이산화 탄소(CO_2)로부터 햇빛 에너지를 이용하여 탄수화물을 합성한다. 이때 사용되는 햇빛 에너지는 어떻게 되는가? 광합성 과정에서 물과 이산화 탄소의 결합이 끊어지고 이들이 재결합되어 새로운 탄수화물을 형성한다. 그러나 결과적으로 살펴보면 합성에 사용된 햇빛 에너지는 탄소-수소(C–H), 탄소-탄소(C–C), 탄소-산소(C–O) 같은 결합으로 이루어진 탄수화물에 결합 에너지 형태로 저장되는 것이다.

사람도 살아가기 위해서는 필요한 에너지를 계속해서 공급받아야 한다. 음식으로 섭취되는 에너지의 대략 20 % 정도는 뇌 속의 *뉴런을 작동시키고, 뇌 세포를 건강하게 하는 데 이용된다. 추운 날 식사를 하지 못하면 더 춥다. 그러나 한 그릇의 식사를 하고 나면 추위를 잊게 된다. 우리 몸에서 필요한 에너지는 대부분 탄수화물과 지방에서 얻는다. 식사 중에 섭취한 녹말로 대표되는 탄수화물은 장내에서 포도당으로 분해된다. 포도당은 혈액에 의해 세포로 운반되어 산소와 여러 단계의 화학 반응을 거쳐 이산화 탄소와 물로 분해되면서 에너지를 방출한다. 식

* **뉴런(neuron)**: 신경 세포라고도 한다. 신경 아교 세포와 함께 신경계와 신경 조직을 이루는 기본 단위이다.

사 후에 몸이 따뜻해지는 원인이다. 식물이 물과 이산화 탄소와 햇빛을 이용하여 포도당을 합성하고, 이 포도당을 사람이 섭취하여 에너지를 얻고 초기 반응물인 물과 이산화 탄소를 내놓는다. 1몰(mol)의 포도당($C_6H_{12}O_6$)이 연소 분해되면 약 2,803킬로줄(kJ)의 에너지가 방출되고, 대표적 지방인 트라이스테아린(tristearine, $C_{57}H_{110}O_6$) 1몰(mol)이 연소 분해되면 275,520킬로줄(kJ)의 에너지가 방출된다. 체내에서 *탄수화물의 분해 속도는 지방보다 매우 빠르다. 많은 에너지를 빨리 얻고자 하는 프로 테니스 선수가 휴식 시간에 바나나를 먹는 이유이기도 하다.

우리 몸은 식품에서 얻어지는 화학 에너지를 체온 유지, 근육 운동 및 조직의 생성과 재생 등에 이용한다. 식품으로부터 얻는 과량의 에너지는 지방의 형태로 저장한다. 지방은 물에 녹지 않고, 단백질이나 탄수화물보다 단위 질량당 에너지 효율이 더 높기 때문이다.

자연의 햇빛 에너지를 화학 결합 에너지로 저장했다가 용도에 따라 꺼내서 이용하는 것이다. 자연의 에너지 순환 과정은 놀랍고 정교하다!

✿ 사람은 체온을 어떻게 조절하나?

사람이 적정한 체온을 유지하기 위해서도 에너지가 필요하다. 사람은 이런 에너지를 식물처럼 태양으로부터 직접 얻을 수는 없다. 그 대신 음식을 섭취하여 섭취한 화합물의 화학 에너지를 활용한다. 즉 화학 반응을 통해 결합을 분해하고 생성하는 과정을 통해 음식물 속의 C−C, C−H, C−O 등의 결합에 저장된 에너지를 이용한다. 물론 음식물 속의

* **탄수화물 및 단백질의 평균 연료값** 17 kJ/g(4 kcal/g), 지방의 평균 연료값: 38 kJ/g(9 kcal/g)

화학 에너지는 모두 태양 에너지로부터 온 것이다.

사람이 체온을 일정하게 유지하는 것은 매우 중요한 생리적 기능이다. 몸이 덥혀지고 식혀지는 메커니즘은 어떨까? 우리가 음식을 섭취하면 몸의 내부 에너지가 증가된다. 포도당($C_6H_{12}O_6$) 한 분자가 대사하려면 6개 분자의 산소(O_2)가 필요하고, 6개 분자의 이산화 탄소(CO_2)와 6개 분자의 물(H_2O)이 생성되면서 2,803킬로줄(kJ)의 에너지를 발생한다. 대표적인 지방인 트라이스테아린(tristearine, $C_{57}H_{110}O_6$) 두 분자가 연소되면 포도당 한 분자가 발생하는 에너지의 98배인 275,520킬로줄(kJ) 이상의 많은 에너지를 생성한다.

인체에서 생성되는 에너지의 40 % 정도는 근육 수축과 신경 세포 활동에 이용된다. 나머지는 열로 방출되며, 이 중 일부가 체온을 유지하는 데 사용된다. 몸의 열은 복사, 대류 및 증발과 같은 물리적 과정을 통해 몸 밖으로 배출된다. 땀이 나면 피부 표면에서 수분이 증발되어 체온이 내려가고, 또 따뜻한 몸의 열은 피부에 접촉하는 공기로 전달된다. 따뜻한 옷은 대류에 의한 열 손실을 방지하여 체온이 내려가는 것을 막아준다. 땀의 주성분은 물이며, 물이 증발되는 것은 흡열 과정이다. 1몰(mol)의 물이 증발되려면 약 44.0킬로줄(kJ)의 열이 필요하다. 대기의 습도가 증가할수록 증발되는 속도는 감소하므로 덥고 습한 날에 땀이 더 많이 나고 불쾌해진다. 체온이 너무 많이 상승하면 몸에서는 두 가지 방법으로 열을 방출한다. 한 가지 방법은 더위에 의해 붉게 상기된 피부 표면 근처의 혈류량을 증가시켜 복사와 대류에 의한 냉각을 촉진한다. 다른 방법은 땀을 내어 땀이 증발하면서 열을 잃어버리도록 함으로서 체온을 내려가게 한다. 하루 동안 땀으로 분비될 수 있는 물의 최대 양은 대략 2~4리터까지이다. 따라서 땀이 많이 날 때는 수분과 전해질을 보충해 주어야 한다. 너무 많은 수분이 손실되면 혈액 양이 감소한다. 그렇게 되면 증발에 의해 체온을 내릴 수도 없게 되어 탈진이 유발되거나, 심각한 열사병에 걸리게 된다. 뿐만 아니라 전해질이 부족해지면 어지럽거나 심각한 혼란에 빠지게 된다. 저체온증(hypothermia)은 체온이 너무 떨어져 정상적인 체온 유지가 되지 않을 때 발생한다. 체온이 내려가면 피부 표면을 흐르는 혈류가 감소되고 열의 손실은 줄어든다.

❀ 포도당은 빛 에너지의 저장고이다

사람들이 피로가 심하거나 병원에 입원하면 포도당 수액 주사를 맞는다. 왜 하필이면 포도당 주사인가? 5 % 포도당 주사액 1리터(L)를 맞으면 대략 170칼로리(cal) 정도의 에너지를 공급받을 수 있다. 이는 쌀밥 반 공기 분량의 에너지이다. 포도당은 사람의 혈액과 조직에서 흔하게 발견되며, 생명체에게 중요한 탄수화물 중 하나이다. 포도당은 뇌, 신경, 폐 조직에 있어서 에너지원으로 필수적이며, 혈중 포도당 농도에 민감하게 반응하여 결핍이 되면 즉각 경련을 일으키게 된다. 그 외에도 포도당은 핵산의 구성 성분으로 인체의 결합 조직으로 다른 당으로 전환되기도 한다.

포도당은 대기 중의 CO_2와 물로부터 광합성을 통해 만들어진 에너지 공급 물질이다. 포도당 1몰(mol)이 완전 연소되어 이산화 탄소(CO_2)와 물(H_2O)을 생성하면 무려 30~32몰(mol)의 ATP를 생성한다. ATP는 생명체에서 유용한 에너지 공급 물질이다. ATP 30~32몰이 가지고 있는 에너지는 온전히 태양의 빛에너지로부터 온 화학 에너지인 셈이다.

지구상의 생명체는 어떻게 세포 에너지를 얻는가? 우리가 알고 있는 것처럼 식물은 빛에너지와 이산화 탄소로 광합성하여 포도당을 만들어 햇빛 에너지를 저장한다. 합성된 포도당은 녹말이나 셀룰로오스로 저장하고 필요하면 분해하여 에너지로 이용한다. 동물은 섭취한 탄수화물을 분해하여 포도당을 만들고 해당 과정을 거쳐 3탄당인 피루브산(pyruvic acid)으로 분해시켜 에너지를 얻는다. 많은 에너지가 더 필요하면 유산소 호흡이라는 방법으로 포도당을 이산화 탄소로 산화시켜 에너지를 얻는다. 조금 구체적으로 설명하면 포도당의 여러 결합이 분해되어 탄소-산소 이중 결합(C=O) 및 산소-수소(O−H) 결합으로 변환되면서 높은 에너지를 가진 전자가 생긴다. 이 과정에서 전자가 반응물로 되돌아가지 못하도록 잡아서 다른 물질로 전달해 주는 전자 전달계가 작동한다. 만일 산소가 없으면 이 전달계가 작동하지 않는 것으로 알려져 있다. 또한, 포도당은 에너지원으로 사용되기 위해서 세포 속으로 이동해야 한다. 그렇다면 생명계에서 포도당은 어떻게 세포로 이동할 수 있나? 포도당이 세포로 이동하기 위해서는 반드시 인산화가 일어나야 한다. 이런 인산화는 포도당 분자에 다섯 개의 OH기를 가지고 있기 때문에 가능하다. 뿐만 아니라 이 OH 작용기로 인해 수소 결합도 가능하다. 이 분자간 수소 결합은 분자의 물리적 성질이나 구조에 영향을 미친다. 이 수소 결합이 포도당의 녹는점을 높게 한다. 포도당은 모두 단일 결합만을 이루고 있고, 파이(π) 결합 전자를 가지고 있지 않지만 155 ℃의 높은 녹는점을 가지고 있다. OH기는 $O^{\delta-} - H^{\delta+}$의 극성을 띤다. 따라서 이 O−H의 극성 결합과 두 개의 비결합 전자쌍을 가지는 이웃한 분자의 산소(O) 원자 사이에서 수소 결합($O^{\delta-} - H^{\delta+} ... O^{\delta+}$)을 형성한다. 이런 분자간 수소 결합은 녹는점과 끓는점을 높아지게 한다. 분자량이 적은 물 분자도 이런 수소 결합 때문에 100 ℃의 높은 끓는점을 가진다.

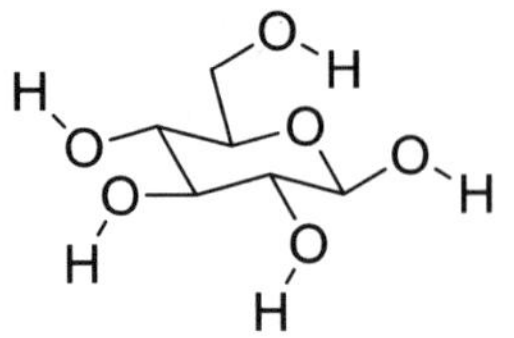

그림 5.1 포도당(glucose, $C_6H_{12}O_6$)의 구조

3. 무기질이 체액이 평형을 이루게 하고 정보도 전달한다

생명체를 이루는 주요 원소는 탄소를 포함하는 유기물이지만, 무기질 또한 중요하다. 사람을 포함한 많은 생명체는 체액의 *전해질 평형이 매우 중요하다. 체액의 전해질이 평형을 이루도록 하는 데는 이온 상태로 존재하는 무기질이 또한 필수적이다. 체내에 존재하는 무기질은 대부분 양이온과 음이온이며 얼마간은 착물(complex)로 존재하기도 한다.

사람의 몸은 일상에서 무기질을 필요로 할 뿐 아니라, 모자라지도 남지도 않도록 항상 균형을 유지해야 한다. 즉 평형을 이루고 있어야 한다. 이들 무기질 원소들은 식품에 풍부하므로 음식물의 섭취로 공급된다. 또한 다소 과량으로 섭취해도 수용성이기 때문에 사용되고 남은 이온들은 배설된다. 골다공증과 같은 칼슘 결핍을 제외하고는 흔하지 않지만 필요한 전해질이 결핍되면 다양한 증상이 나타난다. 소듐 양이온(Na^+), 포타슘 양이온(K^+)과 염소 음이온(Cl^-)은 체액의 전해질 평형을 위해 필수적인 무기물이다. 소금(NaCl)은 소듐 양이온(Na^+)과 염소 음

* **전해질(electrolyte)** 물에 녹은 상태에서 이온으로 존재하여 전류가 흐를 수 있는 물질을 말한다. 대표적인 전해질로는 염화 소듐(NaCl), 황산(H_2SO_4), 염산(HCl), 수산화 소듐(NaOH), 수산화 포타슘(KOH), 질산 소듐($NaNO_3$) 등이 있다.

이온(Cl^-)의 공급 물질이다. 소듐은 세포 외액의 주요 성분이며, 수분의 평형과 신경 전달 등에 중요한 역할을 한다. 이들의 결핍증은 거의 일어나지 않지만, 심한 운동으로 땀을 많이 배설하거나 또는 심한 구토와 설사 등으로 인해 체액 손실이 커지면 체액의 평형을 위해 보충해야 한다. 따라서 여름철 심하게 땀을 흘린 운동선수들에게 적절한 양의 소금을 먹도록 권유한다. 체내 칼슘의 99 %는 뼈와 치아에 존재한다. 소듐 및 포타슘 이온과 마찬가지로 칼슘(Ca^{2+}) 이온도 심장 박동 조절, 혈액 응고, 근육 수축과 신경 전달에 관여한다. 체내에서 칼슘은 Ca^{2+} 이온 상태로만 흡수되며, 지방이 많은 음식을 먹거나 락토오스(유당, lactose)와 함께 섭취하면 소장에서 흡수할 수 있는 시간이 길어져 흡수에 도움이 된다. 인(P, 유기 분자에 포함되거나 인산 이온으로 존재)은 뼈나 치아의 구성 성분이며 세포막과 ATP 및 DNA의 구성 성분이다. 인이 결핍되면 무력증이나 식욕 부진 등이 유발될 수 있다. 마그네슘(II) 이온(Mg^{2+})은 ATP를 포함하는 반응에 필요하며 신경 및 근육 기능에 관여한다. 부족하면 구토나 무기력증이 있을 수도 있다. 황(S, 유기 분자에 결합되어 있거나 황산 이온으로 존재)은 단백질, 일부 비타민 등에 포함되며 산-염기 평형에도 관여한다. 무기질 중에는 하루에 100밀리그램(mg) 이하로 소량만 필요한 미량 원소도 많다. 이들 중 요오드 음이온(I^-)은 갑상선 기능에 필수적이며, 모든 체세포의 성장 및 발달 그리고 유지 보수에 관여하는 것으로 알려져 있다. 요오드가 부족하면 갑상선이 비대해진다. 이런 결핍이 있는 사람은 0.1 % 정도의 KI(potassium iodide)가 함유된 요오드 강화 소금을 섭취하도록 권한다. 미량 원소인 철분(Fe)이 부족하면 햄(heme)의 농도가 낮아져 혈액의 산소 운반 능력이 떨어져 빈혈을 유발한다. 아연(Zn)이 부족하면 면역 기능이 감소하거나, 성장과 발달 장애가 나타날 수 있다. 아울러 상처의 치유 능력이 감소하는 등의 증상도 나타난다. 아연 섭취에는 채소로 된 음식보다는 육류 음식이 유리하다.

한편, 사람의 혈압은 혈관 세포내의 포타슘 양이온(K^+)과 세포 밖의 소듐 양이온(Na^+)의 양에 의해 조절된다는 사실을 알고 있다. 만일 세포의 내부에 K^+가 부족하여 Na^+가 많아지게 되면 혈압이 상승된다. 이들 두 이온의 적절한 균형이 이루어질 때 정상 혈압을 유지할 수 있다. 이런 이유로 고혈압 환자에게 K^+가 많은 식품을 섭취하도록 권한다. 또한 무기질 이온이 혈압 조절자 역할을 하는 셈이다.

4. 초분자가 생물을 영리하게 한다

과학자들은 화합물이 주어진 환경에 스스로 적응하고 대응하는 특별한 능력을 가질 때 스마트 물질(smart material)이라고 말한다. 이런 스마트한 성질은 우리가 이전까지 알아 왔던 분자들과는 다른 초분자(supramolecular)들의 특성이다. 자연에서는 이런 *초분자가 주어진 환경에 적응하고 생존하는 데 절대적인 도움을 준다. 초분자는 금속 원자와 유기 리간드(ligand)가 공유 결합이 아닌 힘(예, *배위 결합, 수소 결합 등)에 의해 서로 결합되어 하나의 분자처럼 행동하는 물질이다(3.13절 참고).

생물체에는 수많은 유기 리간드와 금속이 존재한다. 금속 중에서 전이 금속이 특히 초분자 형성에 유용하다. 자연의 대표적인 초분자로 엽록소나 헤모글로빈을 들 수 있다. 헤모글로빈은 철과 헴으로 만들어진 초분자이므로 산소와 이산화 탄소를 운반할 수 있다. 초분자는 작은 벤젠(benzene)이나 거대 분자인 DNA와 RNA도 할 수 없는 '특정 물질의 운반 기능'을 담당할 수 있다. 효소도 효소로서의 기능을 발휘하기 위해

---

* 초분자를 이전에는 착물(complex)이라고 불렀다. 따라서 착물이라는 이름이 더 친근하기도 하다. 초분자가 아닌 분자를 단분자(monomolecule)라고 한다.
* 배위 결합(coordinate bond)은 두 원자가 공유 결합을 할 때 결합에 관여하는 전자가 형식적으로 한쪽 원자에서만 제공되어 결합된 경우를 말한다.

초분자를 형성한다. 자연은 필요할 때에 이런 초분자 기능을 활용한다.

엽록소 역시 마그네슘을 가진 초분자이므로 광합성을 할 수 있다. 헤모글로빈과 엽록소는 어떻게 이런 능력을 가졌을까? 철과 포르피린이 배위 결합하여 하나의 초분자를 형성한다. 이 초분자가 마치 단일 분자처럼 거동함으로서 헤모글로빈이 산소와 이산화 탄소 등을 운반하는 기능을 갖게 된다. 이런 스마트 기능은 초분자가 나타내는 특성 중 하나이다(3.14절 참고). 만일 금속과 유기 리간드가 분리되어 있으면 산소와 같은 물질을 이동시킬 수도 없고, 물질을 인식할 수도 없다. 놀랍게도 자연에는 이런 초분자 물질들이 흔한 편이며 기능도 다양하게 발현된다.

사람이 섭취해야 하는 29개 금속 중 10개는 전이 금속이다. 이 열 가지 원소-V, Cr, Mn, Fe, Co, Ni, Cu, Zn, Mo, Cd-들은 생물계에 존재하는 다양한 작용기(리간드)들과 초분자를 형성한다. 우리 몸은 소량의 금속만을 필요로 하지만, 이 금속들이 부족하면 심각한 질병이 유발된다. 망간(Mn)이 부족하면 경련 장애를 일으킨다. 또 Fe(II)는 헴의 포르피린(porphyrine)과 초분자를 형성하여 산소를 공급한다. 그러나 녹색식물에 있는 엽록소에는 Mg(II)가 포르피린 고리와 초분자를 형성하고 있다. 혈액에서 산소를 공급하는 헤모글로빈은 헴을 포함하는 소단위 네 개로 구성되어 있다. 각 소단위들은 마이오글로빈과 유사하며 하나의 헤모글로빈은 네 개의 산소 분자와 결합할 수 있다. 동물의 골격 세포에 있는 마이오글로빈은 신진 대사 활동으로 산소가 쓰일 때까지 마이오글로빈 하나당 산소 분자 하나를 저장하고 있다.

보통 사람은 하루에 약 6그램(g)의 헤모글로빈을 분해한다. 단백질 부분과 철은 다시 사용된다. 헴이 분해되면 초분자 성질을 상실하며 기능성도 잃어버린다. 헴은 산화 효소에 의해 철을 상실하며 포르피린 고리가 분해되어 빌리버딘(biliverdin)으로 된다. 빌리버딘은 수용성이고 포유류의 경우에는 빌리버딘 환원 효소에 의해 빌리루빈(bilirubin)으로 변환된다(부록 그림 5.1 참고). 황색인 빌리루빈은 혈액 속으로 들어가면 알부민과 결합한다. 빌리루빈은 지질 친화성이 있는 수용성 물질이지만 알부민과 결합되어야 물에 잘 녹는다. 빌리루빈은 간에서 쉽게 대사된다. 소변 색이 다소 노란 것은 빌리루빈 때문이다. 만일 간에서 배출할 수 있는 빌리루빈보다 더 많은 양이 생긴다면 빌리루빈은 혈액에 쌓인다. 혈액 속의 빌리루빈 농도가 일정 수준 이상이 되면 조직으로 퍼지면서 피부가 노랗게 된다. 이런 증상이 곧 황달이다.

일산화 탄소(CO)는 헤모글로빈과 산소보다 더 강한 결합(약 210배 강하다)을 형성한다. 산소와 일산화 탄소가 함께 섞여 있으면 일산화 탄소가 산소보다 더 많이 결합하여 산소 운반 양이 감소된다. 결국은 산소 공급이 적어지기 때문에 위험하다. 만일 사람이 0.1 % 일산화 탄소를 포함하는 공기를 호흡하면 몇 시간 후에는 헤모글로빈(Hb)의 60 %가 일산화 탄소와 결합한 COHb로 전환되어 혈액의 산소 운반 능력이 60 %로 감소한다고 한다. 오염되지 않은 정상적인 공기를 흡입하여도 인체 반응에서 생성되는 소량의 일산화 탄소와 공기 중의 일산화 탄소에 의해 소량의 COHb가 생길 수 있다.

녹색 식물의 엽록소에는 철(II) 대신 마그네슘(II)를 포함하고 있는 초분자가 있다. 엽록소는 태양 에너지를 화학 에너지로 변환시키는 에너지 변환 공장이다. 만일 엽록소에 마그네슘이 존재하지 않는다면 이런 에너지 변환은 불가능하다. 생명체가 사용할 수 있도록 이 변환 방법이 광합성으로 녹색 식물에서 일어난다. 광합성은 자연에서 태양 에너지를 화학 에너지로 전환하는 장치로 지구상의 모든 녹색 생명계의 생존과 직결된다.

햇빛으로부터 48몰(mol)의 광자를 흡수하면 포도당 1몰(mol)을 합성할 수 있다. 엽록소는 적색광(655 nm에서 최대 흡광도를 나타냄)과 청색광(430 nm에서 최대 흡광도를 나타냄)을 흡수하고, 녹색광을 투과시키므로 녹색을 띤다.

사람에게서 철이 부족하면 빈혈이 생기고, 식물에서 철이 부족하면 잎이 노랗게 변하는 백화 현상(chlorosis)을 일으킨다. 자연에 존재하는 철 화합물들은 대부분 물에 잘 녹지 않으므로 생명계가 철을 이용하는 데는 어려움이 있다. 그러나 생명계는 현명하게도 이런 문제를 초분자를 만들어 해결한다.

사람은 장을 통해서 음식으로부터 철을 얻는다. 음식물 속에 있는 철(Fe)은 트랜스페린(transferrin)이라고 하는 단백질이 철과 결합하여 장의 벽을 통과해서 인체의 다른 조직으로 운반된다. 정상적인 성인의 몸에는 약 4그램(g) 정도의 철이 들어 있다. 이중에서 3그램(g) 정도는 헤모글로빈에 들어 있고 나머지 대부분은 트랜스페린에 의해 운반된다. 만일 사람이 박테리아에 감염되면 열이 난다. 박테리아에 감염된 사람이 철분을 더 섭취하면 감염 증상이 더 심해진다. 왜 그럴까? 박테리아도 성장하고 번식하는 데 철이 필요하기 때문이다. 박테리아는 철을 공급받기 위해 펩타이드인 사이드로포어를 분비하여 철 초분자를 형성한다. 박테리아는 이 초분자를 이용하여 철(Fe)을 공급받는다. 체내에 철이 보충될수록 박테리아는 더 번식하게 되므로 사람에게는 해로울 수 있다. 다행히도 박테리아의 사이드로포어 합성은 정상 체온(37 ℃)보다 높은 온도에서는 느려지고 40 ℃ 이상에서는 이 반응이 완전히 멈춘다고 한다. 감염된 세균을 퇴치하는 방법은 체온을 정상보다 더 높이는 것이다. 즉 체온을 높여서 박테리아의 철 이용을 어렵게 함으로서 번식을 못하게 하는 것이다. 세균에 감염되면 체온이 올라가는 것은 우리 몸 스스로의 방역 메커니즘이 가동되는 것이다. 인체가 스스로 화학 반응 온도를 조절하는 것이다.

미생물 역시 필요한 철을 얻기 위해 철과 강하게 결합하는 *사이드로포어를 이용한다. 사이드로포어와 철의 결합 세기는 매우 커서 철을 추출해 낼 수 있을 정도이다. 한 가지 예로 여섯 개 아미노산으로 구성된 페리크롬이 있다. 철(III)이 결합된 페리크롬이 세포로 들어가면 환원 효소가 작용하여 철(III)을 철(II)로 환원시킨다. 환원된 철(II)은 사이드로포어와 약한 결합을 하므로 세포 속에서 쉽게 제거된다. 미생물들은 이런 방식으로 사이드로포어를 외부로 분비해서 철 초분자를 세포 안으로 받아들여서 필요한 철을 얻는다.[34] 철이 이런 초분자를 형성하지 않으면 세포 안으로 이동할 수 없다.

---

* **사이드로포어(siderophore)** 미생물이 철을 흡수하기 위해 체외로 분비하는 펩티드성 킬레이트 물질로서 catecholate형과 hydroxamate형이 있으며 분자량은 500~1,000 정도이다. 'siderophore'에서 sidero는 'iron', phore는 'carrier'를 의미한다.

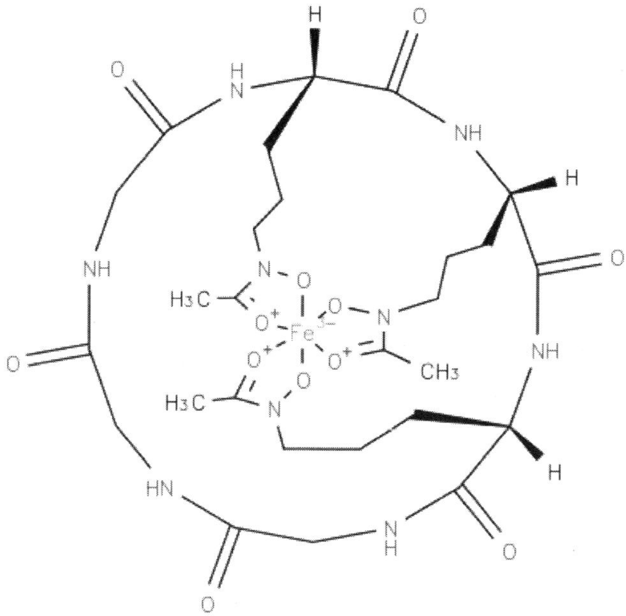

그림 5.2 페리크롬(ferrichrome)의 구조

5. 생존 전략으로 피부색을 다르게 한다

인류는 왜 피부색이 다를까? 사람의 피부색은 살고 있는 지역에 따라 다양하다. 즉 열대 지방 사람은 검은 흙색 피부, 북유럽 사람들은 창백한 피부색, 아시아인들은 황색 피부색 등 다양하다. 왜 이렇게 다른가? 사람의 다양한 피부색은 피부가 자외선(UV)에 노출되는 양에 따른 점진적인 변화의 결과(진화)로 생각된다. 비타민 D는 몸에서 콜레스테롤로부터 만들 수 있지만, 이때 필수적으로 햇빛(구체적으로는 자외선 B 복사선, 280~315 nm 범위)이 필요하다. 비타민 D 또한 필수 영양소이다. 비타민 D는 몸속의 칼슘(Ca)과 인(P)이 적절한 수준을 유지하는 데 중요한 역할을 한다. 이런 관점에서 보면 사람의 피부색에 대한 수수께끼를 풀 수도 있다. 몸속에서 비타민 D가 합성되기 위해서는 앞서 언급한 대로 적당한 파장의 자외선 에너지가 필요하다. 피부에 햇빛을 쪼여 흡수된 자외선은 *엽산을 파괴할 수도 있고, 비타민 D의 합성에 이용되기도 한다. 따라서 비타민 D의 합성을 위해서는 그 양도 해당 반응에 적절한 양이

* 엽산(folic acid) 분자는 크게 세 부분으로 구성되어 있다. 한 부분은 glutamic acid 단위이고, 두 번째 단위는 4-aminobenzoic acid 단위 그리고 마지막으로는 1,3,5,8-teteraazanaphthalene 단위이다. 이 중에서 teteraazanaphthalene 단위는 에너지 흡수에 유리한 방향족 파이(π)계를 이루고 있다.

어야 한다. 만일 과도한 자외선을 쪼이게 되면 엽산이 분해된다. 따라서 과도한 빛의 흡수로 인한 엽산의 분해를 막기 위해서는 햇빛의 흡수량을 조절해야 한다. 그런 이유로 피부색이 다른 것이다.

지구가 둥글기 때문에 거주 지역에 따라 자외선에 노출되는 정도는 매우 다르다. 적도 지역은 강한 햇빛에 오랜 시간 노출되므로 흡수되는 자외선 양의 조절을 위해 검은 피부색으로 진화되고, 햇빛이 약하고 노출 시간이 짧은 극지방 인류는 많은 양의 자외선이 흡수되도록 하얀 피부색으로 진화된 것으로 이해할 수 있다. 즉 자외선의 흡수량을 피부가 조절할 수 있도록 진화한 생존 전략인 것이다. 자외선 흡수량에 다른 진화 이외에도 인류의 피부색에 영향을 미치는 요인은 멜라닌(갈색 피부), 옥시-헤모글로빈(붉은색 피부), 카로틴(황색 피부) 및 레드-헤모글로빈(푸른색) 등이 있다.

엽산은 비교적 큰 분자이고 아미노산 및 핵산의 합성에 필요하므로 음식물로 반드시 섭취해야 하는 중요한 물질이다. 임신 초기 단계에서 신경계의 적절한 성장을 위해서는 엽산이 필요하다. 또 생체 반응에서 하나의 탄소로 된 물질들을 전달하는 역할도 한다. 엽산이 결핍되면 무뇌증(뇌가 정상적으로 성장하지 못함), 불구 및 척추 파열(척추 양분) 등과 같은 선천적 장애가 나타날 수 있다. 이것이 임산부들에게 매일 0.4밀리그램(mg)의 엽산 섭취를 권고하는 이유이다.

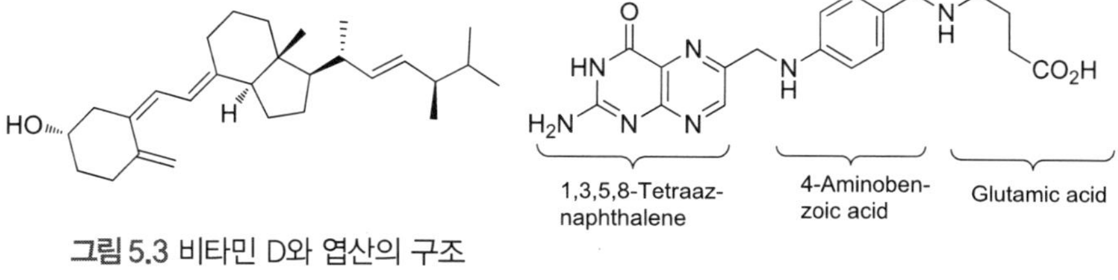

그림 5.3 비타민 D와 엽산의 구조

6. 아미노산이 단백질을 스마트하게 한다

단백질은 건조한 세포 무게의 절반을 차지한다. 단백질의 외형적 모양은 울퉁불퉁한 구슬처럼 생겼지만, 필요에 따라 접힐 수도 있다. 단백질의 역할을 화학적으로 분석해 보면 합성과 분해 반응에 관여하거나 호르몬으로서 역할도 한다. 즉 단백질 호르몬과 효소는 역할에 적합한 형태와 결합을 이루기 위해 특이적으로 결합한다. 일반적으로 효소는 결합된 기질 분자의 구조를 변형시키고, 호르몬은 결합된 특정 분자의 활성을 조절한다. 단백질은 이런 화학적 기능 외에도 물리적 기능도 가지고 있다. 예를 들어 근육 단백질은 우리가 움직이거나 운동을 할 수 있게 하며, 아메바나 박테리아의 움직임도 가능하게 한다. 박테리아는 긴 사슬 모양의 단백질을 회전시켜 이동한다.

단백질은 생물체 내의 구성 성분이기도 하며, 세포 내의 각종 화학반응의 촉매 역할(효소)도 한다. 아울러 항체를 형성하여 면역을 담당하는 등 생명계에서 여러 가지 형태의 중요한 역할을 수행한다. 이런 이유 때문에 생물의 종에 따라 화학적으로 분명히 다른 종류의 단백질을 가지고 있다. 따라서 생물의 세계에는 수백만 개의 다른 종류의 단백질이 존재한다. 단백질의 일반적인 화학식은$(NH_2CHR_nCOOH)_n$이다. 이런 단백질의 기본 단위는 아미노산(amino acid: $NH_2C^*HRCOOH$)이며,

이 아미노산에는 하나의 분자에 아미노(amino, $-NH_2$)기라는 염기 작용기와 카복실(carboxyl, $-COOH$)기라는 산 작용기가 존재한다. 뿐만 아니라 α-탄소(*로 표시됨, $-COOH$와 결합된 첫 번째 탄소를 일컬음)는 카이랄성을 가지고 있다. 놀랍게도 아미노산의 이러한 산-염기 작용기와 카이랄성 탄소는 생명계에서 아미노산과 단백질이 다양하고도 독특하며 선택적인 기능을 발휘하게 한다.

단백질은 트립신이라는 단백질 분해 효소의 작용에 의해 소화된다. 그런데 콩에는 트립신의 활동을 방해하는 콩 트립신 저해제라는 단백질이 들어 있어 콩을 날로 먹으면 소화가 잘 되지 않는다. 하지만 콩을 가열하면 이 단백질 성분이 변성을 일으켜 저해 기능을 잃는다. 결국 트립신이 활성화되어 소화 효소의 침입이 용이해진다. 단백질의 변성(denaturation)은 천연 단백질이 물리적인 요인(가열, 건조, 교반, 압력, X선, 초음파, 진동, 동결)이나 화학적인 요인(산, 염기, 요소, 유기 용매, 중금속, 계면활성제) 혹은 효소의 작용 등으로 원래의 성질을 잃어버리는 현상이다. 이러한 단백질의 변성은 대부분 비가역적이다.

단백질의 아미노산 일차 구조로 진화를 들여다볼 수도 있다

지구상의 최초 생명체도 단백질을 가졌을까? 19세기 중엽 네덜란드 화학자 물러(G. Mulder)는 모든 동물 조직과 식물즙에서 단백질을 추출하고, 이 물질은 생명체 구성 성분 중에서 가장 중요하다고 주장하였다. 그렇다면 지구 초창기 생명체들이 가진 단백질은 어떤 모양이었을까? 인간을 포함한 모든 동물들과 식물 등의 다양한 생명체들은 수십억 년의 진화 과정을 거쳐 오늘에 이르렀다. 과학자들은 생명체의 진화와 단백질이 밀접한 관련이 있을 것이라 여겨 왔다. 단백질의 기능상의 진화를 이해할 수 있다면 생명체 출현에 대한 이해 또한 가능하기 때문이다.

이 분야를 연구하는 과학자들은 생명체가 오랜 진화 과정 동안에 어떤 외부 환경적 스트레스를 받아 기존의 DNA가 돌연변이를 일으키면, 이 유전자로부터 합성되는 단백질의 1차 구조가 변형된다고 이해하고 있다. 그러나 구조가 다른 새로 합성된 단백질의 기능은 본래대로 유지되게 된다는 것이다. 이런 변형 반응을 *'보존적 치환'이라고 한다.

앞서 이야기한 것처럼 단백질의 1차 구조가 형성되면, 기능을 발현하기에 적당한 모양으로 만들어져야 한다. 즉 기능 발현에 적합한 구조를 곧 단백질의 4차 구조라고 한다. 그렇다면 유전자에 의해 지정된 순서대로 합성된 단백질이 어떻게 4차 구조를 이룰까? 단백질의 구성 성분인 아미노산은 극성 잔기와 비극성 잔기 등을 가지고 있다. 따라서 이들의 반데르발스(van der Waals) 상호 작용, 수소 결합, 파이–파이 스태킹(stacking) 등과 같은 분자간 내지는 분자내 상호 작용으로 기능 발현에 적합한 구조를 이루게 될 것으로 이해할 수 있다.

그렇다면 지구상의 초기 생명체들에서도 그랬을까? 아니면 또 다른 힘이나 운동이 필요했을까?

최근에 이러한 의문에 답을 얻기 위한 연구의 일환으로 새로운 단백질 기능 진화 과정을 설명하는 이론 모형이 제시되었다.[35] 단백질이 주어진 기능을 수행하려면 단백질이 굽어지거나 뒤틀리는 움직임을 통해 적

---

* **보존적 치환**(conservative substitution) 단백질의 기능에 영향을 주지 않고 일어나는 단백질의 치환 반응을 말한다.

당한 모양(구조)을 이루어야 한다. 이러한 단백질의 굽힘과 뒤틀림 운동을 '단백질의 경첩 운동(hinge movement of protein)'이라고 한다. 즉 유전자에 의해 아미노산의 순서가 지정되고, 그에 따라서 요구되는 단백질의 1차 구조가 형성된다. 하나의 유전자의 지정으로 하나의 폴리펩타이드가 만들어진다. 이를 '1유전자-1폴리펩타이드설'이라고 한다. 1유전자-1폴리펩타이드설은 비들(G. Beadle)과 테이텀(E. Tatum)이 주장한 '1유전자 1-효소설'을 바탕으로 하여 발전된 이론이다. 1유전자 1-효소설은 하나의 유전자가 하나의 효소 활성을 지배한다는 이론이다. 한 유전자가 하나의 효소와 폴리펩타이드 순서를 지배한다는 의미이다.

단백질의 일차 구조는 사슬에 존재하는 아미노산의 수와 이황화 결합(RS-SR 결합)의 위치 정보를 준다. 서로 다른 유기체에서 동일한 기능을 수행하는 단백질의 일차 구조를 조사 비교하면 종들 간의 분류학적인 차이를 알 수 있다. 생물학적 산화 반응에서 전자를 전달하는 시토크롬 C 단백질은 약 백 개의 아미노산을 가진다. 이스트의 시토크롬 C는 말의 시토크롬 C와 48개의 아미노산이 다르고, 오리의 시토크롬 C는 닭의 시토크롬 C와 단지 2개의 아미노산만이 다르다. 닭과 칠면조의 시토크롬 C는 동일한 단백질 일차 구조를 가진다. 인간과 침팬지도 동일한 시토크롬 C를 갖고, 붉은 털 원숭이와는 단지 하나의 아미노산만이 다르다.[36]

생명체에서 단백질이 나름의 특별한 기능을 발현하려면 경첩 운동과 같은 과정을 거쳐 기능을 발현하기에 적합한 구조(2차~4차 구조)를 형성해야 한다. 그러난 기본적으로 단백질의 1차 구조가 전체 모양을 결정하는 데 매우 중요하다. 따라서 단백질의 1차 구조가 변하면 일종의 질병이 유발하게 된다. 대표적인 예로 헤모글로빈의 구조 변형으로 유발되는 적혈구성 빈혈증이 있다.

❀ 머리카락은 단백질이다

우리는 미용실에서 머리카락 모양을 바꾼다. 곧은 머리, 곱슬머리는 어떻게 가능한가? 머리카락은 유난히 시스테인(cysteine)을 많이 포함하고 있는 케라틴이라는 단백질로 되어 있다. 케라틴의 삼차원 구조는 이들 시스테인이 형성하는 이황화 결합에 의해 유지된다. 파마 같은 머리 모양의 변형은 이들 시스테인들이 형성하는 이황화 결합을 조절함으로서 가능하다. 우선 머리에 환원제를 발라 이황화 결합을 환원시킨다(화학적으로는 RSSR → 2RSH로 된다). 그 후에 원하는 모양으로 머리를 만들고 산화제를 발라 새로운 이황화 결합을 형성시킨다. 이렇게 해서 만들어진 이황화 결합은 처음과는 다른 위치에서 이황화 결합이 형성되므로 새로운 머리 모양을 유지해준다(부록 그림 5.2 참고). 즉, 기존 머리의 이황화 결합을 환원시키고, 이를 다시 산화시켜 새로운 모양의 머리 모양이 만들어지게 하는 것이다.

❀ 펩타이드 호르몬이 혈압을 조절하고 항이뇨작용을 돕는다

바소프레신과 옥시토신은 인슐린처럼 일종의 펩타이드 호르몬이며, 단지 두 개의 아미노산만이 다른 *나노펩타이드이다. 바소프레신은 평활근의 수축을 조절하여 혈압을 조절한다. 또한 바소프레신은 항이뇨제로도 작용한다. 옥시토신은 임신한 여자의 분만을 유도하며 모유 생산을 촉진한다. 바소프레신과 옥시토신은 사슬 내부에 이황화 결합을 포함하며 C-말단 아미노산에는 카복실기(RCOOH)가 아니라 아마이드기($RCONH_2$)를 포함하고 있다. 바소프레신과 옥시토신은 단지 두 개의 아미노산만이 다름에도 불구하고 매우 다른 생리활성을 나타낸다. 빈센트 뒤비뇨(Vincent du Vigneaud, 1901~1978)가 옥시토신을 처음 합성하였고, 후에 바소프레신도 합성하였다. 뒤비뇨는 이 공로로 1955년 노벨상을 수상하였다.

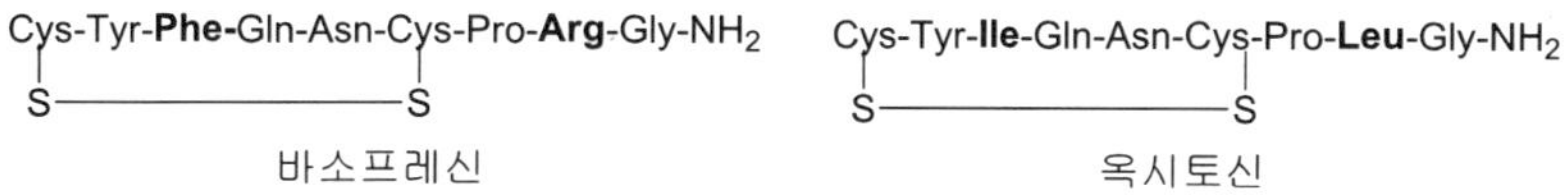

그림 5.4 바소프레신(vasopressin)과 옥시토신(oxytocin)의 구조

펩타이드는 통증을 조절하거나 청소부 역할도 한다

우리 몸에서는 어떤 이유에서 든 통증이 유발되면 다섯 개의 아미노산으로 구성된 펜타펩타이드(pentapeptide)인 엔케팔린(encephalin)을 합성한다. 합성된 엔케팔린이 뇌 세포에 있는 특정 수용체에 결합되면 통증이 완화된다. 엔케팔린이 결합하는 수용체는 모르핀(morphine)이나 데메롤(demerol) 같은 진통제가 결합하는 동일한 수용체에 결합한다고 알려져 있다. 그렇다면 이들 엔케팔린 유도체의 삼차원 구조의 어딘가는 모르핀이나 데메롤의 구조와 유사하다고 볼 수 있다.

루이신 엔케팔린: Tyr-Gly-Gly-Phe-**Leu**

메티오닌 엔케팔린: Tyr-Gly-Gly-Phe-**Met**

세포 내에는 합성 과정에서 잘못 만들어진 단백질도 있고, 기능이 쇠

* **나노펩타이드**(nanopeptide) 9개 아미노산으로된 펩타이드이다.

퇴된 단백질도 있으며, 해당 세포에 해로운 단백질이 존재할 수 도 있다. 단백질은 이런 불필요한 물질들을 제거하는 청소부 역할도 한다. 실제로 단백질의 파괴는 여러 가지 생체 현상과 밀접한 관련이 있다. 아론 치에하노베르(Aron Ciechanover), 어윈 로즈(Irwin Rose) 및 아브람 허쉬코(Avram Hershko) 박사는 세포 내부에서의 불필요한 단백질의 파괴에 관한 분자 수준의 연구로 2004년 노벨 화학상을 수상하였다. 이들은 유비퀴틴(ubiquitin: 76개 아미노산 사슬로 된 폴리펩타이드) 네 분자가 단백질에 부착하는 데 관여하는 효소와 그 메커니즘을 연구하였다. 유비퀴틴은 고등 생물 세포에 존재하는 표지용 단백질이다. 파괴해야 하는 단백질에 유비퀴틴을 공유 결합으로 부착시켜 단백질 폐기장인 프로테오솜(proteasome)으로 이동시킨다. 이동된 단백질들은 단백질 가수분해 효소들에 의해 파괴된다. 네 개 이상의 유비퀴틴이 결합되면 독특한 접착표면이 형성되어 파괴시킬 단백질을 선택하는 데 특별히 효과인 것으로 알려졌다. 유비퀴틴에 의한 단백질의 파괴와 관련된 생체 현상은 다양하다. 단백질의 파괴 연구는 유산의 원인 또는 악성 종양 등과 같은 질병의 이해와 치료제 개발에 이용되고 있다.

단백질은 에너지를 공급하는 분자 모터이다

전형적인 진핵세포에는 미세근섬유, 100옹스트롬(Å)의 지름을 가지는 중간 미세 근섬유, 미세 소관 같은 세 가지 세포 골격 단백질이 있다. 미세 근섬유와 미세 소관의 두께는 중간 정도이다. 이들은 섬유의 크기, 단위 구조와 역동성에서 차이가 있다. 액틴(actin)과 마이오신(myosin)은 근육을 구성하는 주된 단백질이다. 중간 미세 근섬유는 구조 형성에만 관여하는 단백질이고, 다른 두 개와는 전혀 다르게 구성되어 있다. 인간의 유전체에는 50개 이상의 중간 미세 섬유 유전자를 포함하고 있다. 세포가 이처럼 어떤 특별한 모양을 가지며 내부의 세포소 단위체를 움직이는 능력은 어디에서 기인하는가? 세포의 이런 기능은 미세 소관과 중간 미세 근섬유로 구성된 세포 골격(cytoskeleton)에 따라 좌우된다. 액틴과 미세 소관은 세포의 움직임에 관여한다. 근육이 움직이려면 에너지가 필요하다. 이런 에너지는 화학적 에너지를 가지고 있는 ATP가 에너지를 공급해야 한다.

근육 수축 과정에서 마이오신의 ATP 합성 효소(ATPase)에 의해서 소비되는 ATP는 ATP의 재합성에 의해서 공급된다. 각 연결회로에서도 한 개의 ATP 분자의 가수분해가 필요하다. 쉬고 있는 근육에서도 근소포체의 칼슘(II) 양이온(Ca^{2+}) 펌프는 약 7 %의 근육 에너지를 소비한다. 따라서 격렬히 운동하는 근육에서는 쉬는 근육의 50~100배의 ATP소모가 필요하다. 근육 수축에 필요한 에너지의 대부분은 중간 대사에서 온다. 보통 사람이 가지고 있는 에너지는 약 800킬로미터(km)를 달리는 데 필요한 에너지에 해당하며, 트라이글리세롤을 지방산으로 전환시켜 ATP를 만들어 공급한다. 지방산에 의한 에너지 공급 외에도 근육과 간에 있는 글리코젠에 의해서도 에너지가 공급된다. 운동 초기에는 글루코스가 에너지원이 되고, 운동이 연장되면 지방산이 에너지원으로 이용된다. 지속적인 운동을 하는 동안 소모되는 트라이글리세롤은 근육이 아닌 곳에 저장된 것으로부터 얻어진다. 트라이글리세롤을 연료로서 이용하는 것은 상당히 제한적이다. 지방산으로부터 에너지를 생산하는 속도는 해당 과정(glycolysis)의 절반 정도이다. 만일 운동이 지속적으로 이루어져 글리코젠이 모두 소모되면 결국에는 지방산의 산화가 주된 에너지원으로 된다. 따라서 지속적인 운동에서 글리코젠의 소진은 근육 피로의 원인이 된다. 근육에서 아미노산의 일반적인 대사 경로는 다른 조직에서와 같지만, 대사의 최종 생성물은 주로 피루브산과 α-케토글루탈산이다. 이런 부분적인 분해 대사에서 얻어지는 ATP는 운동에는 큰 도움이 되지 못하지만, 몇 시간 지속하는 운동에서는 약 10 % 정도가 이들로 보충된다. 그러나 TCA 회로의 중간체로 기여하는 α-케토글루탈산이 ATP를 생산하므로 아미노산의 신진 대사는 에너지 생산에 간접적으로 중요한 기여를 하고 있다.

ATP 합성 효소는 ATP를 생성하는 데 관여하는 효소이다. 이 효소는 미토콘드리아의 내막에 위치하고 있다. 이 효소는 세포 호흡의 하위 과정인 전자 전달에 의해 생기는 pH 차이와 전압 차이를 이용하여 ADP를 ATP로 변환한다. 이 과정을 밝힌 폴 델로스 보이어(Paul D. Boyer), 존 E. 워커(John. E. Walker) 및 옌스 크리스티안 스코우(Jens C. Skou)는 1997년 노벨 화학상을 받았다.

효소는 분자 인식을 이용하여 생체 반응을 촉매한다

생체에서 일어나는 모든 유기 화학 반응은 열역학적으로 촉매가 필요하다. 생명체에서는 효소가 이런 촉매 역할을 대신한다. 그렇다면 단백질인 효소는 어떻게 촉진해야 하는 반응을 알아 낼 수 있을까? 대부분의 생체 촉매는 구형 단백질 모양인 효소이다. 효소는 생체 내에서 일어나는 유기 반응을 대략 10^6~10^{16}배 정도나 빠르게 촉진한다. 효소는 효소로서의 기능을 발휘하기 위해 거대한 단백질 구조의 특정한 부분에 활성 자리를 가지고 있다. 생체 반응은 반응 물질이 이 효소의 활성 자리에 머물 때만 가능하며, 효소는 이 반응물을 알아챌 수 있는 분자 인식 능력을 가지고 있다. 이러한 특이성이 효소가 특정 반응에만 관여하게 하는 능력을 부여한다. 효소의 특이성은 활성 자리에 있는 특정한 아미노산 부사슬에 기인된다. 만일 음전하를 띄는 부사슬을 가지는 아미노산이 있으면 양전하를 가진 반응물(기질)과 결합하게 된다. 또 수소 결합을 할 수 있는 부사슬의 아미노산은 반응물과 수소 결합을 통해 결합하고, 소수성 부사슬을 가진 아미노산 부사슬은 소수성기를 가진 반응물과 결합하여 효소 촉매 작용이 가능하게 한다. 이와 같은 효소의 놀라운 촉매 작용 능력에 기여하는 중요한 세 가지 요소는 다음과 같다.

첫째, 생체 내에서 물질이 반응하려면 효소의 활성 자리와 적당한 방향으로 접근하여 접촉한다.

둘째, 효소의 아미노산 부사슬의 일부가 촉매로 작용한다.

셋째, 아미노산 부사슬은 반응의 전이 상태와 중간체를 안정화시켜 생성물의 생성을 촉진한다.

효소가 효소로서의 특별한 기능을 발휘하기 위해서는 효소 자체만으로는 어렵다. 효소가 완전한 기능을 발휘하기 위해 도우미를 이용한다. 효소의 도우미는 보조 인자이다. 효소가 부사슬만으로 반응을 촉진할 수 없을 때는 보조 인자(cofactor)를 이용하여 온전한 촉매화가 가능하게 한다. 보조 인자는 금속이나 유기 분자가 이용된다. 보조 인자가 유기 분자이면 보조 효소(coenzyme)라고 하며, 이들은 비타민으로부터 만들어진다.

7. 비타민은 효소의 도우미이다

보조 효소가 필요한 효소는 활성 자리에서 반응 물질(기질)과 보조 효소 모두와 결합하여 기능을 발휘한다. 비타민은 물에 녹는 수용성과 녹지 않는 지용성 두 가지로 구분한다. 비타민 A, D, E, K는 지용성이고, 나머지는 수용성 비타민이다. 비타민은 몸이 정상적인 기능을 발휘하는 데 적은 양만 필요하지만 몸에서는 합성되지 않는다. 비타민 C를 제외한 모든 수용성 비타민은 보조 효소이며, 비타민 K는 보조 효소의 전구체인 유일한 지용성 비타민이다. 비타민 C는 그 이름에도 불구하고 실제로는 비타민이 아니다. 비타민 C의 화합물 이름은 아스코르브산(ascorbic acid)으로 $C_6H_8O_6$의 분자식을 가진다. 비타민 C는 꽤 많은 양이 필요하고 대부분의 포유류 동물은 이를 합성할 수 있지만, 사람과 기니피그는 비타민 C를 합성할 수 없다. 따라서 사람은 비타민 C를 음식으로 섭취해야 한다. 수용성 비타민은 많이 섭취하여도 몸에서 빠르게 배출되지만, 지용성 비타민은 쉽게 배출되지 않고 세포막이나 몸의 다른 곳에 축적될 수 있어 과량 섭취에는 주의해야 한다.

효소의 아미노산 부사슬에는 산화-환원 반응의 기능이 없으므로 산화-환원 반응을 촉매하는 효소들은 산화제나 환원제로 작용하는 보조 효소를 필요로 한다. 이때 효소는 산화나 환원 반응이 일어날 수 있도록 기질과 보조 효소를 잡고 있다. 산화 반응 촉매 효소에 가장 흔하게 사용되는 보조 효소는 NAD^+이다. NAD^+는 ATP 분자와 니코틴 아마이드 뉴클레오사이드(nicotinamide nucleoside)가 결합되어 만들어진다. *니코틴 아마이드 분자는 니아신으로부터 만들어진다. NAD^+의 니코틴 아마이드 부분은 니아신으로부터 변형된 구조 단위이고, 니코틴 아마이드 부분에서 산화-환원 반응이 일어난다.

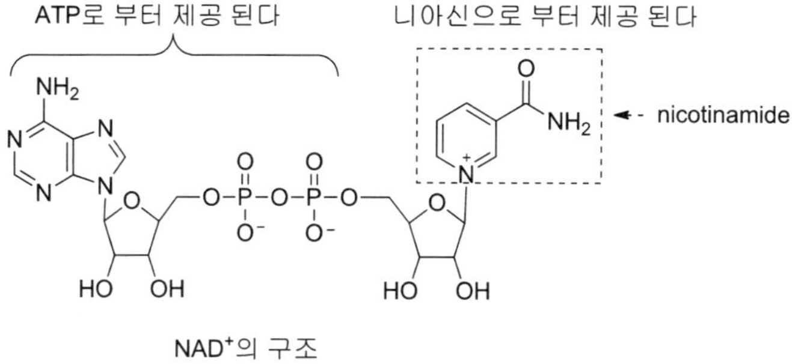

그림 5.5 NAD^+의 **구조**

니아신이 결핍되면 홍반병(pellagra)이 유발된다. 이 병은 피부염에서 시작하여 정신병과 죽음에 이르게도 한다. 옥수수를 주식으로 하는 미국의 남부 지역에서 십만 명이 넘는 홍반병 환자가 보고되었다. 옥수수에는 니코틴 아마이드가 함유되어 있지만, 니코틴 아마이드는 장에서 흡수되지 않는다. 맥시코 인디안들은 토티아(tortilla)를 굽기 전에 옥수수를 석회수에 담갔다가 구워 먹는다. 이처럼 석회수에 담그는 것은 니

---

* 니코틴산의 부족을 막기 위해 제빵 회사들이 니코틴산을 빵에 첨가하면서 이름을 니아신(niacin, nicotinic acid, pyridine 3-carboxylic acid 또는 비타민 B_3)으로 바꾸었다. '니코틴산'이 마치 담배의 '니코틴' 처럼 해로운 물질로 인식되는 것을 방지하기 위해서였다.

코틴 아마이드를 니아신으로 가수분해시키는 과정이다.

비타민 B_2가 부족하면 피부 염증이 생긴다. 비타민 B_2는 헤테로 고리로 된 플라빈(flavin)과 리비톨(ribitol)이라는 당으로 구성되어 있다. 이 리보플라빈이 ATP와 반응하여 FAD를 형성하며 이 물질이 산화 반응에 이용되는 보조 효소 역할을 한다. 산화-환원 반응 자리는 플라빈의 1번 질소(N1)와 5번 질소(N5) 자리에서 일어난다.

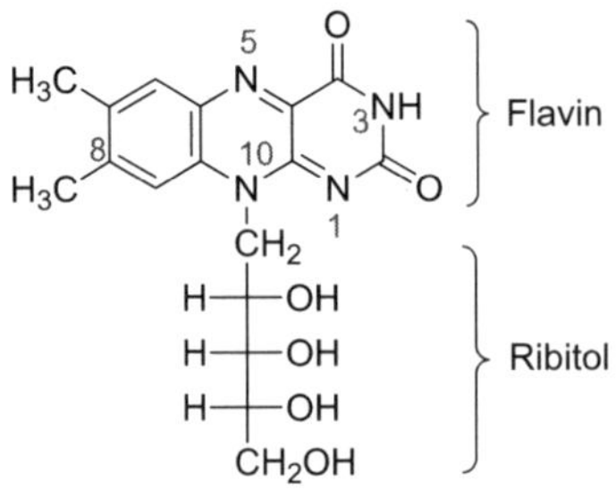

Vitamin B_2 의 구조

그림 5.6 비타민 B_2의 구조

❀ 비타민은 특정 탄소 단위나 작용기를 전달하는 우체부이기도 하다

생체에서 보다 큰 탄소 분자를 합성하는 일은 중요하며, 한 번에 두 개 탄소 단위를 전달하는 것은 효율적이다. 여기에 이용되는 보조 효소가 TPP(thiamine pyrophosphate)이다. TPP는 *비타민 B 계열에서 가장 먼저 발견된 비타민 B_1(thiamine)으로부터 만들어진다. 이 보조 효소는 탄소가 두 개인 화합물 조각을 다른 화합물로 전달하는 기능을 가진다.

---

* 이런 산화-환원 반응에서 FAD(flavin adenine dinucleotide)가 기질(S)을 산화시키고 FAD는 환원되는 결과를 FAD → $FADH_2$로 표시한다.

* 비타민 B 계열 중에서 가장 먼저 발견되어 B_1이라고 명명한다.

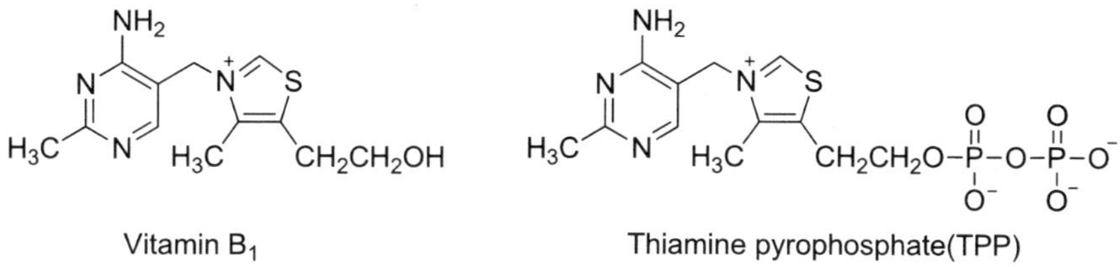

그림 5.7 비타민 B_1과 TPP의 구조

비타민 H(B_7)는 장에 사는 박테리아에 의해 만들어지므로 음식으로 섭취하지 않아도 된다. 그러나 오히려 날달걀을 많이 먹는 사람에게서 바이오틴 결핍이 발견되기도 한다. 달걀 흰자에는 바이오틴과 강하게 결합하는 아비딘(avidin)이라는 단백질이 있어서 바이오틴의 보조 효소 역할을 방해한다. 그러나 익힌 달걀에서는 단백질이 변성되므로 바이오틴과 결합하지 못한다.

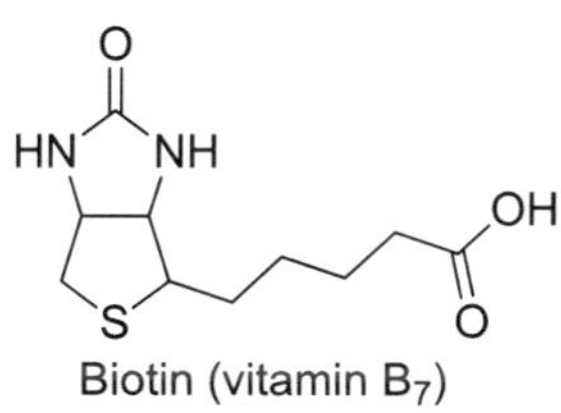

그림 5.8 비타민 B_7의 구조

바이오틴은 α-탄소(C=O 결합 이웃 탄소)에 카복실기를 첨가시키는 반응에 필요한 효소의 보조 효소이다. 아세틸-CoA 카복실라아제는 아세틸-CoA의 α-탄소에 카복실기(−COOH)를 도입하는 데 이용되는 효소이며, 이때 바이오틴, ATP 및 Mg^{2+} 이온이 필요하다.

비타민 B_6는 아미노산들의 반응에 관여하는 효소의 보조 효소를 만든다. 비타민 B_6는 피리독신(pyridoxine)이라고도 하며, 아미노산들의 반응에 관여하는 효소들의 보조 효소인 PLP(pyridoxal phosphate)를 만드는 데 이용된다. PLP는 비타민 B_6로부터 유도된 알데하이드의 일종이다. 따라서 'pyridoxal'이라는 이름에 '-al'(이 어미는 알데하이드 계열의 이름에 사용하는 어미이다)이 붙어 있다. PLP는 아미노산으로부터 CO_2를 제거하는 반응 효소인 탈카복실화 효소(decarbdecarboxylase)와 아미노기($-NH_2$)를 다른 물질로 이동시키는 반응에 관여하는 아미노기 전달 효소(aminotransferase)들의 보조 효소로 작용한다.

심장 마비 뒤에는 손상된 심장 세포로부터 아미노기 전달 효소와 다른 효소들이 새어 나와 혈류 안으로 들어간다. 심장 손상의 중요성은 혈류 내에 있는 알라닌(alanine)과 아스파테이트(aspartate)의 아미노기 전달 효소에 의해 결정된다.[37]

한편 방향족 L-아미노산 탈카복실화 효소 결핍증은 관련 유전자 돌연변이에 의해 발생하는 질병이다. 방향족 L-아미노산 탈카복실화 효소가 부족하면 신경 전달 물질인 세로토닌과 카테콜아민이 부족해지고 이로 인해 질병의 징후가 나타나는 선천적 질환이다.[38]

한편 비타민 B_{12}는 악성 빈혈을 유발한다. 동물과 식물은 비타민 B_{12}를 합성할 수 없다. 불과 몇 가지의 미생물만이 이 물질을 합성할 수 있다. 비타민 B_{12}는 아주 적은 양이 필요하지만, 부족하면 악성 빈혈을 초래(특히 채식주의자)하므로 사람은 고기를 통해 이를 보충해야 한다.

비타민 B_{12}는 생체에서 일어나는 재배열 반응의 효소들에게 필요한 보조 효소(보조 효소-coenzyme-B_{12})이다. 즉, 보조 효소 B_{12}는 한 탄소에 결합되어 있는 치환기를 이웃한 탄소의 H 원자와 위치 교환하는 반응에 관여하는 효소에 필요한 보조 효소이다.

생명체에서는 엽산이 있어야 DNA, RNA 염기와 방향족 아미노산을 합성할 수 있다. 엽산은 테트라하이드로폴레이트(tetrahydrofolate, THF)를 합성하는 데 필요한 비타민이다. 포유류는 체내에서 합성할 수 없지만 박테리아는 이를 합성한다. 테트라하이드로폴레이트는 한 개의 탄소를 가진 메틸(CH_3)기, 메틸렌(CH_2)기 및 포르밀(HC=O)기 같은 원자단을 전달하는 데 관여하는 보조 효소이다(3.11절 참고).

한편 DNA 생합성 과정에서는 티미딜레이트 합성 효소가 메틸렌기 전달 보조 효소인 N^5,N^{10}-methylene-THF를 이용하여 우라실(U) 고리에 메틸기($-CH_3$)를 도입하여 티민(thymine)을 합성한다.

8. 소화도 화학 반응이다

사람의 위장은 평균적으로 매일 2리터(L)의 0.02몰(M) 염산을 생산한다. 위산은 pH 1.0~2.5 사이의 산도를 유지하고 있고, 음식을 맛보거나, 쳐다보거나 냄새를 맡으면 위 속의 염산 생산이 증가하여 pH 값이 더 낮아진다. pH 값이 낮아지면 더 산성이 되며, 위산은 음식에 들어 있는 단백질의 형태를 교란시켜 다양한 소화 효소가 공격하여 단백질의 분쇄가 쉬워지도록 변형시킨다. 즉 접힌 부분을 노출시켜 효소 공격이 용이하게 돕는다.

그렇다면 이렇게 강한 산으로부터 위벽은 어떻게 보호되는가? 위장 조직 자체는 단백질로 구성되어 있다. 강한 산으로부터 위벽을 보호하고 HCl의 생성 양을 조절하는 것도 화합물을 이용한 소통으로 가능하다. 위장 내벽은 위 점막이라는 세포층으로 덥혀 있고, 위 점막에서 점액을 분비하여 산으로부터 위벽을 보호해준다. 위 점막 아래의 어떤 세포들은 자극을 받아 히스타민이라는 신호 분자를 생성한다. 히스타민은 벽 세포가 염산을 생산하도록 지시한다. 이 과정을 교란(차단)시키면 위산을 감소하게 할 수 있다. 이 원리를 이용해 개발된 약품이 제산제(antiacid)이다.

사람은 왜 셀룰로오스를 소화시키지 못하나?

탄수화물은 자연계에서 구조적 물질과 에너지원으로만 유용하게 사용된다고 생각해 왔다. 실제로 탄수화물은 이 두 가지 중요한 역할을 하고 있다. 녹말과 셀룰로오스는 둘 다 포도당으로 만들어진 고분자이다. 그러나 사람은 녹말은 섭취하여 소화시킬 수 있지만, 셀룰로오스는 소화시키지 못한다. 왜 그런가? 물론 사람은 녹말 가수분해 효소인 글리코사이드 분해 효소를 가지고 있어 녹말을 소화시킬 수 있다. 한편 셀룰로오스의 가수분해를 촉진하는 효소를 가진 유기체는 있지만, 사람은 이 효소가 없다. 구조적인 관점에서 보면 녹말과 셀룰로오스가 다른 점은 이들 두 부류에서 포도당 분자들이 연결되는 결합의 배열이 다르기 때문이다. 녹말은 1,4-α 글리코사이드(glycoside) 결합으로 연결되지만, 셀룰로오스는 1,4-β 글리코사이드 결합으로 연결되어 있다. 두 포도당 고리가 1,4-α 글리코사이드 결합으로 연결되면 전체 분자 모양이 뭉쳐져 분자 사슬간 거리가 비교적 멀리 있게 된다. 반면에 1,4-β 글리코사이드 결합으로 연결되면 직선성이 증가하고 분자 사슬간의 거리가 가까워진다. 그렇게 되면 극성 분자인 물 같은 용매 분자와의 상호 작용이 상대적으로 훨씬 더 어렵고 용해도도 낮다. 이런 이유로 식물의 세포벽을 이루는 성분으로 쓰일 수 있다. 인간은 셀룰로오스의 1,4-β 글리코사이드를 분해할 수 있는 효소가 없다. 따라서 감자나 고구마는 먹으면 소화되어 에너지원으로 이용될 수 있으나, 셀룰로오스는 섭취해도 소화되어 에너지를 공급하지 못한다. 그러나 초식 동물 중에도 소, 말과 양 등은 풀을 먹고 소화시켜 포도당을 얻는다. 그 외에도 일부 미생물들이 셀룰로오스를 분해한다고 밝혀졌다.

알코올이 효소를 이용하여 산화되는 것은 생명계의 대사 과정에서 대단히 중요하다. 음식을 섭취하면 대사 과정을 통해 몸이 필요로 하는 열과 화학적 에너지를 방출하는 것이다. 뿐만 아니라 수산기(OH)가 없는 물질에 수산기를 도입하는 과정도 매우 중요하다. 특히 이 과정은 생명계가 필요로 하는 위치에 선택적으로 도입되어야 한다. 이 과정을 *하이드록시화라고 한다.

생체에서 이런 선택적 하이드록시화는 단백질인 사이토크롬(cytochrome)이라는 물질이 담당한다. 사이토크롬은 모든 살아 있는 세포에 존재한다. 학자들은 동물과 식물이 생물 종으로 분리되기 전인 약 15억 년 전에 사이토크롬이 출현한 것으로 보고 있다. 사이토크롬 P-450은 산소(O_2)를 사용하여 유기 분자에 OH기를 선택적으로 도입한다. 사이토크롬에는 철(Fe) 원자가 포함된 헴(heme)이 있다. 이런 과정은 간에서 이루어지며 몸에 들어온 물질의 거울상 이성질체가 효소와 반응할 때 산화 반응이 입체특이적(stereospecific)으로 일어난다. 스테로이드 합성에서의 선택적인 하이드록시화를 살펴보자. 프로제스테론에 사이토크롬 P-450과 산소가 반응하면 고리상의 11번과 17번 탄소 그리고 고리 밖의 22번 탄소에 OH기가 도입된 코티솔(cortisol)이 생성된다. 이 반응에서 필요한 작용기가 해당 탄소에 입체 선택적으로 도입되고, 원하는 삼차원 배열이 되게 하는 것은 사이토크롬 단백질이다. 즉 이 단백질은 목표 화합물의 특정한 위치와 배열을 구분할 뿐 아니라 반응이 진행되는 순서도 조절할 수 있다. 놀라운 현상이다. 현재로서는 어떤

* 하이드록시화(hydroxylation)는 수산화 반응이라고도 한다.

우수한 과학자도 이런 조절 기능을 완벽하게 수행할 수 있는 합성법을 가지고 있지 못하다. 이 반응의 대략적인 메커니즘은 다음과 같다. 즉, 사이토크롬에 있는 헴기에는 산소가 결합할 수 있는 철(III) 양이온(Fe^{3+})이 있다. 이 철(III) 양이온이 산소와 결합하여 [$Fe^{3+}-O_2^-$]로 되고, 한 분자의 물(H_2O)을 상실하고 라디칼인 [Fe=O]를 형성하여 반응물인 R−H와 반응하여 R−OH를 형성하고 Fe^{3+}로 되돌아간다(부록 그림 5.3 참고).

그렇다면 이처럼 놀라운 선택성을 유지하는 방법은 무엇인가? 활성 자리인 헴기는 단백질 사슬 덮개 속에 끼워져 있다. 이 단백질 덮개는 프로제스테론과 같은 반응 기질이 활성 자리의 철에 접근하기 용이한 특정한 입체적, 전자적 환경을 만든다.

9. 생물은 작용기와 구조로 특별해진다

유기 분자들은 탄소가 네 개의 다른 원자들과 결합하여 정사면체 구조(이런 탄소를 카이랄 탄소, 이전에는 비대칭 탄소라고 불렀다)를 이루는 부분들이 포함된 물질들이 많다. 이처럼 카이랄 탄소가 존재하면, 분자식이나 분자량이 동일하지만 서로 포개지지 않는 실상과 거울상 같은 관계를 가지는 물질이 존재한다. 이들을 서로 거울상 이성질체의 관계에 있다고 말한다. 종종 두 거울상 이성질체들은 비슷한 생리 활성을 나타내거나 전혀 다른 활성을 나타내기도 한다. 몇 가지 예를 들어 보자. 스피아민트 향료와 캐러웨이 향료는 분자식이 같은 카르본이지만, 냄새가 각기 다르다. 단지 하나의 탄소 배열이 다른 것만으로 향이 다르고 생명계에서의 역할이 다르다. 이런 특성이 생명계에 선택성과 특이성을 가지게 한다. 사람은 만 개 이상의 냄새 성분 중에서 하나의 성분만을 구별할 수 있다고 한다. 어떻게 가능한가? 호흡을 통해 냄새 성분이 코로 들어와 냄새를 구별하는 수용체와 결합하여 뇌가 해석할 수 있는 신경 신호를 전달하게 된다. 이 과정에서 하나의 특정 화합물만을 인식할 수 있는 패턴을 형성하고 구별한다. 앞에서 언급한 스피아민트향 카르본과 캐러웨이향 물질은 분자식과 분자량 모두가 동일하지만 카이랄 탄소의 3차원 배열만이 다르다. 즉 거울상 이성질체이다.

따라서 입체 배열이 다른 두 분자는 각기 다른 수용체와 결합하여 신호를 전달함으로써 뇌가 이들을 구분할 수 있다. 이처럼 수용체가 거울상 이성질체를 구별하기 위해서는 수용체 자체도 또한 카이랄성 화합물이어야 한다. 이는 놀랍도록 정확한 입체 선택적 구별법으로 각기 다른 화합물의 냄새를 구별하는 것이다. 생명계는 이런 입체 선택적 구별법을 필요와 경우에 맞도록 적절히 이용하는 화학 기술을 가지고 있다.

또 다른 예를 보자. 감귤류 껍질 주성분인 (*R*)-리모넨((*R*)-limonene)은 오렌지 향을 내지만, 분자식이 동일하지만 삼차원 배열이 다른 (*S*)-리모넨((*S*)-limonene)은 가문비나무 솔방울에 존재하는 테레빈 기름과 같은 냄새를 낸다. 아스파라진(asparagine)은 1806년 아스파라거스 즙에서 분리된 아미노산이다.[39 40]

자연에서 분리된 최초의 아미노산이다. 이 아스파라진은 아미노기(–NH_2)를 가지는 탄소의 네 개 치환기의 삼차원 배열이 다른 (*S*)-형과 (*R*)-형 두 가지가 있다. 즉, 2번 탄소 위치의 삼차원 배열만이 다르다. (*S*)-형 아스파라진은 쓴맛을 내지만, (*R*)-형 아스파라진은 단맛을 낸다.

우리가 사용하는 의약품이나 농약에서도 이런 원리가 도입되어 있다. 디클로르프로프(Dichlorprop)라는 제초제는 분자의 2번 탄소만 카이랄 탄소이지만, 놀랍게도 (*S*)-형 분자는 제초제로서의 활성이 없으나 (*R*)-형 분자는 제초 활성이 있다. 이 제초제는 개발 초기에는 이 두 이성질체를 50:50으로 혼합된 형태로 사용되었다 1980년대에 와서 (*R*)-형 분자만을 만드는 기술이 개발되었다.

의약품 중에는 동일한 분자이지만 한 개 탄소가 카이랄이고 두 개의 이성질체가 존재하지만 둘 다 의약품으로서 활성을 보이지만 작용 기전이 다른 것도 있다. 알부테롤(Albuterol)이 그런 분자이다. (*S*)-형 분자는 *길항제로 (*R*)-형 분자는 기관지 확장제이다.[41]

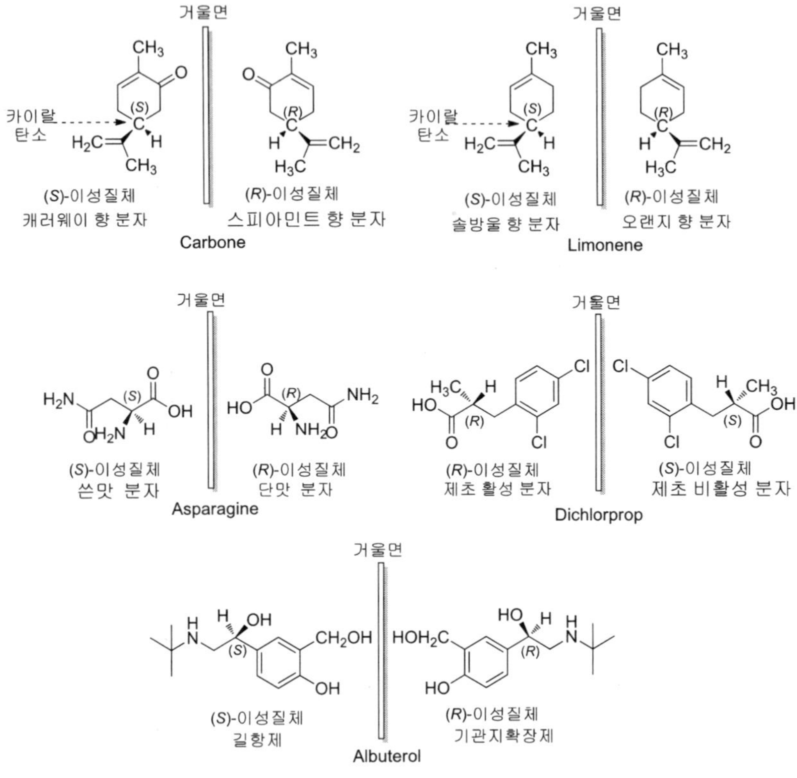

그림 5.9 몇 가지 천연물과 의약품의 거울상 이성질체

---

* **길항제(antagonist)** 다른 약물의 효능을 감소시키는 작용 물질을 뜻한다.

10. 유전 정보는 작용기로 보호하고 수소 결합으로 전달된다

지구상의 생명체는 종족 보존을 위해 다음 세대에 전달하기 위한 정보를 어떻게 저장하고 전달하며, 다음 세대는 전달된 정보를 어떻게 구현해내는가? 모든 생명체는 자신의 유전 형질을 새롭게 태어나는 자녀 세대에 전달한다. 이를 유전(heredity)이라고 한다. 유전 형질에는 피부나 머리카락의 색깔, 혈액형, 홍체 등 다양한 형질들이 있다. 생명체의 유전 정보를 화학적으로 저장하고 운반하는 생체 고분자를 핵산이라고 한다. 핵산에는 DNA(deoxyribonucleic acid, 분자량 660만~1600만 *amu)와 RNA(ribonucleic acid, 분자량 20,000~40,000 amu) 두 가지가 있다. 이런 유전 형질의 정보는 대부분의 생명체에서는 DNA에 담겨 있고, 일부 바이러스에서는 RNA가 대신하기도 한다.

조물주는 유기체의 DNA와 RNA의 기능을 다르게 함으로서 오랜 세월 동안 유전 정보를 유지하고 전달해 오도록 했다. 그렇다면 어떻게 그 기능을 발휘할 수 있게 하였을까? 여기에도 작용기가 사용되었다. 즉 DNA와 RNA가 포함하는 당과 두 개의 염기 부분을 다르게 하여 두 분자의 기능을 완벽하게 조절하였다.

---

* amu 원자 질량 단위(atomic mass unit)의 약자

DNA는 헤테로 염기와 당과 인산염으로 구성된 고분자이며, 그 자체로는 별다를 것이 없는 큰 분자이다. 효소처럼 반응을 촉진하지도 못하고, 냄새나 색도 없다. 그러나 DNA는 생체 기계인 리보솜에서 정보 지시 능력을 가지고 있어, 정보를 담은 RNA를 합성하고 리보솜은 이를 이용하여 단백질을 합성한다. 만들어진 단백질은 생명체에 유용한 일들을 수행하므로 생명 과학자들의 관심의 대상이 된다. 한편 자연에서 발견되는 뉴클레오사이드의 당과 염기 배열은 대부분 β-아노머(anomer) 배열을 하고 있다. 즉 β-*N*-*글리코사이드(β-*N*-glycoside) 결합으로 연결된 β-*아노머이다. 그렇다면 자연에는 왜 β-아노마만이 존재하는가? 이유는 간단하다. α-아노머가 열역학적으로 β-아노머에 비해 상대적으로 덜 안정하다. 따라서 자연에는 β-아노머가 대부분이다.

유전 정보를 담고 있는 DNA와 이 정보를 받아 단백질을 합성하는 RNA의 기능의 차이와 특별함은 무엇에 기인하는가? 여기서 DNA와 RNA의 구조적 차이를 살펴보자. DNA와 RNA는 뉴클레오타이드(nucleotide)라고 하는 핵산 단위체로 되어 있고, 이 단위체는 하나의 오탄당, 질소 원자를 고리에 포함하고 있는 헤테로 염기와 인산기 등의 세 부분으로 구성되어 있다. DNA와 RNA는 5가지 헤테로 염기 중에서 단지 한 종류만이 다르다. 당 구조에서는 RNA는 고리의 2′-위치 탄소에 −OH기를 가지고 있으나, DNA에는 이 −OH기 대신 H만을 가지고 있다. 우리가 알고 있는 DNA와 RNA의 생체 기능을 갖게 하는 것은, 놀

* **글리코사이드 결합** 당의 헤미아세탈과 염기의 질소(N)가 결합된 아세탈 결합을 말한다.
* **아노머(anomer)** 단당류가 헤미아세탈을 생성하는 고리화 반응에서 한 탄소에 붙은 수소 원자와 하이드록실기의 위치가 바뀐 부분입체 이성질체이다.

랍게도 단지 이 두 가지의 구조적 차이가 가장 큰 요인이다. 어떻게 그럴 수 있나? 이것이 곧 유전에서의 화학적인 마술이기도 하다.

화합물의 구조는 포함되는 작용기가 다르면 매우 달라진다. DNA와 RNA는 구조가 다르기 때문에 하는 역할도 다르다. DNA는 유기체가 살아 있는 동안 유전 정보를 보호해야 한다. DNA는 유전 정보 보존을 위해 사슬에 존재하는 당의 2′-탄소에 수산기(OH)를 가지고 있지 않다. 그래서 당의 작용기를 변형시켜 유기체가 살아 있는 동안 유전 정보를 보호하는 것이다. 뿐만 아니라 DNA는 피리미딘 염기 중에서 우라실(U) 대신 티민(T)을 가지고 있어 잠재적으로 일어날 수 있는 돌연변이를 예방하고 있다.

먼저 RNA와 DNA에 포함된 당을 보면 RNA의 당은 리보스(ribose)이고, DNA의 당은 2-번 탄소에 산소가 없는 2′-데옥시리보스(2′-deoxyribose)이다. 두 번째로 염기를 보면 DNA와 RNA에는 두 개의 치환된 퓨린(purine) 염기와 두 개의 치환된 피리미딘(pyrimidine) 염기를 가지고 있다.

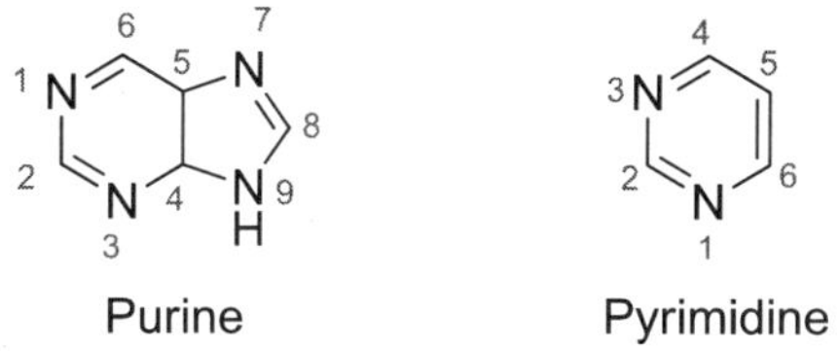

그림 5.10 퓨린과 피리미딘 고리의 구조

퓨린 염기인 아데닌(A), 구아닌(G)과 피리미딘 염기인 사이토신(C)은 DNA와 RNA가 모두 가지고 있다. 그러나 티민(T)은 DNA에만 존재하고, 우라실(U)은 RNA에만 존재한다.

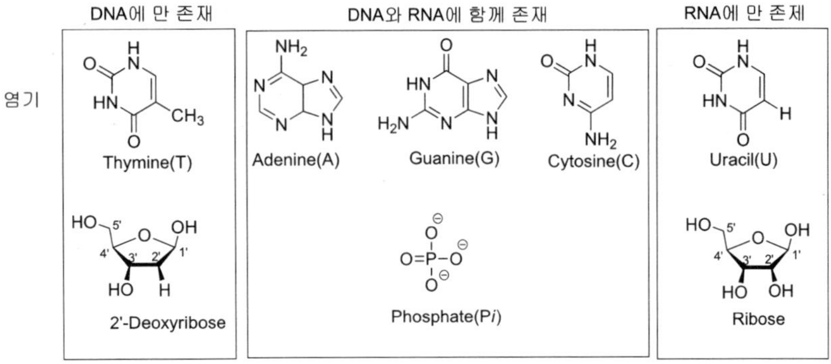

그림 5.11 DNA와 RNA에 포함된 염기, 당 및 인산기

리보스 고리의 2′-위치 탄소가 OH기가 존재하는 것과 존재하지 않는 것은 기능 면에서 무엇이 얼마나 다른가? OH기가 있고 없는 것은 단지 분자량의 차이나 OH 작용기가 상대적으로 하나 더 작다는 것 외에 이 들 분자의 생존 기간에 대한 열쇠가 된다는 점에서 놀랍다. 뉴클레오타이드의 리보스 고리의 2′-탄소에 OH기가 결합되어 있으면 이웃한 인산기와 반응하여 사슬이 쉽게 끊어진다. 실제로 RNA는 DNA보다 30억 배 정도 빨리 끊어진다. 이처럼 쉽게 분해되는 RNA는 필요하면 다시 만들어 사용하고 사용 후에는 곧 분해한다. 그렇다면 왜 DNA는 생체 조건에서 RNA보다 더 안정한가? 이유는 2′-탄소에 OH기를 갖고 있지 않기 때문이다. DNA의 기능은 해당 유기체의 유전 정보를 보호하기 위해서 세포의 일생 동안 DNA는 손상되지 않고 보존되어야 하기 때문이다. 만일 DNA가 손쉽게 분해되면 세포나 생명체에 혼란과 재앙이 초래될 것이다. 이 어렵고 엄청난 방재 효과를 간단히 하나의 작용기의 존재 유무로 해결한 것이다. 경이로운 화학이기도 하다.

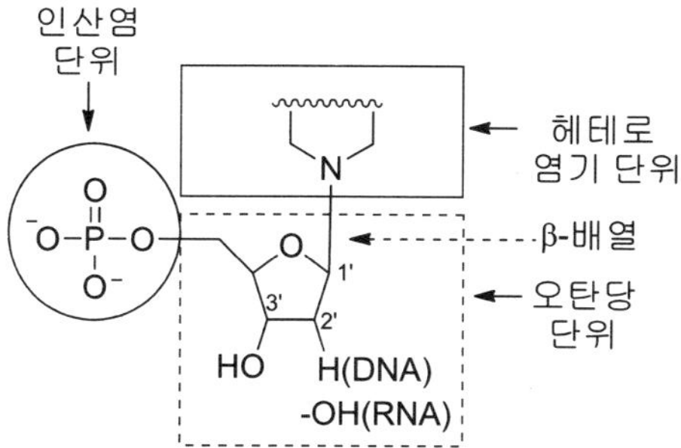

그림 5.12 뉴클레오타이드의 구조 단위

한편 DNA는 아데닌(A), 구아닌(G), 사이토신(C) 및 티민(T) 등 다섯 가지 염기를 포함하고 있고, RNA는 아데닌(A), 구아닌(G), 사이토신(C) 및 우라실(U) 등 다섯 가지 염기를 포함하고 있다. 헤테로 염기 중 아데닌과 구아닌은 육-원자 고리와 오-원자 고리가 접합된 퓨린(purine) 고리를 가지고 있다. 그러나 사이토신, 티민 및 우라실은 두 개의 질소(N) 원자가 있는 육-원자 고리인 피리미딘(pyrimidine) 고리 유도체들이다. 즉, DNA는 T를 가지고 있고, RNA는 U 대신 T를 가지고 있다. 생합성에서 티민(T)은 우라실(U)로부터 만들며, 많은 에너지가 필요하다.

왜 DNA는 우라실(U) 대신 티민(T)을 가지는가? 생체 반응에서 우라실로부터 티민을 만들려면 많은 양의 에너지가 필요하다. 이처럼 막대한 에너지 대가를 치르면서 DNA가 우라실 대신 티민을 가지는 이유는 무엇일까? 여기에는 복제 과정에서 일어날 수 있는 오류를 방지하기 위한 단순하면서도 절묘한 화학적 방어 기법이 숨겨져 있다. DNA는 자기가 가지고 있는 유전 정보를 전달하기 위해서는 동일한 유전 정보를 가지는 정보 가닥(흔히 딸 가닥이라고 함)을 만들어야 한다. 이를 복제(replication)라고 한다. 이들의 복제는 수소 결합이라는 언어적 수단을 통해 상대를 인식함으로 이루어진다. 아데닌(A)과 티민(T)은 두 개의 수소 결합을 통해 서로를 인식한다. 또 구아닌(G)과 사이토신(C)은 세 개의 수소 결합으로 서로를 인식한다.

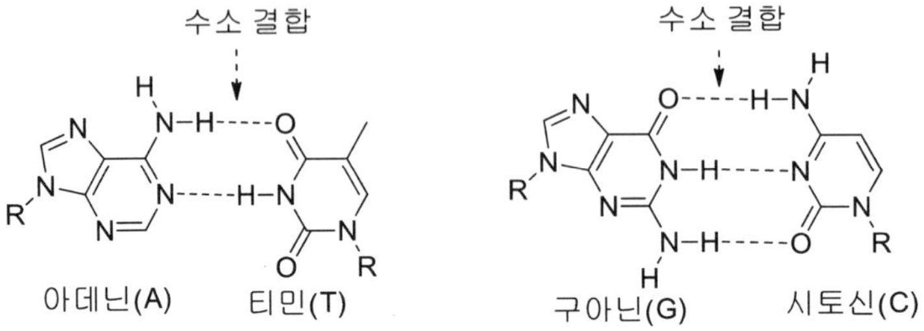

그림 5.13 아데닌-티민 수소 결합과 구아닌-사이토신의 수소 결합

또 구조면에서 보면 DNA는 피리미딘 염기 중에서 우라실(U) 대신 티민(T) 염기를 가지고 있다. 왜 그럴까? DNA는 잠재적으로 일어날 수 있는 돌연변이를 막기 위해 우라실 대신 티민을 포함하고 있다.

사이토신(C)과 우라실(U)은 구조적으로 전혀 다른 물질이지만, 둘 다 피리미딘 골격을 가지고 있어 토토머화 과정을 통해 사이토신(C)은 우라실(U)로 변환될 수 있다. 그러나 티민(T)은 이런 토토머화를 일으키지 못하므로 다른 물질로 변환될 수 없다. 즉 사이토신(C)이 토토머화되면 이민(imine)이 되고, 이 이민 중간 물질이 가수분해(탈아민반응)되면 우라실(U)로 된다(부록 그림 5.4 참고).

만일 DNA 사슬에서 하나의 사이토신이 우라실로 변형되면 복제 과정에서 사이토신 짝인 G 대신 A가 배열하게 되므로 다른 유전 정보를 전달하게 된다. DNA에서 이러한 사이토신의 *탈아민 반응이 일어나면

* 반응 전체를 보면 사이토신의 NH_2기가 C=O기로 변환되므로 탈아민 반응(deamination)이라고 한다.

복제 과정에서 오류가 발생한다. DNA에 우라실 대신 티민이 포함된 것은 이처럼 DNA에서 사이토신의 탈아민 반응에 의해 생기는 우라실을 구별하여 인식하고 돌연변이를 방지하기 위해서이다. 생체에서는 DNA의 사이토신이 우라실로 탈아민화되어 새로 복제되는 딸 DNA에 들어가기 전에 우라실을 골라내는 효소를 가지고 있다. 이 효소는 우라실을 발견하면 잘라내고 사이토신을 치환시킨다. 만일 DNA에 우라실이 흔하게 존재한다면 효소는 이를 감별하지 못할 것이다. 물론 RNA에도 사이토신이 있다. 그러나 RNA는 끊임없이 파괴되고 DNA 원형으로부터 합성되므로 RNA에 티민을 결합시키려고 에너지를 소모할 필요가 없다. 정보 전달의 오류를 사전에 검색하고 예방하는 데에 화학적인 보안 장치를 이용하는 것이다.

그렇다면 RNA에 있는 사이토신(C)은 문제가 되지 않는가? 그렇다. RNA는 DNA와는 달리 끊임없이 분해되고 DNA 원형으로부터 재합성되기 때문이다. 그러면 어떻게 RNA는 쉽게 분해되고, DNA는 쉽게 분해되지 않는가? 이 비밀은 당 분자의 2′-탄소에 결합된 OH기와 3′-탄소에 결합된 인산염 분자가 가지고 있다. DNA는 당 분자의 2′-탄소에 OH기가 없고, RNA는 2′-탄소에 OH기를 가지고 있다. RNA의 2′-OH는 3′-탄소에 결합된 인산염기와 작용하여 오-고리형 중간체를 형성하면서 인산염의 산소에 결합되었던 당 사슬이 분해된다(부록 그림 5.5 참고). 즉 DNA는 2′-OH기가 없어서 안정하고, RNA는 2′-OH기 때문에 쉽게 분해된다. 매우 간단한 화학이지만 이 화학 반응이 DNA와 RNA의 원초적인 능력에 차이를 가지게 한다.

RNA는 DNA보다 약 30억 배 정도 빠르게 분해된다고 알려져 있다.

유전 정보를 보전하려면 세포의 일생 동안 DNA의 유전 정보는 온전하게 보전되어야 한다. 만일 DNA가 쉽게 분해된다면 생명체는 큰 혼란에 빠지고 재앙을 초래할 것이므로 생체 조건에서 안정해야만 한다. 그러나 RNA는 필요한 만큼 합성되고 사용 후에는 곧 파괴된다.

한편 DNA의 당-인산 골격은 밖으로 향하고 염기는 안쪽으로 향하는 두 가닥의 핵산으로 구성되어 있다. DNA는 나선형 계단 모양이며, 염기쌍들은 계단에 해당한다. 두 사슬은 서로 반대 방향(역평행)이다. 사슬이 서로 반대 방향으로 배열되는 것은 수소 결합을 하기 위한 분자 배열이다. 한 사슬의 염기가 구아닌(G)이면 반대편 사슬의 염기는 사이토신(C)이 있고, *아데닌(A)의 반대편에는 티민(T)이 있다. 핵산의 염기쌍들이 이처럼 정밀한 배열 양상을 보이는 이유는 무엇일까? 첫째, 피리미딘 염기는 항상 퓨린 염기와 쌍을 이루고, 긴 쪽의 길이가 1.085나노미터(nm)이다. 둘째로 이들 염기 분자들은 서로 간에 수소 결합을 한다. 아데닌과 티민은 두 개의 수소 결합을 한다. 구아닌과 사이토신은 세 개의 수소 결합을 한다. 이러한 염기쌍들의 결합으로 DNA는 복제를 하고 유전 정보를 전달한다. 즉 상대 분자를 인식하고 선택적으로 소통할 수 있는 방법으로 수소 결합을 이용하는 것이다. 선택성과 에너지 효율면에서 매우 지혜롭고 경제적이다.

---

* 1950년까지 DNA 구조를 알기 위해 고안된 연구에서는 아데닌의 몰수와 티민의 몰수가 동일하고, 사이토신의 몰수와 구아닌의 몰수가 동일하다는 것을 보이는 것이었다. 아울러 이런 균형을 이루려면 쌍을 지어야 한다고 생각했다. 이런 생각에 합당한 모형이 왓슨(J. D. Watson)과 클릭(F. H. C. Crick)이 제안한 이중 나선 구조였다. 이중 나선 구조를 제안한 왓슨과 클릭 그리고 X-선 연구로 이를 확인한 윌킨스(M. Wilkins)가 공동으로 1962년에 노벨상을 받았다.

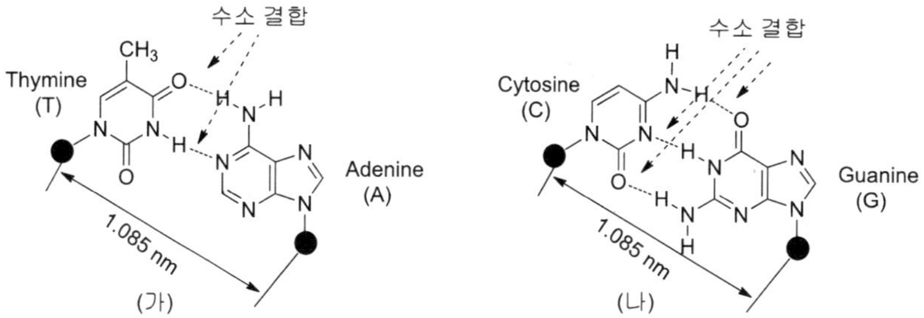

그림 5.14 DNA의 (가) 티민과 아데닌의 상보적 염기쌍, (나) 사이토신과 구아닌의 상보적 염기쌍

한편 DNA가 RNA에 유전 정보를 전달하는 과정에도 핵산 분자들에 포함된 작용기들과 관련이 있다. 만일 DNA가 RNA에 정보를 전달하는 데 공유 결합 같은 강한 힘을 이용다면 에너지면에서나 활용도 면에서 효율적이지 않다. 그런 이유로 자연에서는 수소 결합을 이용한다. 수소 결합은 세기면에서 공유 결합보다 약하고 결합 방식도 다르기 때문에 자연에서 이용하기에 매우 유용하다.

핵산을 구성하는 염기는 고리에 질소 원자를 두 개 가지고 있는 피리미딘(pyrimidine) 계열과 네 개의 질소를 포함하고 있는 퓨린(purine) 계열이다. 우라실(uracil, U), 티민(thymine, T), 사이토신(cytosine, C)은 육각형 고리인 피리미딘 염기이다. 구아닌(guanine, G)과 아데닌(adenine, A)은 육각형과 오각형이 접합된 퓨린 염기이다. 뿐만 아니라 $-NH$, NH_2 및 C=O 등과 같은 작용기들을 가지고 있다. 이러한 작용기들이 수소 결합을 통해 상대편 분자를 인식한다. 그런 인식을 통해 정상적인 유전 정보의 전달과 복제가 가능하다. 수소 결합은 공유 결합보다는 훨씬 약하지만 상대를 인식하여 짝을 이루거나 분리되기에 에너지적으로 유용하다.

11. 생물은 온도, 빛, 냄새와 소리를 감지한다

곤충은 자신의 환경을 파악하기 위해 몇 가지 기구를 갖추고 있는데, 보통 바닥에 닿는 다리 같은 신체 부분에 집중되는 경향이 있다. 어떤 나비의 암컷은 어떤 식물에 알을 낳을 것인가 말 것인가를 결정할 때 잎의 표면을 발로 두드려서 그 식물의 맛을 보기도 한다. 어떤 곤충은 온도 수용기를 써서 온도 변화를 감지한다. 빈대는 온도 수용기로 먹이가 되는 온혈 동물의 위치를 파악한다고 알려져 있다. 모두는 아니지만 많은 곤충이 빛깔을 구별할 수도 있다. 대체로 곤충의 시각 색소는 사람의 시각 색소보다 다양한 빛깔 자극에 반응할 수 있다. 그래서 곤충들은 사람의 눈에 보이는 가시 광선보다 짧은 파장의 빛(자외선)을 빛깔처럼 볼 수 있다. 벌과 개미는 편광도 볼 수 있어서 태양이 구름에 가렸을 때에도 태양의 위치를 정확히 알 수 있다. 짝을 찾는 과정에서 시각 신호를 이용하는데, 많은 곤충들이 복잡한 의식을 통해 구애를 한다. 반딧불이는 빛에너지를 이용한 신호로 밤에도 시각 신호를 사용할 수 있다.

뿐만 아니라 곤충은 갖가지 이유로 소리를 낸다. 짝짓기, 위험성 알리기, 자신의 영역 주장, 새끼의 위치 파악, 어버이의 보살핌을 위해, 그리고 포식자에게 자신이 맛이 없다는 것을 알리기 위해서도 소리를 낸다. 곤충들은 소리를 내기 위한 특수 기관을 가지고 있거나, 소리를 내기 위해 몸의 일부분을 땅이나 다른 단단한 곳에 때려서 소리를 낸다. 귀뚜라미는 제 몸으로만 소리를 내며, 강도래목의 곤충들은 배에 있는 망치 비슷한 기관으로 땅바닥을 두드려 소리를 낸다. 다듬이 벌레목의 곤충들은 꼬리 밑에 있는 혹과 같은 것으로 얇은 종이를 두드려 진동시키는 데 초당 5~6번씩 1시간 이상 소리를 낼 수 있다. 먹이를 찾거나 자신의 몸을 지키고 의사소통을 하는 등의 곤충의 거의 모든 생활 영역에 화학 물질이 이용된다. 화학 물질은 공간적으로나 밤과 낮이라는 환경적 제한성을 극복할 수 있다는 장점이 있다. 즉 화학 신호는 어둠 속이나 장애물이 있어도 유연성을 가지고 전달된다. 곤충은 스스로 독을 만들기도 하고, 자기가 먹은 식물의 독을 분리해서 저장하기도 한다. 필요에 따라 사용하기 위해서이다. 노린재는 역겨운 냄새를 내서 포식자에게 경고하고, 폭탄 먼지 벌레는 뜨거운 액체를 발사하여 적을 방어하기도 한다.

고약한 맛과 결부되어 있는 빛깔을 경계색이라고 하며 독이 있거나 맛이 없는 곤충들은 자신을 숨기지 않고 화려한 빛깔로 자신이 맛이 없다는 것을 보여 준다. 흥미로운 것은, 경계색을 띠는 대부분의 곤충이 사람들이 위험을 경고할 때 사용하는 것과 같은 빛깔인 빨간색, 노란색, 주황색, 검은색을 사용한다는 것이다. 대부분의 독이 있는 벌, 개미, 말벌들은 선명하고 화려한 빛깔을 띠며, 노란색과 검은색의 줄무늬를 가진 것도 있다. 경계색을 보이지 못하는 맛있는 곤충(예 파리, 나방, 딱정벌레, 꽃등에 등)들은 독성이 큰 곤충들의 모습을 하고 있어 위험을 피하기도 한다. 꽃등에는 말벌과 비슷한 모습을 하고 있다. 이를 표지적 의태 현상이라고 한다. 어찌 보면 자연의 생명체가 유사한 경계색을 가지는 것은 보다 쉽게 인식하도록 하려는 생명체들의 공통점에 기인하는지도 모른다.

❀ 빛으로도 소통한다

자연에는 자체적으로 빛을 내어 소통하는 생물들이 많다. 지구상에 있는 개똥벌레, 개똥벌레의 유충, 방아벌레 등은 빛을 내는 생물로 잘 알려져 있다. 그러나 육상보다는 해양에 살고 있는 발광 생물이 더 많다. 여기에는 플랑크톤, 미세한 박테리아에서부터 물고기에 이르기까지 다양하다. 이들이 빛을 내는 이유는 무엇일까? 물론 이들이 빛을 내는 목적은 다양하지만 대체로 이성의 짝을 찾거나 상호 대화를 하거나, 먹이를 찾거나 적을 쫓거나 숨기 위해서이다. 결국 살아가기 위해 또는 살아남기 위해서 이들은 빛으로 소통하고 경고하는 것이다. 성충이 발광하는 종류는 유충도 발광하며 보통 제8마디에 한 쌍의 발광기가 있는데, 성충이 거의 빛나지 않는 검정늦반딧불이 등 낮에 활동하는 종류에도 유충이 빛을 내는 것이 많다. 생물계는 무엇으로 어떻게 빛을 만드나? 이들 역시 *화학 반응을 이용한다. 어떤 물질들은 분해되면서 빛을 낸다. 이런 현상을 화학 발광(chemiluminescence)이라고 하며, 자연계의 어떤 종에 의해 이런 발광이 일어나면 생체 발광(bioluminescence)이라고 한다. 자연에서 분해 반응을 통해 빛을 내는 대표적인 물질의 예는 개똥벌레의 루시페린(luciferin)이다. 이 루시페린은 산소와 반응하여 1,2-다이옥사사이클로뷰텐온(1,2-dioxacyclobutanone)이라는 네-원자 고리를 만들고 이 물질이 분해되어 CO_2를 발생하면서 빛을 낸다(부록 그림 5.6 참고). 그렇다면

* 화학 반응에서 발생하는 에너지는 빛이나 열로 방출된다.

이들이 발생하는 빛은 소통을 위해 충분한가? 상대가 알아차리게 할 만큼 충분히 효율적인가? 그렇다 이런 생물 발광은 엄청나게 효율적이다. 예를 들어 개똥벌레는 해당되는 화학적 과정의 약 40 %의 에너지를 가시광선(빛)으로 변환하는 것으로 알려졌다.

생물이 발광을 하는 이유를 생물학적으로 보면 한 가지는 적에게 자신의 존재를 인식시켜 보호하기 위해서이고, 다른 한 가지는 암수 간의 짝짓기를 위한 신호이다. 이들 발광 생물의 발광색이나 양상을 관찰하면 색도 다르고 반짝거리는 불빛의 횟수와 간격이 종마다 다르다. 이런 다른 색과 빛의 발생 간격이 서로를 인식할 수 있는 소통 수단인 셈이다. 색이 다르면 빛의 파장이 다르다. 발생 간격을 다르게 하는 것은 *모스 부호를 이용해 소통하는 것과 같은 방식이다.

❀ 빛에너지가 볼 수 있게 한다

사람은 어떻게 물체를 볼 수 있나? 물론 빛이 있는 경우에만 가능하다 그러면 왜 빛이 있을 때만 볼 수 있는가? 빛이 무슨 역할을 하나? 우리가 사물을 볼 수 있는 것은 매우 간단한 화학적 변화 때문이다. 시각은 빛이 눈의 렌즈에 의해 망막에 초점이 맞춰질 때 시작된다. 망막은 눈의 안쪽을 감싸고 있는 세포층으로, 막대와 원뿔이라 하는 광수용체(photoreceptor) 세포를 포함하고 있다. 막대 세포는 약한 빛에 민감하며, 밤중에 사물을 볼 때 이용된다. 원뿔 세포는 색깔에 민감하다. 막대 세포와 원뿔 세포의 꼭대기에는 로돕신(rhodopsin)이라는 분자가 있

* 모스(morse) 부호는 짧고 긴 전류를 이용하여 알파벳과 숫자를 나타내는 방식의 언어 전달 방법이다.

는데 이 분자는 레티날(retinal)이라고 부르는 붉은 자주색 색소가 결합된 옵신(opsin) 단백질로 구성되어 있다. 이 분자에는 레티날의 이중 결합 주위의 구조가 바뀌면 연쇄적으로 시각과 관련된 화학 반응들이 일어난다.

이중 결합은 시그마(sigma, σ) 결합과 파이(pi, π) 결합이라는 두 개의 결합으로 이루어져 있다. 시그마 결합만으로 이루어진 분자 내의 단일 결합은 회전이 자유롭다. 이러한 단일 결합의 회전은 분자가 구부러지거나 접힐 수 있게 한다. 그러나 이중 결합은 회전에 제약을 받아서 분자를 견고하게 하는 데 기여한다. 이 이중 결합이 시그마 결합을 중심으로 회전하려면 상대적으로 약한 파이 결합이 끊어져야 한다. 이때 얼마간의 에너지가 필요하다. 정상 상태의 시스 레티날(11-*cis*-retinal)은 이중 결합에 의해 단단히 잡혀 있다. 눈으로 빛이 들어와 로돕신에 의해 흡수되면 시스-형태로 있는 이중 결합의 파이 결합이 이 빛에 의해 분해되고, 시그마 단일 결합이 회전하여 트랜스-배열을 이루는 트랜스 레티날(11-*trans*-retinal)로 변화된다(부록 그림 5.7 참고). 레티날은 옵신으로부터 분리되어, 뇌에서 시각적으로 해석하게 하는 신경 자극을 만드는 반응을 일으킨다. 가까이 위치한 분자들이 적게는 다섯 개가 반응에 참여한다고 알려져 있다. 따라서 적게는 다섯 개의 빛의 광자만이 눈을 자극하는 데 필요하다는 뜻이다. 시각 반응을 한 후에 이중 결합이 모두 트랜스로 배열된 레티날은 다시 천천히 원래의 형태로 돌아간다. 이 과정이 느리므로 강한 빛에 일시적으로 노출되면 눈이 멀게 된다. 사실 빛이 있는 낮에 물질을 볼 수 있게 하는 것은 빛을 이용하여 시스-형태의 이중 결합을 트랜스-형태로 변환시키는 단순한 화학이다. 화학적으로 보면 기하 이성질화를 이용하는 일종의 시각 화학 마술이다.

레티날은 몸에서 β-카로텐(carotene)으로부터 만들 수 있다. β-카로텐은 당근이나 토마토 같은 황색 채소에 많이 있고, 이 β-카로텐이 효소에 의해 절반으로 분해되어 비타민 A를 거쳐 만들어진다(부록 그림 5.8 참고).

12. 화학전을 통해 생존한다

식물과 곤충도 생존을 위해 화학전을 치른다. 화학전의 성공 확률을 높이려면 유독한 화합물의 확산을 빠르게 하거나 격한 냄새를 발산하는 것이 유리하다. 마늘, 양파, 산파, 골파, 부추 등은 맛있는 음식 재료이며 모두 파속(genus Allium)에 속한다. 이들 식재료는 정도는 다르지만 공통적으로 매운 냄새를 낸다. 이 냄새는 이 식물 속에 있는 황(S) 화합물 때문이다. 그런데 놀랍게도 이 냄새가 나도록 하는 물질이 원래의 식물에는 존재하지 않는다. 짓이기지 않은 마늘이나, 자르지 않은 양파에서는 이런 냄새가 나지도 않고 눈물이 나게 하지도 않는다. 그러나 이 식물들을 짓이기거나, 자르거나, 튀기거나 끓이는 경우에 이런 냄새가 나고 눈물이 난다. 왜 그럴까? 마늘을 짓이기면 알리네이스(allinase)라는 효소가 방출되고, 이 효소가 S=O기를 포함하고 있는 아미노산[3-(allylsulfinyl)-2-aminopropanoic acid]을 설펜산(sulfenic acid)으로 변환한다. 이 설펜산이 반응하면서 물 한 분자를 잃어버리고 알리신(allicin)이라는 향료 분자를 형성한다. 알리신은 마늘의 독특한 향을 가지고 있고, 강력한 항박테리아제로 알려져 있다. 오늘날의 항생제가 등장하기 이전에는 마늘이 발진, 콜레라, 이질, 결핵의 치료에 이용되었다. 마늘은 감기 예방 및 치료, 혈소판 응집 예방, 혈중 당 수준의 조절, 및 위암 예방에 도움이 된다고 알려져 있다. 식물들이 알리네이스 같은 효소를 방출하여 격한 냄새를 내는 물질을 생성하는 이유는 무엇일까? 이는 곧 자신들을 침범하는 생물체에 대항하기 위한 일종의 화학전의 무기로 이용하는 것으로 생각된다.[42]

자연은 항상 자연스럽고 항상 푸르지만 않다. 감자를 심은 고랑에 감자가 커지면서 흙 밖으로 자라서 햇빛에 노출되면 감자가 녹색으로 된다. 이런 감자는 독성이 있어 먹지 않는 게 좋다. 녹색 감자에는 솔라닌(solanine)이라는 알칼로이드가 있고, 이는 일종의 '자연 살충제'이다. 이 물질은 독성이 있고 햇빛에 노출되면 양이 증가하여 더 파래지고 독성도 그 만큼 강해진다. 지구상에 있는 모든 식물들은 오랜 진화 과정을 거치면서 나름대로 만들어 가지고 있다.

딱정벌레의 폭격 무기는 화합물이다

딱정벌레, 지내 및 흰개미 같은 절지 동물들은 산화력이 큰 파라-벤조퀴논(*p*-benzoquinone)을 화학 방어제로 사용한다. 이들 중에서 딱정벌레는 개미 같은 침략자의 방어를 위해 엉덩이 쪽의 분비샘에서 부식성이 큰 뜨거운 액체를 분출하는데 하이드로퀴논과 과산화 수소가 반응실로 분비된다. 반응실 내에는 이들의 반응을 촉진하는 효소가 들어 있다. 이 효소는 다이올을 폭발하기 쉬운 퀴논으로 만들고 과산화 수소를 산소 기체와 물로 분해시켜 폭발하도록 한다. 이때 분사되는 혼합물의 온도는 거의 100 °C에 이르며 270° 회전 각도로 적을 향해 분출한다. 이 분사는 놀랄만한 정도로 명중률이 높고, 몇몇 딱정벌레는 초당 500펄스 정도로 발사가 된다고 알려져 있다. 이 폭탄을 맞고도 살아남을 유기체가 얼마나 되겠는가? 적이 많을수록 강한 독극물을 발산한다. 페루의 파이어 스틱(fire stick)은 개미, 거미 및 개구리 같은 침입자 퇴치를 위해 머리 뒤쪽의 분비샘에서 퀴놀린(quinoline)을 분비한다.

❀ 여성용 피임제는 유사 화합물을 이용한 속임수이다

초기에 개발된 여성용 피임제는 여성의 신체에서 난자의 형성과 배란을 방해하여 몸에서는 임신한 것으로 착각하게 하는 속임수를 쓰는 것이었다. 여포 자극 호르몬(follicle-stimulating hormone, FSH)과 황체 형성 호르몬(luteinizing hormone, LH) 생산을 중지시키면 난자 형성과 배란이 중지된다. 여성의 생리 주기는 여포 자극 호르몬, 황체 형성 호르몬 및 황체 자극 호르몬 등에 의해 조절된다. 여포 자극 호르몬은 뇌하수체로부터 분비되는 단백질 호르몬으로 난자의 성장을 유도한다. 황체 형성 호르몬은 난소의 방출과 황체 형성을 유도하고, 뇌하수체 호르몬은 황체를 자극하고 기능을 유지한다.

피임제로 에스트로젠과 프로제스테론 혼합물을 생리주기 동안 먹으면 여포 자극 호르몬(FSH)과 황체 형성 호르몬(LH) 둘 다 생성되지 않는다. 결국 난자의 형성과 배란을 모두 방해함으로서 임신하지 못한다. 어떤 상용 피임제들은 에스트로젠과 프로제스테론의 구조를 변형한 것들이거나, 자궁의 프로제스테론 수용체와 반응하여 프로제스테론 활동을 방해하는 메커니즘을 가지고 있다.

❀ 생명체는 할로젠 화합물을 방어 물질로 이용한다

왜 생물체는 유기 할로젠 물질을 만들어 낼까? 그 해답은 대부분의 유기 할로젠 화합물이 독성이 있어 자기 방어용 물질로 이용하기 위해서이다. 예를 들어 해면 동물, 산호 및 바다 연체 동물 등은 물고기 불가사리 및 또 다른 포식 동물에게 먹히지 않기 위해 역겨운 맛을 내는 유기 할로젠 화합물을 방출한다. 더 놀라운 것은 사람까지도 감염을 방어하기 위해 할로젠 화합물을 만들어 낸다. 사람의 면역계는 곰팡이 및 박테리아와 할로젠화 반응을 일어나게 하여 병원균을 죽이는 과산화 효소를 가지고 있다. 더 놀라운 것은 사람에게서 순수한 염소 기체(Cl_2)까지도 발견되었다는 것이다. 그 동안의 연구로 약 5000여 종 이상의 유기 할로젠 화합물이 자연에 존재한다고 알려졌다. 간단한 클로로메테인(CH_3Cl)부터 반코마이신(vancomycin) 같이 아주 복잡하고 다양한 유기 할로젠 화합물들이 식물과 박테리아 및 동물 속에 존재한다.

13. 생화학적 조절 인자도 화합물이다

프로스타글란딘은 스테로이드보다 더 강력한 생화학적 조절 인자이다. 프로스타글란딘은 1930년대 초 사람의 정액이 자궁 조직의 근육을 수축시킨다는 사실이 관찰되면서 알려졌다. 1950대에 와서 양의 전립선에서 프로스타글란딘을 추출하여 구조를 밝혔다. *프로스타글란딘은 20개의 탄소 원자로 구성되며 오-원자 탄소 고리에 두 개의 곁가지 사슬을 가진다.

한 장소에서 생산되어 신체내의 필요한 장소로 이동되는 호르몬과는 달리 프로스타글란딘은 생성되는 곳에서 자기 역할을 담당하는 국부적 조절 인자이다. 프로스타글란딘은 아라키돈산(arachidonic acid)으로부터 효소의 도움을 받아 여러 단계를 거쳐 생합성된다. 프로스타글란딘은 *에이코사노이드라고 하는 더 큰 부류의 화합물 계열로 구분한다.

이 부류에는 루코트리엔(leukotriene), 프로스타글란딘(PG), 트롬복산(thromboxane, TX) 및 프로스타사이클린(prostacyclin) 등 세 부류가 있고 모두 아라키돈산으로부터 합성된다.

프로스타글란딘은 근육의 자극, 혈소판 응고 억제, 혈압 강하, 위산

---

* **프로스타글란딘(prostaglandin, PG)** Ulf von Euler가 처음 명명하였다.
* **에이코사노이드(eicosanoid)** eicosa는 그리스어로 20을 의미한다.

분비, 신장 기능, 염증 반응의 증진 및 출산 시의 분만 유도 등 다양한 생리 기능을 가진 중요한 호르몬 유사 물질이다. 실제로 아스피린의 항염증 효과를 나타내는 것은 아스피린 분자가 프로스타글란딘의 생합성을 억제하기 때문인 것으로 알려졌다. 아스피린에 의한 위궤양도 프로스타글란딘과 연관되어 있다. 트롬복산은 프로스타글란딘과는 달리 혈액 응고를 촉발하는 혈관 수축제이다. 우리 몸에서는 이처럼 화합물을 이용해 적절히 균형을 유지하는 기능이 보편적으로 이용되고 있다.

유충 호르몬이 곤충의 변태를 조절한다

유충 호르몬이 곤충의 성장 과정에서의 형태적 변화를 조절한다. 이러한 과정을 변태(metamorphosis)라고 한다. 유충 호르몬은 곤충의 알라타체(corpus allatum)에서 분비되며, 곤충의 유충 형태를 유지시키는 역할을 한다. 아울러서 전흉선 호르몬과 함께 유충의 탈피를 돕는다. 즉 이 호르몬이 곤충의 발생 과정 동안에 주기적으로 외골격을 벗는 변태 과정을 조절하며, 성체의 경우 암컷이 정상적으로 알을 생산하는 데 관여한다. 유충 호르몬에 노출되면 곤충의 변태가 번데기 상태에서 멈춘다. 유충 호르몬에 노출된 모기는 알을 낳은 성충으로 자라지 못한다. 따라서 말라리아, 황열병과 같은 모기 매개 질병의 조절에 유충 호르몬을 이용할 수 있다. 그러나 이런 유충 호르몬은 구조적으로 불안정하고 자연에서 추출하여 사용하기 어렵기 때문에 안정하고, 합성이 쉬운 유사체의 개발이 연구되고 있다. 그 중 하나가 메토프렌(methoprene)이라는 살충제이다. 메토프렌은 벼룩, 모기, 불개미 등과 같은 다양한 해충에 대해 활성이 1000배나 높고, 작은 입자 형태로 살포하면 해충의 알은 번데기 상태를 거쳐 성충으로 자라지 못한다.

※ 사람 몸은 NO를 이용하여 혈압을 조절하고 정보도 전달한다

일산화 질소(nitric oxide, N=O)는 매우 강한 독성을 가진 물질이다. 그런데 놀랍게도 사람을 포함한 포유류의 다양한 세포에서 합성되어 다양한 기능을 발휘한다. 일산화 질소의 중요한 생물학적 역할은 혈압 조절, 세포의 구분, 신경 전달 및 혈소판 형성의 억제는 물론 면역체계 등에 직접적인 관련이 있다. 예를 들어 인체의 면역 작용과 관련된 대식세포에 산화 질소를 노출시키면 박테리아와 종양 세포를 파괴한다.

일산화 질소는 *L*-아르기닌의 효소 촉매 반응에 의해 만들어지고 혈관 배벽의 세포를 통해 방출되며, 주위의 근육 섬유를 완화시킨다. 니트로글리세린(nitroglycerin)이나 다른 유기 질산염(organic nitrate) 등이 체내에서 대사를 하면 일산화 질소(NO)가 발생함을 알게 되었다. 이 화합물들을 심장마비와 협심증 치료제로 사용하게 되었다. 일산화 질소와 관련된 연구로 퍼치고트(R. F. Furchgott), 이그나로(B. L. J. Ignarro) 및 뮤라드(F. Murad)가 1998년 노벨상을 공동 수상하였다.

14. 바이러스는 탁월한 화학자이다

바이러스는 자체적으로 세포를 가지고 있지 않으므로 스스로 증식하지 못한다. 따라서 다른 세포를 숙주로 삼아야 한다. 증식하기 위해 다른 세포를 빌리는 것이지만, 잠시가 아니라 어쩌면 전세를 낸다고 보는 것이 옳을 수도 있다. 바이러스가 증식되려면, 먼저 바이러스 핵산이 숙주 세포 안으로 들어가서 자체 바이러스를 합성해야 한다. 침입을 당한 숙주 세포는 바이러스가 들어오면 숙주 세포 본래의 대사 메커니즘이 제어되고 바이러스 핵산과 단백질을 합성하여 바이러스를 증식시킨다. 핵산과 단백질 합성에 필요한 반응용기로 숙주 세포를 이용하는 것이다. 왜 세포를 이용할까? 숙주 세포는 바이러스가 증식에 필요한 모든 반응 조건과 물질을 가진 잘 설계되고 증식에 필요한 조건을 충족시킬 수 있는 반응 용기이기 때문이다. 이 얼마나 지혜로운 화학자인가!

이 바이러스 증식 과정의 비밀 하나를 놓치지 않은 과학자가 있다. X-선 결정학 방법으로 tRNA 삼차원 구조를 밝힌 재미 한국인 과학자 김성호 박사이다. X-선을 이용하여 분자의 3차원 구조를 밝히려면 잘 만들어진 결정(단결정)이 필요하다. 우리가 아는 것처럼 tRNA는 음전하를 띠는 인산기를 가지고 있다. 이 인산기의 음전하가 tRNA 분자를 서로 밀치기 때문에 결정으로 만들 수 없다고 인식되어 왔다. 대부분의 바이러스는 증식 과정에서 DNA와 RNA 같은 핵산의 음전하를 중성화하는 데 양전하를 띠는 폴리아민을 이용한다. 김성호 박사는 결정화 과정에 이를 이용하여 tRNA의 음이온을 중성화시켜 좋은 결정을 얻었고, 그로부터 완벽한 tRNA 구조를 밝히는 데 성공하였다.

바이러스 분류는 당-단백질과 가수분해 효소로 구분한다

탄수화물은 에너지원과 구조적 물질의 역할을 주로 하지만 그 외에도 다른 많은 중요한 생화학적 기능을 가지고 있다. 예를 들어 살아 있는 유기체에서 탄수화물은 유리된 형태뿐만 아니라 탄수화물의 아노머성 중심(anomeric center)을 통해서 지방질(예: 당지질-glycolipid) 또는 단백질(예: 당단백질-glycoprotein) 같은 다른 분자와 결합할 수 있다. 당 접합체라고 부르는 이들 당-결합 분자들은 세포벽의 성분이며 종류가 다른 세포가 또 다른 세포를 인식하는 세포-세포 인식 메커니즘에서 중심적으로 관여한다. 예로서 인플루엔자 바이러스에서 나타나는 것처럼, 단백질의 $-OH$ 또는 $-NH_2$기가 글리코사이드 결합으로 결합한 작은 다당류 사슬은 세포 표면의 생화학적 표지 인자로 작용한다. 인플루엔자는 A, B, C형으로 구분되고, 이들 각각의 전체적 구조는 동일하다. 비리온(virion: 바이러스의 최소 단위 입자)는 지름 80~120나노미터(nm: 1 nm = 10^{-9} m)의 크기이며, 감염 초기에는 필라멘트 모양이다. 그러나 나중에는 원형으로 되고 비리온의 조성도 거의 동일하다. 중앙의 핵을 둘러싸고 있는 바이러스성 외피는 두 종류의 당단백질이며, 핵은 바이러스성 RNA(viral RNA)와 이를 보호하고 활성화하는 데 필요한 바이러스성 단백질(viral protein)을 포함하고 있다. 비리온의 표면에는 헤마글루티닌(hemagglutinin, HA)과 뉴라미니다아제(neuraminidase, NA)라는 두 가지 당-단백질이 돌기처럼 솟아 있다. 적혈구의 응집소인 헤마글루티닌은 H1에서 H16까지 16종류가 있으며, 뉴라민산 가수분해 효소인 뉴라미니다아제는 N1에서 N9까지 9종류가 있다. 두 당-단백질의 조합에 따라 인플루엔자 바이러스는 총 144가지(16×9) 아형(subtype)으로 구분되며, H3N2, H5N1과 같은 식으로 나타낸다. 즉, H와 N은 각기 다른 두 당-단백질 돌기를 나타내며 각 문자 다음의 숫자는 H와 N의 종류를 나타내는 숫자이다. 이렇게 이름 붙이는 이유는 두 당-단백질이 바이러스의 복제와 증식에 열쇠 같은 역할을 하기 때문이다. 헤마글루티닌은 바이러스가 숙주 세포로 들어갈 때 필요한 열쇠라면, 뉴라미니다아제는 증식된 바이러스가 숙주 세포에서 빠져나올 때 필요한 열쇠이다. 헤마글루티닌은 바이러스가 숙주세포 표면에 있는 시알산(sialic acid)과 결합하도록 만든다. 그 뒤 바이러스는 숙주의 세포막과 자신의 외피를 융합시켜 RNA를 숙주 세포의 세포질에 넣는다. 즉 바이러스 비리온이 표적 세포의 수용체 당단백질의 시알산 부분과 결합하여 세포 안으로 빨려 들어가면 해당 바이러스에 감염이 일어난다. 새로운 바이러스 비리온이 세포 내에서 생성되어 밖으로 나오고, 다시 세포벽 수용체에 있는 당단백질에 결합되어 있는 시알산에 의해 붙들리게 된다. 결국 바이러스 표면에 존재하는 뉴라민산 수용체가 당-단백질과 시알산 사이의 결합을 분해시켜 비리온을 방출하면 이것이 새로운 세포를 공격한다. 이 과정에서 당-단백질이 없으면 이런 생물학적 기능은 일어날 수 없다. 인플루엔자의 유일한 치료제인 타미플루

(Tamiflu)는 뉴라민산 가수분해 효소를 저해할 수 있는 유일한 물질이다. 효소가 봉쇄되면 새로 형성된 비리온을 방출할 수 없으므로 감염이 확산되지 않는다.

15. 탄수화물은 수용액에서 변신한다

α-D-글루코피라노스(α-D-glucopyranose)의 두 개 *아노머를 순수하게 결정으로 만들거나 정제를 할 수 있다. 이렇게 해서 얻은 순수한 α-아노머의 편광 회전도는 $[\alpha]_D$ = +112.2°이고, β-아노머의 편광회전도는 $[\alpha]_D$ = +18.7°이다. 이들 중 어느 한 아노머를 수용액으로 만든 후 일정 시간 방치한 후에 광회전도를 측정하면 $[\alpha]_D$ = +52.6°으로 변한다. 이런 광회전도 변화를 화학에서는 변광회전(mutarotation)이라고 한다.

왜 이런 변광회전이 일어나는가? 이들 두 아노머는 분자량과 분자식이 동일하고 용해도도 유사하다. 그러나 광회전도에서는 편광의 회전 방향이 정반대인 차이를 보인다. 이처럼 수용액 속에서 빛의 회전 방향이 달라지는 것은 분자내의 카이랄 탄소에서의 배열이 변화가 있다는 것을 의미한다. 그러면 다른 물질과 특별한 반응을 하지 않으면서 어떻게 한 탄소의 공유 결합 배열의 변화가 일어날까? 화합물의 이런 변화는 분자들이 가지는 독특한 성질이기도 하다. 유기 분자들은 같은 용액 속에서 동일한 분자이지만 각기 다른 형태로 존재하기도 한다. 어떤 순간이 되면 두 가지 다른 형태들의 양(또는 농도)이 더 이상 변하지 않

---

* **아노머화**(anomerization) 특정 아노머를 다른 아노머로 전환하는 과정을 말한다.

는 상태가 된다. 이런 상태를 평형 상태에 있다고 하며, 양방향 화살표 (⟷)로 나타낸다. 즉 화살표의 오른편에 물질과 왼편에 놓인 물질들의 양(또는 농도)에 변화가 없이 용액 속에서 공존한다. 반응에서는 평형에 이르면 외형적으로는 반응물(화살표 왼편 물질)과 생성물(화살표 오른편 물질)의 양에 변화가 없다. 놀랍게도 이런 평형에서의 공존 현상이 곧 변광 회전의 비밀 열쇠이다.

글루코피라노스의 두 아노머 이성질체는 다섯 개의 탄소와 하나의 산소 원자가 육-원자 고리로 이루어져 있다. 이 글루코피라노스 고리는 흔히 선형으로 표시하는 *D-글루코스의 카보닐(C=O)기와 5-번 탄소의 수산(OH)기가 고리화되어 헤미아세탈화(hemiacetalization)를 거쳐 형성되는 평형 반응이다(부록 그림 5.9 참고). 순수한 α-D-글루코피라노스를 물에 녹이면 수용액 중에서 고리상의 탄소-산소(C−O) 결합이 카보닐(O=C)기와 수산(OH)기로 분해되어 고리가 열려서, 고리 형성 이전의 직선형 분자가 된다. 이 직선 분자가 다시 고리화될 때 평면인 카보닐(C=O)기의 위 또는 아래 두 방향으로 OH기가 도입되어 고리를 형성할 수 있다. 그런 결과로 카보닐(C=O)로부터 형성되는 수산(OH)기의 배열이 위와 아래로 배열된 두 가지 고리 화합물을 형성하게 된다. 그런 결과로 수용액 중에는 두 종류의 다른 아노머가 생기게 된다. 즉, 용액이 만들어진 초기에는 하나의 아노머만 존재하는 순수한 수용액에서 고리

---

* D-글루코스(포도당)의 C=O기와 5-번 탄소의 OH기가 반응하여 고리를 이루는 반응을 헤미아세탈화(hemiacetalization)라고 한다. α-D-글루코피라노스는 일종의 헤미아세탈 부류이다. 헤미아세탈은 케톤(RCOR)이나 알데하이드(RCHO)의 C=O기와 알코올의 OH기가 반응하여 형성된 RCH(OH)(OR′) 형태의 화합물 계열을 말한다.

열림과 재고리화가 진행되면서 두 아노머가 혼합된 생성물이 생긴다. 이 과정은 평형에 도달할 때까지 진행된다. 그런 결과로 평형에서의 글루코피라노스 수용액의 광회전도는 $[\alpha]_D$ = +52.6°으로 된다. 탄수화물이 수용액에서 스스로 다른 이성질체로 변하는 이런 마술의 비법은 하나는 카보닐(C=O)기와 수산(OH)기의 헤미아세탈(hemiacetal) 형성 반응이다. 다른 하나는 카보닐기 평면 작용기이기 때문에 가능하다. 자연은 이런 작은 화학적 비밀로 다양하고도 놀라운 특성들을 발현시킨다. 자연은 거대한 화학 공장인 셈이다.

16. 혈액은 완충 용액이다

첫 번째 장에서 자연이 완충계를 이용한다는 것을 언급했다. 사람의 혈액 역시 완충 용액이다. 정상적인 혈액은 수소 양이온 농도(pH)가 약 7.35~7.4 정도로 유지된다. 생명계에서 일어나는 화학 반응은 수소 양이온 농도에 매우 민감하다. 생화학 반응에서 촉매 작용을 하는 효소들은 좁은 수소 이온 농도 범위 내에서만 효과적으로 작용한다. 따라서 사람의 혈액은 이에 적합한 완충계를 유지하고 있다. 사람 혈액의 수소 이온 농도 범위가 정상 값에서 약간만이라도 벗어나면 세포막의 안정도 단백질의 구조 및 효소의 활성도 등에 심각한 영향을 미친다. 혈액의 수소 양이온 농도(pH) 값이 6.8보다 낮거나 7.8보다 높으면 사람은 생명을 잃는다. 혈액의 수소 양이온 농도가 pH 7.35 아래로 낮아지면 산혈증이 되고, 수소 양이온 농도가 pH 7.45보다 더 높아지면 알칼리혈증이 된다. 일반적으로는 산혈증이 더 잘 생기는데 그 이유는 일반적인 물질 대사에서 여러 가지 산들이 생성되기 때문이다.

운동 중에 우리 인체 내부 세포에 산소는 어떻게 공급되는지 들여다보자. 이 과정에 탄산-탄산 수소 완충계와 헤모글로빈의 역할이 중요하다. 혈액의 수소 양이온 농도 조절에 이용되는 완충계는 탄산-탄산 수소 완충계이다. 탄산(H_2CO_3)과 탄산 수소 음이온(HCO_3^-)은 일종의 짝산-짝염기 쌍이다. 탄산(H_2CO_3)은 물(H_2O)과 이산화 탄소(CO_2)로 분해되며 이 완충 반응의 평형 반응식은 다음과 같다.

$$H^+(aq) + HCO_3^-(aq) \rightleftharpoons H_2CO_3(aq) \rightleftharpoons H_2O(l) + CO_2(g)$$

중요한 것은 탄산이 이양성자산임에도 불구하고 탄산 이온(CO_3^{2-})은 중요하지 않다. 또한 이산화 탄소(CO_2)는 기체여서 인체로 하여금 호흡을 통해 배출된다. 그렇게 되면 반응의 평형이 오른쪽으로 이동하게 되면서 체내의 산을 소비한다. 혈액 내의 완충계는 수소 양이온 농도(pH) 7.4에서 작동하는데 이 값은 생리학적 온도에서 H_2CO_3의 pK_{a1}값(6.1)과는 차이가 크다. 혈액 완충계가 pH 7.4가 되려면 [염기]/[산]의 비가 대략 20이 되어야 한다. 정상적인 혈장에서의 탄산 수소 이온(HCO_3^-)과 탄산(H_2CO_3)의 농도는 0.024몰(M)과 0.0012몰(M)로 여분의 산을 중화시킬 수 있는 큰 완충 용량을 가지고 있다.

※ 탄산-탄산 수소 완충계의 pH는 어떻게 조절되는가?

우리 몸에서 탄산-탄산 수소 완충계의 수소 이온 농도(pH)를 조절하는 주요 기관은 폐와 신장이다. 우리 뇌에는 수소 양이온(H^+)과 이산화 탄소(CO_2)의 농도에 민감한 수용체가 있어 이산화 탄소의 농도가 높아지면 탄산-탄산 수소 완충 반응의 평형이 왼쪽으로 이동하여 수소 양

---

* **짝산-짝염기** 산에서 수소 양이온(H^+) 제거된 나머지 부분을 이 산의 짝염기(conjugate base)라고 하고, 염기에 수소 양이온(H^+)이 첨가된 물질을 짝산(conjugate acid)이라고 한다.

* **완충 용량(buffer capacity)** 완충 용액의 pH가 현저히 변하기 전까지 가하는 산이나 염기의 양 또는 큰 pH 변화 없이 완충 용액이 흡수할 수 있는 H^+ 또는 OH^-의 양을 말한다.

이온을 더 많이 생성하도록 한다. 뇌 속의 수용체가 이를 인지하여 호흡을 빠르고 깊게 하도록 유도함으로서 폐에서 이산화 탄소의 제거 속도를 증가시키게 된다. 그렇게 되면 반응의 평형은 오른쪽으로 이동(화살표 → 방향)하게 된다. 혈액 속의 수소 양이온 농도(pH)가 너무 높아지면, 신장에서는 혈액 속의 탄산 수소 음이온(HCO_3^-)이 제거되어 반응의 평형이 왼쪽으로 이동(화살표 ← 방향)하게 된다. 그런 평형 이동의 결과로 수소 양이온 농도(pH)는 감소한다. 혈장의 수소 양이온 농도(pH) 조절은 체내 세포에 산소를 공급하는 데 관련이 있다. 적혈구에서 발견되는 헤모글로빈(hemoglobin: Hb)이 산소를 운반한다. 양성자가 첨가된 헤모글로빈(Hb)은 수소 양이온(H^+) 및 산소(O_2)와 경쟁적으로 그리고 가역적으로 결합한다.

$$HbH^+ + O_2 \rightleftharpoons HbO_2 + H^+$$

호흡을 통해 폐로 들어오는 산소는 적혈구로 들어가 헤모글로빈과 결합한다. 산소의 농도가 낮은 세포에 혈액이 도달하면 위 반응의 평형은 왼쪽으로 이동(화살표 ← 방향)하여 산소를 내놓는다. 이와 같은 탄산-탄산 수소 완충계와 헤모글로빈-(H^+)와 산소의 평형 반응이 함께 작용하여 산소를 활동 중인 세포로 운반한다. 이러한 수소 양이온 농도(pH)의 조절과 산소의 공급과 이산화 탄소(CO_2)의 제거 경로는 르샤틀리에(Le Chatelier) 원리로 이해할 수 있다. 즉, 산소가 소비되면 관련 반응의 평형이 왼쪽(화살표 ← 방향)으로 이동하면서 더 많은 산소를 방출한다. 또 체내 물질 대사로부터 많은 양의 이산화 탄소가 생성되면 H^+ 농도를 증가시켜 산소가 방출되도록 평형을 오른쪽(화살표 → 방향)으로 이동시킨다. 운동을 하면 체온이 올라간다. 체온이 증가하면 위 반응의 평형이 왼쪽(화살표 ← 방향)으로 이동되고 더 많은 산소가 방출된다. 이렇게 되는 이유는 헤모글로빈 관련 반응이 발열 반응이기 때문이다. 만일 우리 몸에서 이러한 평형 이동과 수소 양이온 농도(pH) 변화가 이처럼 정교하게 일어나지 않는다면, 조직 중의 산소 양을 급격히 감소시켜 더 이상의 활동이 어려워진다. 그렇게 되면 혈액의 완충 용량과 이산화 탄소의 발산으로 폐의 수소 양이온 농도(pH)가 너무 낮아지게 되고, 결국에는 산혈증을 유발하게 된다. 따라서 사람이 기본적인 수소 양이온 농도(pH)를 유지하는 것은 매우 중요하다.

※ 민물 고기를 바닷물에 넣으면 왜 죽는가?

민물고기나 일반 육상 식물을 바닷물에 넣으면 죽는다. 왜 죽을까? 또 김치를 담글 때는 배추를 소금에 절여서 사용하고, 피클은 오이를 식초에 담가서 만드는 이유는 무엇일까? 배추를 소금에 절이거나 오이를 식초에 담구는 것은 배추나 오이 속의 수분을 줄이기 위해서이다. 이런 삶의 지혜는 삼투 현상이란 화학적 활동을 이용하는 것이다. 삼투 현상이란 용매 분자들이 반투막(semipermeable membrane)을 통해 용질의 농도가 낮은 쪽에서 용질의 농도가 높은 쪽으로 이동하는 현상을 말한다. 생명체의 기본 단위는 세포이며, 세포는 수용액에서 반응을 일으키는 일종의 화학 공장이다. 세포는 생존을 위해 세포 외부로부터 필요한 물질(영양분)을 공급받아야 하고, 동시에 생성된 배설물을 외부로 배출해야 한다. 이러한 물질의 공급과 배출은 선택적으로 이루어져야 하므로 고도의 정밀도와 선택성이 요구된다. 물론 생명체의 세포는 나름대로 최고의 선택성과 효율로 최대의 효과를 얻는 방법들을 이용한다. 따라서 생명 과학자들은 세포가 어떻게 물질을 흡수하고 배출하는가에 많은 관심을 가져왔다. 그런 결과로 이와 관련된 지식들이 그 동안 많이 축적되었다.

생명체의 세포가 생명 현상을 유지하는 데에 필요한 물질들을 세포의 안과 밖으로 적절하게 배분하기 위해서는 첫째로 필요한 물질만을 통과시킬 수 있는 그물이 필요하다. 그러기 위해서 세포는 선택적인 투과성을 가진 반투막이라는 것을 이용한다. 세포를 둘러싸고 있는 이런 반투막은 수용액의 용질인 염(salt)은 통과할 수 없고, 용매인 물만 자유롭게 통과할 수 있다. 이런 삼투 현상이 일어나 못하도록 반대 방향에서 가해주는 압력을 삼투압(osmotic pressure)이라고 한다. 삼투 현상이 세포를 살아 있게 한다. 따라서 삼투 현상과 삼투압은 생물학과 의학적으로 매우 중요하다. 예를 들어 세포가 살아서 활동하려면 세포 내에 일정한 양의 물이 유지되어야 한다. 그리하여 세포막의 내부와 외부에서 삼투압이 동일해야 한다. 질량으로 0.9 %인 소금물은 적혈구 세포액과 삼투압이 동일한 등장성 용액이다. 따라서 이런 용액에 담긴 적혈구는 정상적인 수분 함량을 유지할 수 있다.

만일 세포가 세포 내부의 농도보다 염의 농도가 더 진한 용액 속에 놓이면, 삼투 현상에 의해 물이 세포 밖으로 빠져 나온다. 즉 세포가 쭈그러져서 죽게 된다. 민물고기나 일반 육상 식물을 바닷물에 넣으면 죽는 것은 바로 이런 이유 때문이다. 다른 예로 적혈구 세포를 보자. 만일

---

* 세포액의 삼투압과 동일한 용액을 등장성(isotonic)이라고 한다. 세포액보다 삼투압이 더 높은 용액을 고장성(hypertonic)이라고 한다. 또 세포액보다 삼투압이 낮은 용액을 저장성(hypotonic)이라고 한다.

적혈구 세포 안과 외부 용액의 삼투압이 동일(등장성)한 경우는 정상적인 세포 모양을 가진다(그림 5.15 a). 그러나 적혈구 세포 내부 농도보다 적혈구 세포 밖의 용액의 농도가 진한(저장성) 경우는 세포가 팽창된다(그림 5.15 b). 또 적혈구 세포 내부 농도 보다 세포 밖의 용액의 농도가 묽은(고장성) 경우는 적혈구 세포 내의 물이 외부로 흘러 나와 세포가 쭈그러든다(그림 5.15 c).

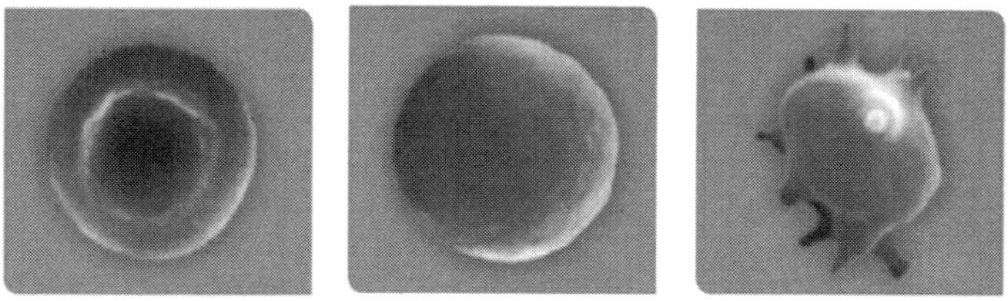

(a) (b) (c)

그림 5.15 등장성(a), 저장성(b) 및 고장성(c) 용액에 있는 적혈구 세포 모양

앞에서 이야기한 것처럼 일반적인 민물고기를 바닷물에 넣으면 죽는다. 왜 그런가? 물고기의 피부도 반투막으로 되어 있기 때문이다. 따라서 물의 소금 농도는 물고기에 큰 영향을 미친다. 물고기의 몸속 소금농도가 외부 물속의 소금 농도보다 높으면 물고기 몸속으로 수분이 계속 들어간다. 반대로 물고기의 몸속 소금 농도가 외부 물의 소금 농도보다 낮으면 몸속의 물이 계속 빠져나가게 된다. 그런 결과로 민물고기는 바닷물에서 살지 못하고, 바다 물고기는 민물에서 살지 못한다. 그러나 놀랍게도 이런 어려움을 극복하고 바다와 민물을 오가며 사는 물고기가 있다. 뱀장어(흔히 민물장어라고 한다), 송어, 은어, 숭어, 연어 등은 일생 동안 민물과 바닷물을 오고 간다. 이런 물고기들은 민물과 바

닷물이 만나는 '기수 지역'에 사는 종들이다. 기수 지역에 사는 물고기들을 기수어라고 한다. 기수어가 민물과 바닷물을 오갈 수 있는 비결은 민물과 바닷물 중간 지역에 살면서 이들의 몸 구조가 모든 장소에서 살 수 있도록 변화되었기 때문이다. 그러나 아직까지도 강과 바다를 오가는 기수어의 비밀을 완전히 이해하지는 못하고 있다. 이런 비밀을 밝히기 위한 연구가 꾸준히 이루어지고 있다. 민물에서 태어난 연어가 바다로 가서 사는 과정을 연구한 결과 체내 염분 균형을 위해 빛과 아가미와 갑상선 호르몬의 역할이 중요하다는 사실이 밝혀졌다. 즉 새끼 연어가 바닷물에 들어가기 전에 새끼 연어의 갑상선 호르몬을 활성화시키는 데이오디나제(deiodinase)가 아가미에서 증가되는 것을 발견하였다. 아울러 이 효소가 빛에 의해 생성이 촉진된다는 사실도 알게 되었다. 이 연구는 민물에서 태어난 어린 연어가 어떻게 바다에서 잘 살아갈 수 있는지, 또 그러기 위해서 물고기가 어떻게 환경에 적응하도록 화학적으로 진화했는지에 대한 해답을 얻을 수 있는 계기가 될 수도 있다.

참고 문헌

[1장]

1 Trends in Plant Sciences, 2004, 9: 253-261

2 *PNAS* February 21, 2012 vol. 109 no. 8 E490-E496.

3 http://www.seedquest.com/News/releases/2006/august/16565.htm

4 R. James Cook (2009), "Clarence A 'Bud' Ryan 1931-2007" National Academy of Science.).

5 초유기체, Bert Hölldobler, E. O. Wilson, 임향교 옮김, 2017, 사이언스북스

6 *Genes and Development*, **2012**, 26(8), 785-790

7 *Cell Reports*, **2016**, 17, 2553

8 *Science*, **2016**, *354*, issue 6310, 343-347

9 *Science*, **2016**, *353*(issue 6299), 587

[2장]

10 *Molecular Biology*, **2003**, 50(10), 319-331.

11 *Nature*, 2013;494:185-194.

12 *Nature*, 2009; 459:356-363.

13 *Cell*, **2017**, 170(1), 214.

14 미생물의 세계, 이원재외 6인, 월드사이언스 2001.

15 *Current Biology*, **2017**, 27(9), 1336

16 *Organic Chemistry*, P. S. Bailey, JR., C. A. Bailey, Practice Hall Inc. 1995, pp79-81

17 *J. Comp. Physiol.* A. **2000**, *186*(6):567-574; Org. Chem. 6th Ed. WJ Freeman & Co. 2011

[3장]

18 *Principles of Chemistry the Molecular Science*, J. W. Moore et al, 2010, Brooks/Cole

19 Organic Chemistry, 5th Ed. P. S. Bailey, Jr. C. A. Bailey, 1995, Prentice-Hall. Inc. pp201-202

20 *Chem. Rev.* **2014**, *114*, 883-898.

21 *Biochem. J.* **1966**, *101*, 103

22 *Org. Chem.* 8th Ed. J. E. McMurry, Brooks Cole, 2012

[4장]

23 *Guyton and Hall Textbook of Medical Physiology.* Philadelphia, PA: Elsevier Saunders. pp. 930-937.

24 생화학, 양철학 저, 2013, 자유아카데미, 제11장

25 (a) *Asian J. Androl.* **2015**, *17*, 628-63. (b) *Int. J. Gynaec. Obstet.* **1972**, 10, 52-56. (c) *Nature Med.* **2003**, 9, 149-150. (d) *Sci. Rep.* **2015**, 5, 16146.)

26 *Clinic. Chem.* **2000**, **46** (*10*): *1626-1630.*

27 *The FASEB Journal.* **2004**, **18** (*12*): *1382-1391.*

28 *Trends in Cell Biology*, **2008**, *18*, 347-352

29 *Development*, **2010**, *137*, 1407-1420.

30 *Cell*, **2002**, *110*, 673-687

31 *Creation Research Society Quarterly*, **1999**, 36(1), 2-9

32 *Sci. Am.* **2009**, *302*(6), 84-92).

33 *Science*, **2017**, *356*, issue 6339, 753-756.

[5장]

34 *J. Bacteriol.* **1984**, *160(1)*, 313-318

35 PNAS, DOI 10.1073/pnas.1716215115

36 *Essential Org. Chem.* P. Y. Bruice, Pearson Education, 2006

37 *Essential Organic Chem*, 2nd Ed., P Y. Bruice, Prentice Hall, 2010

38 *Neurology* 2001(62):7;1058–1065

39 *Annales de Chimie*. **1806**, 57, 88–93.

40 The chemical composition of the proteins. *Monographs on biochemistry. Part I. Analysis* (2nd ed.). R.H.A. Plimmer; F.G. Hopkins, Eds. London: Longmans, Green and Co. **1912**, p. 112.

41 *Foye's Principles of Medicinal Chemistry*. Philadelphia, PA: Lippincott Williams & Wilkins. 2013, pp. 1314–1320.

42 *Org. Chem.* 6th Ed. By P. T. Vollhardt, et al., W. H. Freeman Co. 2011.

1장 참고 그림

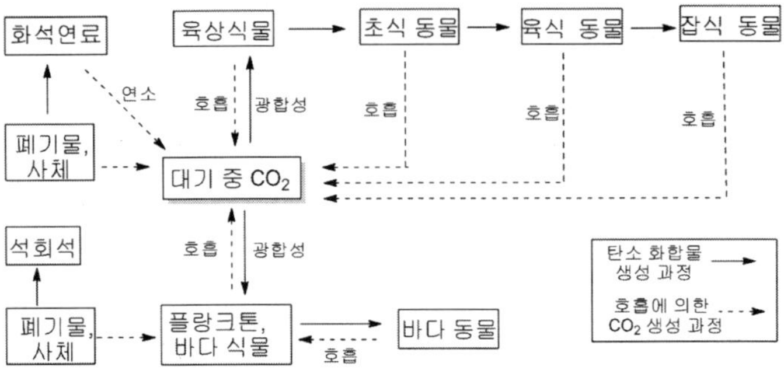

▲ **그림 1.1** 지구에서의 탄소 순환 과정

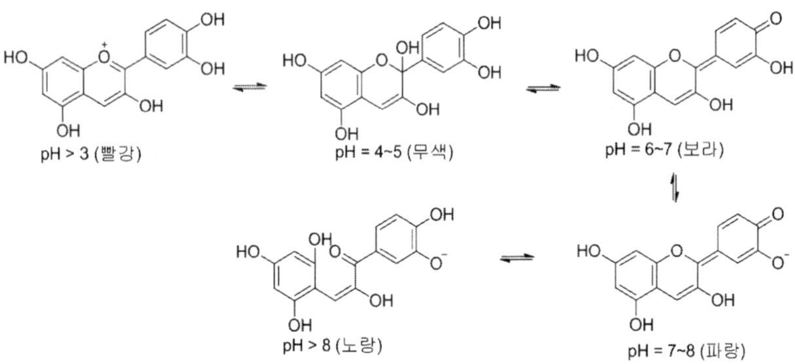

▲ **그림 1.2** pH에 따른 안토시아닌 계열 염료의 색변화

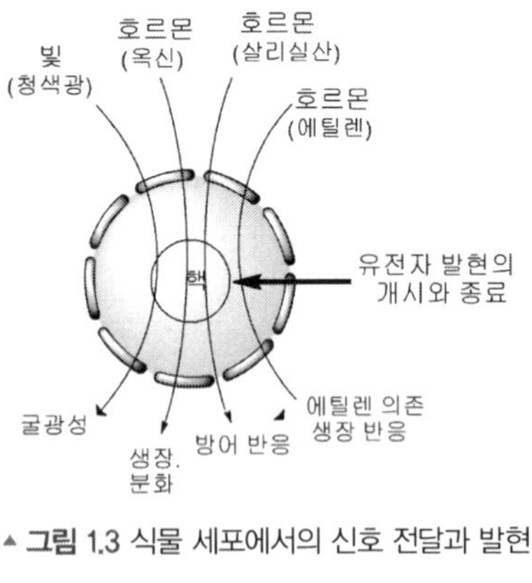

▲ **그림 1.3** 식물 세포에서의 신호 전달과 발현 과정

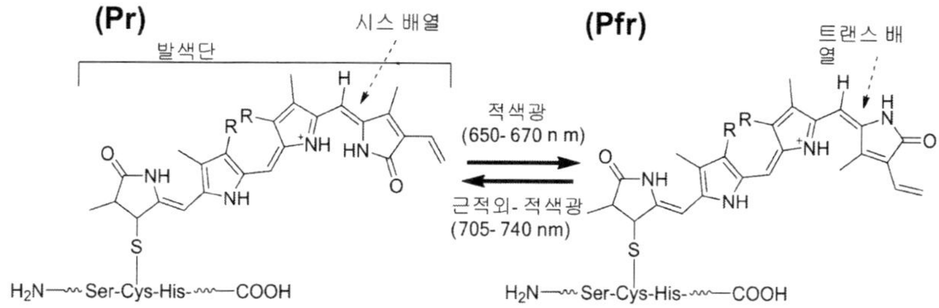

▲ **그림 1.4** 발색단의 이중 결합이 시스-형태인 파이토크롬(Pr)이 적색광을 흡수하면, 발색단의 이중 결합이 트랜스-형태로 된 Pfr-형으로 되고, Pfr-형이 근적외-적색광을 흡수하면 다시 Pr 형태로 변환하고 해당 기능이 발현되지 못한다.

2장 참고 그림

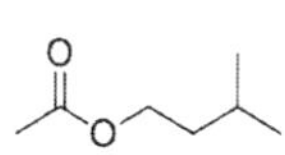

Isoamyl acetate
(꿀벌 경고 페로몬)

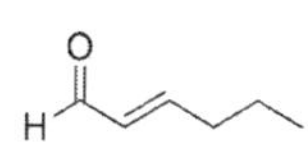

Hex-2-enal
(개미 경고 페로몬)

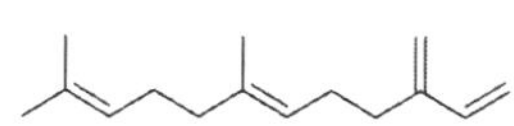

7,11-Dimethyl-3-methylenedodeca-1,6,10-triene
(진딧물 경고 페로몬)

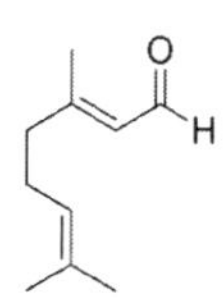

Citril
(꿀벌 모집 페로몬)

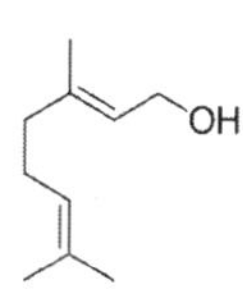

Geraniol
(꿀벌 모집 페로몬)

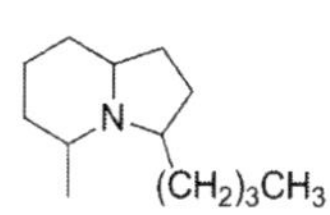

3-Butyl-5-methyloctahydroindolizine
(개미 모집 페로몬)

▲ **그림 2.1** 몇 가지 곤충의 경고 및 모집 페로몬 구조

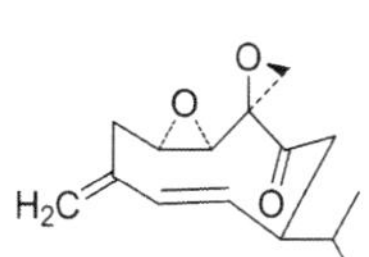

Periplanone B
바퀴벌레 성 페로몬

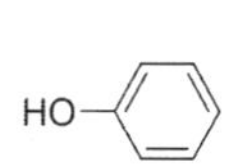

Phenol
진드기 성 페로몬

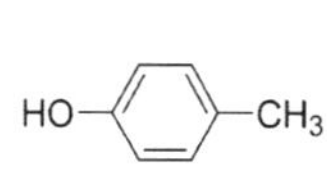

p-Methylphenol
진드기 성 페로몬

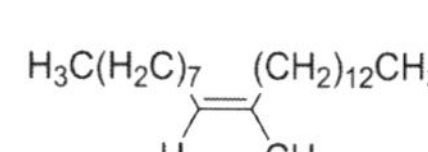

Muscalure
집파리 성 페로몬

▲ **그림 2.2** 몇 가지 곤충의 성 페로몬 구조

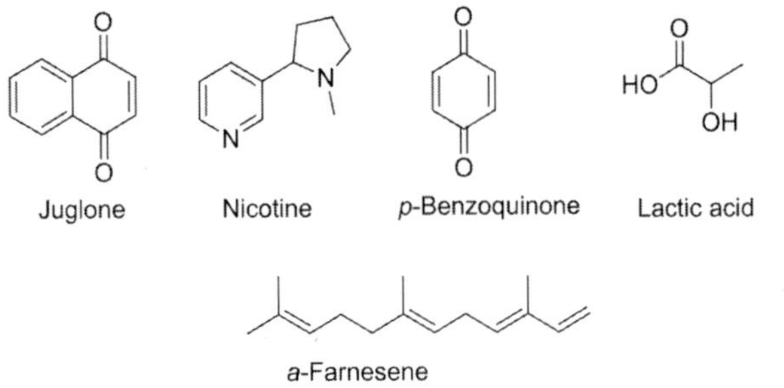

▲ **그림 2.3** 식물이 곤충을 조종하는 데 이용하는 몇 가지 물질들의 구조

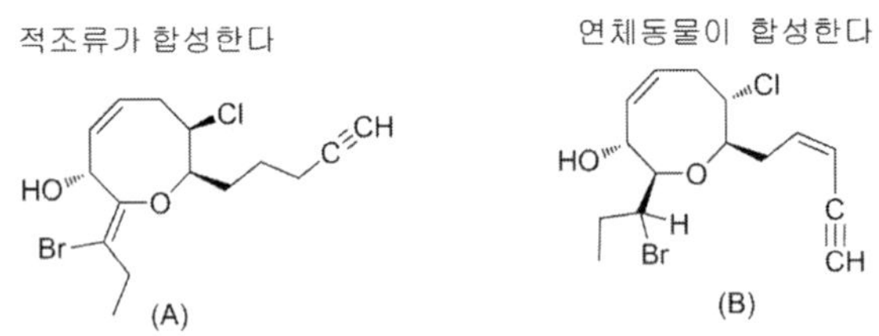

(2*E*,3*R*,4*Z*,7*R*,8*R*)-2-(1-Bromopropylidene)-7-chloro-8-(pent-4-yn-1-yl)-3,6,7,8-tetrahydro-2*H*-oxocin-3-ol

(2*R*,3*R*,7*S*,8*R*,*Z*)-2-((*R*)-1-Bromopropyl)-7-chloro-8-((*Z*)-pent-2-en-4-yn-1-yl)-3,6,7,8-tetrahydro-2*H*-oxocin-3-ol

▲ **그림 2.4** 적조류와 연체동물이 합성하는 물질의 구조

3장 참고 그림

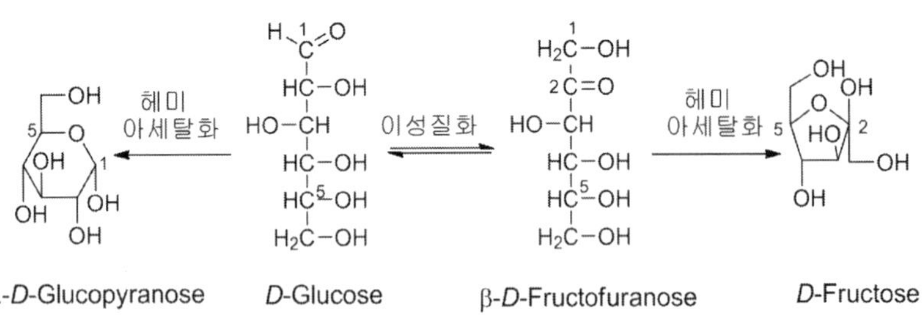

α-*D*-Glucopyranose　*D*-Glucose　β-*D*-Fructofuranose　*D*-Fructose

▲ **그림 3.1** 포도당과 과당의 이성질화와 헤미아세탈화

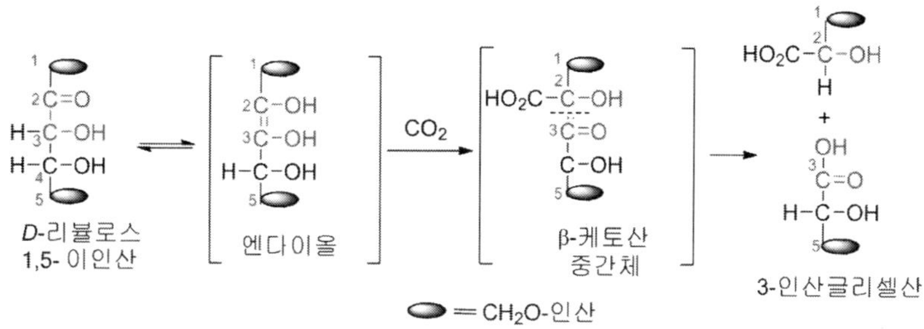

▲ **그림 3.2** 엔다이올과 β-케토산 중간체를 거치는 *D*-리뷸로스 1,5-이인산의 분해 반응

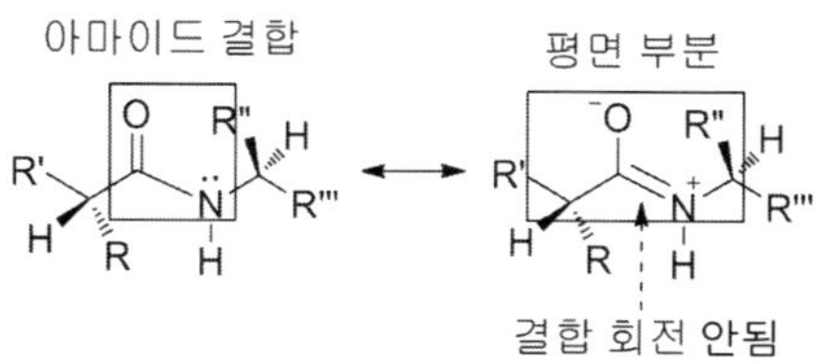

▲ **그림 3.3** 아마이드 결합의 평면성

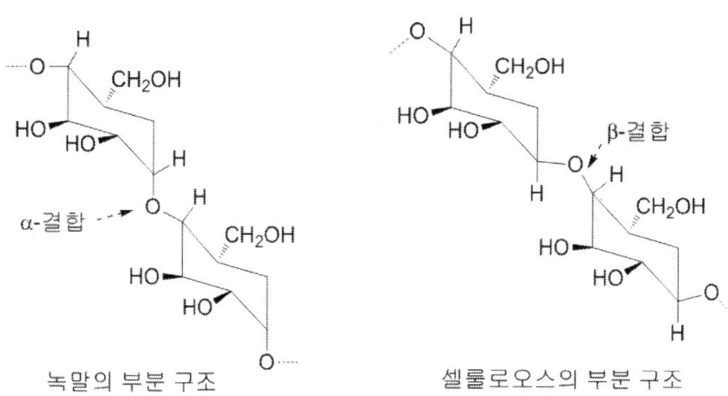

▲ **그림 3.4** 녹말과 셀룰로오스의 부분 구조

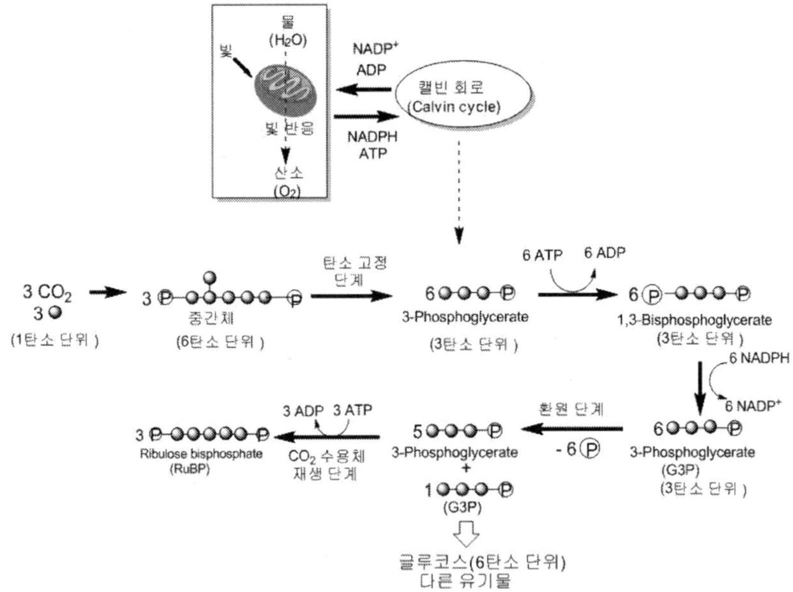

▲ **그림** 3.5 광합성과 캘빈 회로에서의 탄소 화합물 구축 반응

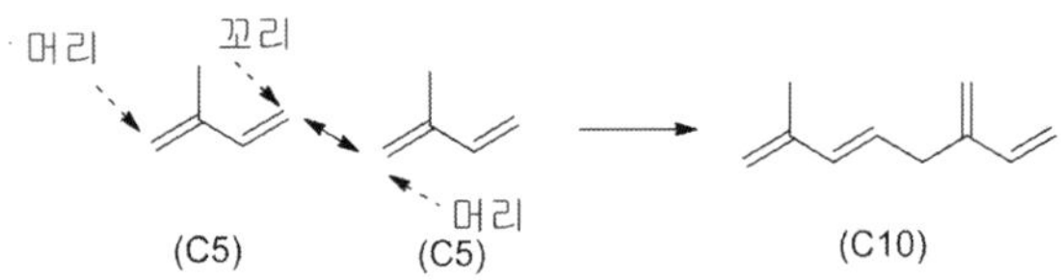

▲ **그림** 3.6 아이소프렌의 머리-꼬리 반응

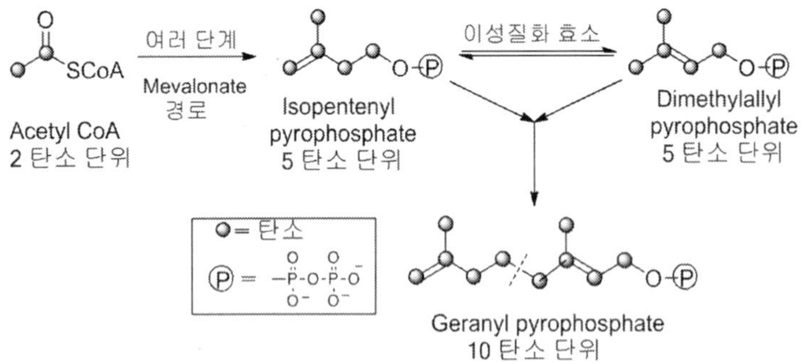

▲ **그림** 3.7 2-탄소 단위로부터 10-탄소 단위 화합물의 합성 경로

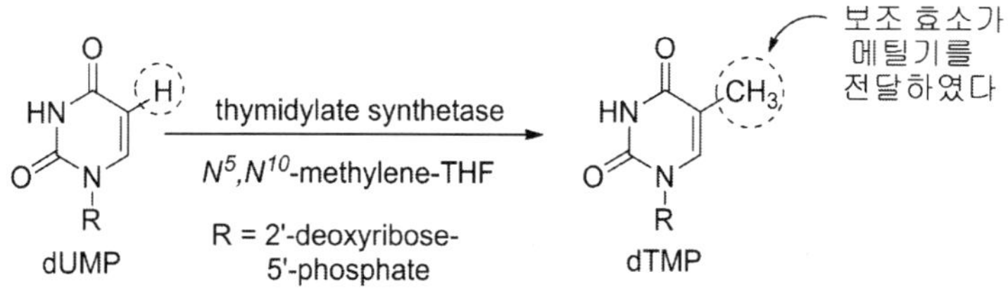

▲ **그림 3.8** dUMP의 dTMP로의 변환

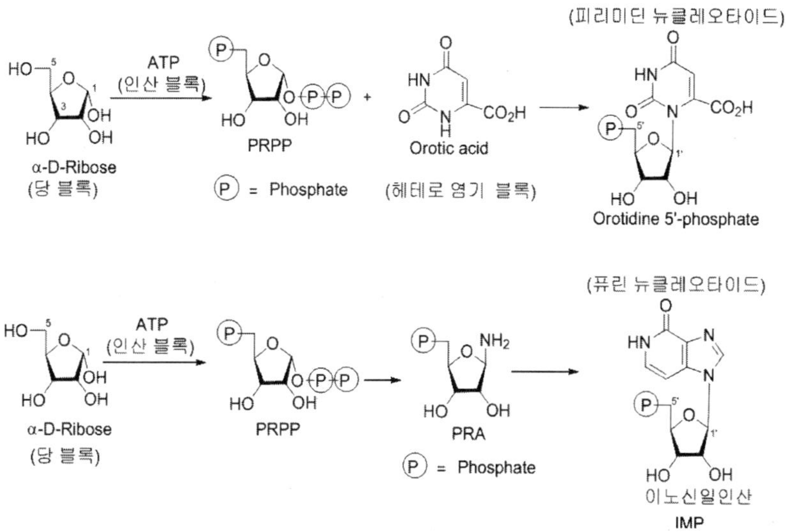

▲ **그림 3.9** 피리미딘 및 퓨린 뉴클레오타이드 합성 블록과 경로 개요

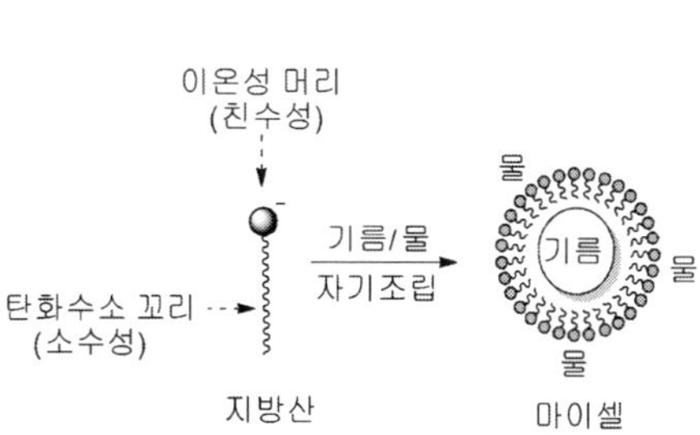

▲ **그림 3.10** 지방산의 마이셀 형성

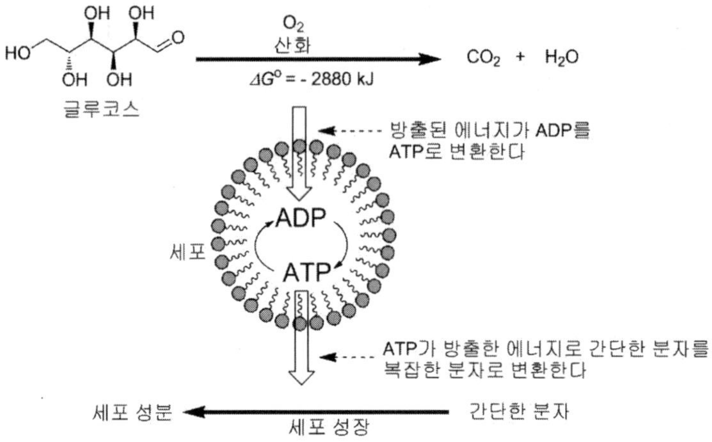

▲ **그림** 3.11 세포 대사 과정에서 자유 에너지 변환

4장 참고 그림

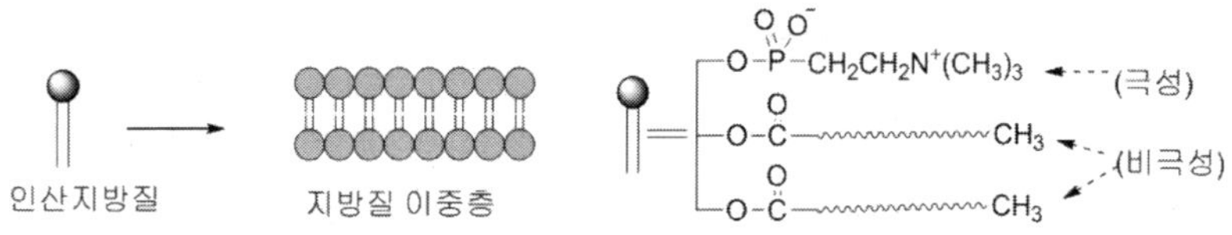

▲ **그림** 4.1 인산 지방질로 만들어지는 지방질 이중층

5장 참고 그림 및 표

표 5.1 단백질 합성에 사용되는 유전 암호

아미노산	염기 서열	아미노산	염기 서열	아미노산	염기 서열
사슬 개시	AUG	Glu(E) Glutamic acid	GAA GAG	Phe(F) Phenylala- nine	CCA UUC
사슬 종료	UGA UAA UAG	Gly(G) Glycine	GCA GGC GGG GGU	Pro(P) Proline	CCA CCC CCG CCU
Ala(A) Alanine	GCA GCC GCG GCU	His(H) Histidine	CAC CAU	Ser(S) Serine	AGC AGU UCA UCG UCC UCU
Arg(R) Arginine	AGA AGG CGA CGC CGG CGU	Ile(I) Isoleuicine	AUA AUC AUU	Thr(T) Threonine	ACA ACC ACG ACU
Asn(N) Aspargine	AAC AAU	Leu(L) Leucine	CUA CUC CUG CUU UUA UUG	Trp(W) Tryptophan	UGG
Asp(D) Aspartic acid	GAC GAU	Lys(K) Lysine	AAA AAG	Tyr(Y) Tyrosine	UAC UAU
Cys(C) Cysteine	UGC UGU	Met(M) Methionine	AUG	Val(V) Valine	GUA GUG GUC GUU
Gln(Q) Glutamine	CAA CAG				

A=Adenine, C=Cytosine, T=Thymine, G=Guanine, U=Uracil

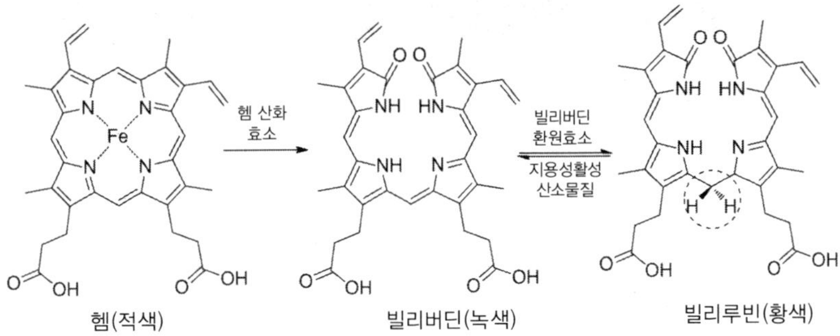

▲ **그림 5.1** 빌리루빈의 생성 과정

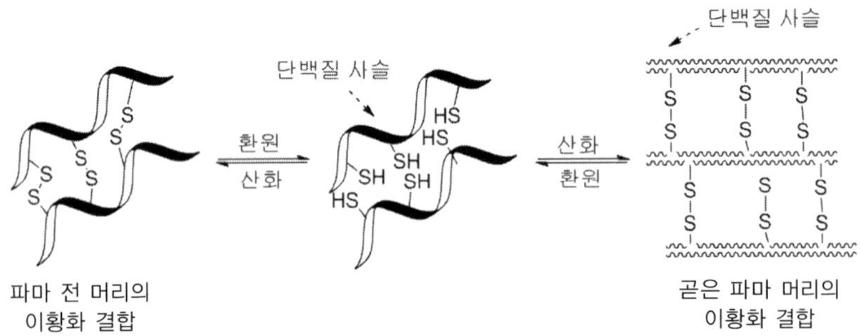

▲ **그림 5.2** 머리의 파마 과정에서 이황화 결합의 환원과 산화

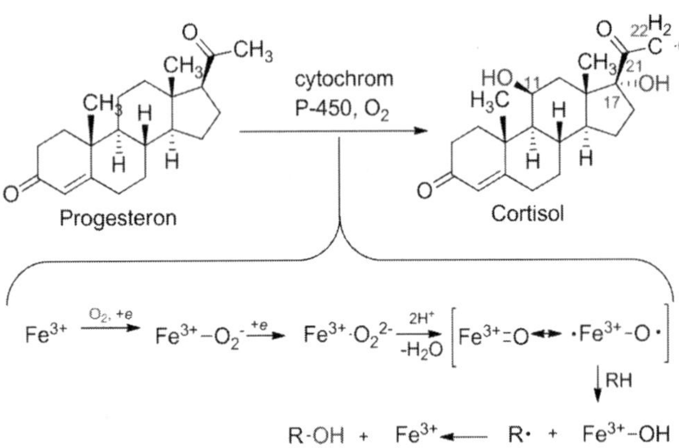

▲ **그림 5.3** 프로제스테론으로부터 코티솔의 생성 메커니즘

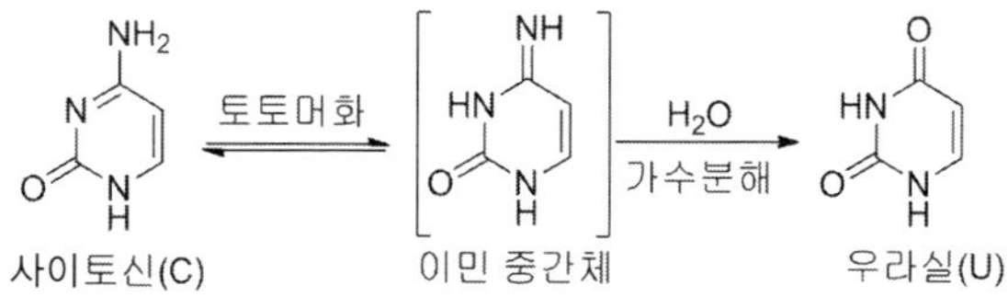

▲ **그림 5.4** 사이토신의 우라실로의 변환 반응

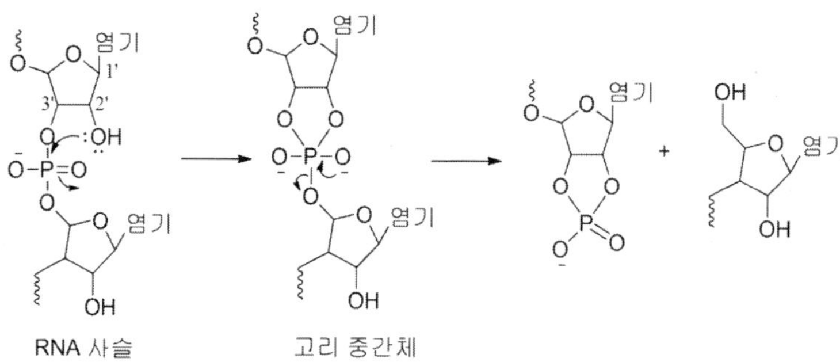

▲ **그림 5.5** RNA의 당 사슬 분해 메커니즘

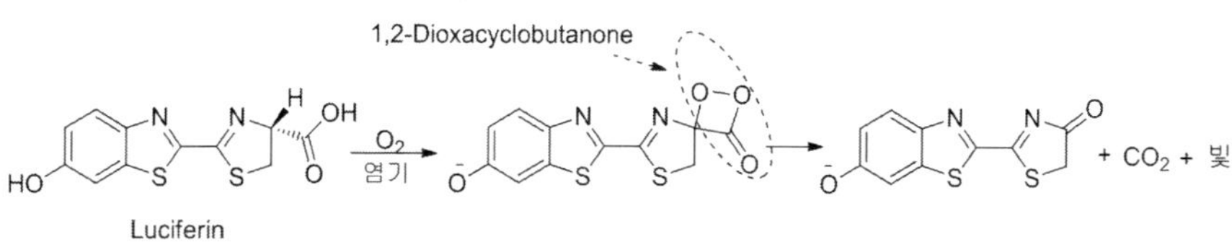

▲ **그림 5.6** 루시페린의 화학발광 메커니즘

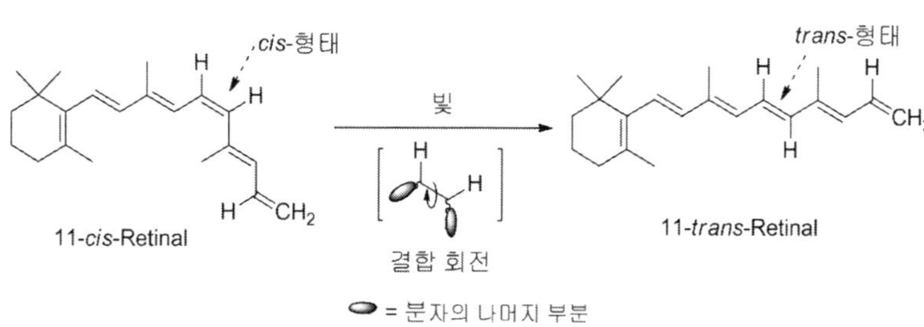

▲ **그림 5.7** 빛에 의한 시스-레티알의 트랜스-레티알로의 변환(시각 화학)

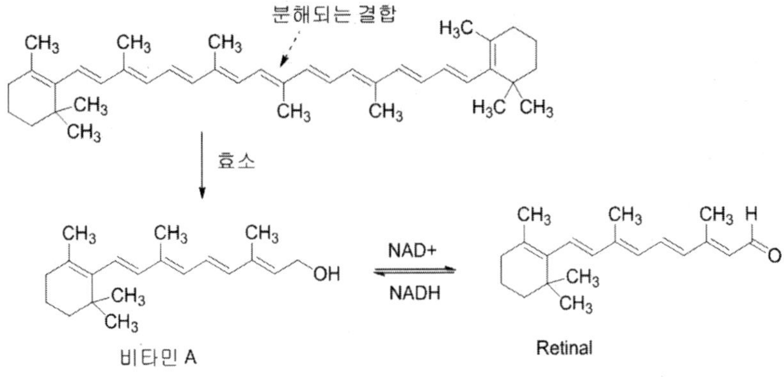

▲ **그림 5.8** β-카로텐의 분해에 의한 비타민 A의 합성

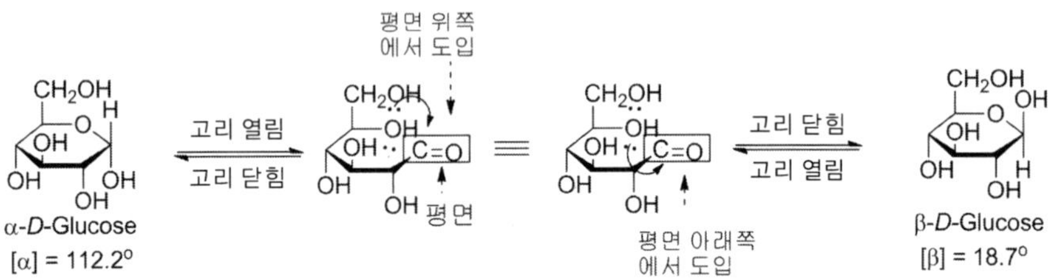

▲ **그림 5.9** 변광회전의 원인이 되는 고리 열림과 닫힘 반응

자연의 소통기술

저 자 윤용진
발행인 김지영
발행처 자유아카데미
주 소 경기도 파주시 회동길 37-42
파주출판도시
전 화 031-955-1651(편집), 031-955-1321(영업)
팩 스 031-955-1322
홈페이지 www.freeaca.com
전자우편 main@freeaca.com(대표)
editor@freeaca.com(편집)
crm@freeaca.com(영업)
등 록 제406-2003-017호, 1980. 7. 12
제1판1쇄 2019년 1월 20일
제1판2쇄 2020년 7월 5일
정 가 22,000원

ISBN 979-11-5808-212-3 93400

이 도서의 국립중앙도서관 출판시도서목록(CIP)은
서지정보유통지원시스템 홈페이지(http://seoji.nl.go.kr)와
국가자료공동목록시스템(http://www.nl.go.kr/kolisnet)에서
이용하실 수 있습니다.(CIP제어번호: CIP2019001453)